单墫 主编

数学奥林匹克命题人讲座

初等数论

冯志刚 著

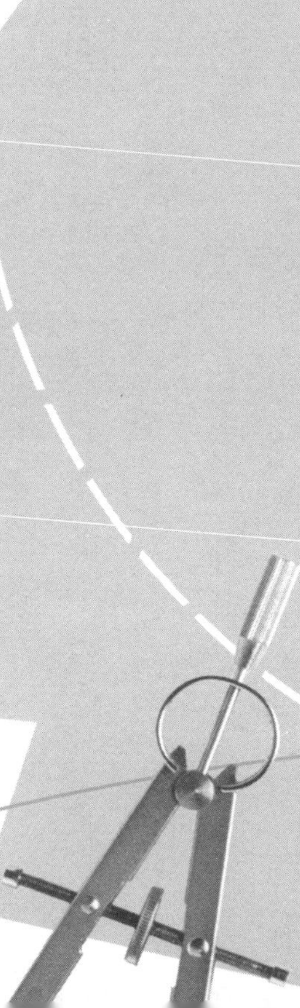

上海科技教育出版社

图书在版编目(CIP)数据

初等数论/冯志刚著. —上海:上海科技教育出版社,2009.1(2025.1重印)

(数学奥林匹克命题人讲座/单墫主编)

ISBN 978-7-5428-4767-6

Ⅰ.初… Ⅱ.冯… Ⅲ.初等数论—高中—教学参考资料 Ⅳ.G634.603

中国版本图书馆CIP数据核字(2008)第185768号

丛书序

读书,是天下第一件好事。

书,是老师。他循循善诱,传授许多新鲜知识,使你的眼界与思路大开。

书,是朋友。他与你切磋琢磨,研讨问题,交流心得,使你的见识与能力大增。

书的作用太大了!

这里举一个例子:常庚哲先生的《抽屉原则及其他》(上海教育出版社,1980 年)问世后,很快地,连小学生都知道了什么是抽屉原则。而在此以前,几乎无人知道这一名词。

读书,当然要读好书。

常常有人问我:哪些奥数书好?希望我能推荐几本。

我看过的书不多。最熟悉的是上海的出版社出过的几十本小册子。可惜现在已经成为珍本,很难见到。幸而上海科技教育出版社即将推出一套"数学奥林匹克命题人讲座"丛书,帮我回答了这个问题。

这套丛书的书名与作者初定如下:

黄利兵　陆洪文　《解析几何》
王伟叶　熊　斌　《函数迭代与函数方程》
陈　计　季潮丞　《代数不等式》
田廷彦　《圆》
冯志刚　《初等数论》
单　墫　《集合与对应》《数列与数学归纳法》
刘培杰　张永芹　《组合问题》
任　韩　《图论》
田廷彦　《组合几何》

唐立华　　　　　　《向量与立体几何》
杨德胜　　　　　　《三角函数·复数》

显然，作者队伍非常之强。老辈如陆洪文先生是博士生导师，不仅在代数数论等领域的研究上取得了卓越的成绩，而且十分关心数学竞赛。中年如陈计先生于不等式，是国内公认的首屈一指的专家。其他各位也都是当下国内数学奥林匹克的领军人物。如熊斌、冯志刚是2008年IMO中国国家队的正副领队、中国数学奥林匹克委员会委员。他们为我国数学奥林匹克做出了重大的贡献，培养了很多的人才。2008年9月14日，“国际数学奥林匹克研究中心”在华东师范大学挂牌成立，担任这个研究中心主任的正是多届IMO中国国家队领队、华东师范大学数学系副教授熊斌。

这些作者有一个共同的特点：他们都为数学竞赛命过题。

命题人写书，富于原创性。有许多新的构想、新的问题、新的解法、新的探讨。新，是这套丛书的一大亮点。读者一定会从这套丛书中学到很多新的知识，产生很多新的想法。

新，会不会造成深、难呢？

这套书当然会有一定的深度，一定的难度。但作者是命题人，充分了解问题的背景（如刘培杰先生就曾专门研究过一些问题的背景），写来能够深入浅出，“百炼钢化为绕指柔”。另一方面，倘若一本书十分浮浅，一点难度没有，那也就失去了阅读的价值。

读书，难免遇到困难。遇到困难，不能放弃。要顶得住，坚持下去，锲而不舍。这样，你不但读懂了一本好书，而且也学会了读书，享受到读书的乐趣。

书的作者，当然要努力将书写好。但任何事情都难以做到完美无缺。经典著作尚且偶有疏漏，富于原创的书更难免有考虑不足的地方。从某种意义上说，这种不足毋宁说是一种优点：它给读者留下了思考、想象、驰骋的空间。

如果你在阅读中，能够想到一些新的问题或新的解法，能够发现书中的不足或改进书中的结果，那就是古人所说的“读书得间”，值得祝贺！

我们欢迎各位读者对这套丛书提出建议与批评。

感谢上海科技教育出版社，特别是编辑卢源先生，策划组织编写了这套书。卢编辑认真把关，使书中的错误减至最少，又在书中设置了一些栏目，使这套书增色很多。

单　墫

2008 年 10 月

符号说明

N　自然数0,1,2,…组成的集合

$\mathbf{N}^*$　正整数集

Z　整数集

Q　有理数集

R　实数集

(a,b)　整数a,b的最大公因数

$[a,b]$　整数a,b的最小公倍数

$a\mid b$　整数a能整除b

$a\nmid b$　整数a不能整除b

$p^{\alpha}\parallel n$　表示$p^{\alpha}\mid n$但$p^{\alpha+1}\nmid n$,这里p为素数,$\alpha\in\mathbf{N}$

$v_p(n)$　表示上面的α,其含义是n的素因数分解式中素数p的幂次

$a^{-1}(\bmod m)$　整数a关于模m的数论倒数

$\delta_m(a)$　整数a对模m的指数

$\varphi(m)$　$1,2,\cdots,m$中与m互素的数的个数

$d(n)$　正整数n的正因数的个数

$\sigma(n)$　正整数n的所有正因数之和

$[x]$　不超过实数x的最大整数,即x的整数部分

$\{x\}$　实数x的小数部分,即$\{x\}=x-[x]$

C_n^m　从n件物品中取出m件物品的方法数

目录

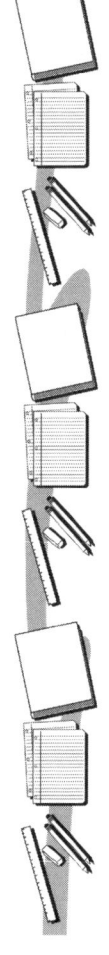

第一讲 整除理论

人类对数的认识源于实践经验，数的发展经历了从自然数到整数、到有理数、到实数、到复数等的过程. 数论是讨论整数及其性质的理论，它是数学的一个重要分支，是数学中的一门基础性学科.

1.1 整　　数

知识桥

用 $\mathbf{N}^*$ 表示所有正整数 1，2，3，…组成的集合，其最本质的属性可用数学语言描述如下：

归纳公理　设 $S\subseteq\mathbf{N}^*$，若 S 满足下述条件：

(1) $1\in S$；

(2) 如果 $n\in S$，那么 $n+1\in S$，则 $S=\mathbf{N}^*$.

这条公理是数论的基础与出发点，由它出发可以依次推出下面的一些著名定理.

数学归纳法　设 $P(n)$是关于正整数 n 的一个命题，如果

(1) 当 $n=1$ 时，$P(1)$成立；

(2) 由命题 $P(n)$成立，可以推出 $P(n+1)$成立，则对任意 $n\in\mathbf{N}^*$，命题 $P(n)$都成立.

第二数学归纳法　设 $P(n)$是关于正整数 n 的一个命题，如果

(1) 当 $n=1$ 时，$P(1)$成立；

(2) 由命题 $P(1)$，$P(2)$，…，$P(n)$都成立，可以推出 $P(n+1)$成立，那么，对任意 $n\in\mathbf{N}^*$，命题 $P(n)$都成立.

最小数原理　正整数集的任意一个非空子集都有一个最小元.

需要指出的是：由数学归纳法证出的结论是对任意有限数 n，命题

$P(n)$成立，并不意味着 $P(+\infty)$也成立. 对这一点的理解会随着数学知识的增多和能力的增强而逐渐加深，它从一个侧面反映了“有限”与“无限”的本质区别.

1.2 整除的概念与基本性质

知识桥

由于整数集对加法、减法和乘法运算都是封闭的，但对除法运算不封闭，因而初等数论将更多地关注除法运算.

定义 设 $a,b\in\mathbf{Z},a\neq0$，若存在 $q\in\mathbf{Z}$，使得 $b=aq$，则称 b 能被 a 整除(或称 a 能整除 b)，记作 $a|b$. 否则，称 b 不能被 a 整除，记作 $a\nmid b$.

如果 $a|b$，那么我们称 a 为 b 的因数，b 为 a 的倍数. 关于数的整除，有下面的一些基本性质.

定理 1 (1) 下面的等价关系成立：

$$a|b\Leftrightarrow(-a)|b\Leftrightarrow a|(-b).$$

因此，整除理论总是讨论正整数之间的整除关系.

(2) 若 $a|b,b|c$，则 $a|c$.

(3) 若 $a|b,a|c$，则对任意 $x,y\in\mathbf{Z}$，都有 $a|(bx+cy)$，即 a 整除 b，c 的任意一个整系数线性组合.

(4) 若 $a|b,b\neq0$，则 $|a|\leqslant|b|$. 依此可知，若 a,b 都是正整数，$a|b$ 且 $b|a$，则 $a=b$，这给出了证明两个正整数相等的常用方法.

这些基本性质都可由整除的定义非常容易地推导出来，它们看上去是如此的平凡，但都是非常有用的.

定理 2(带余除法) 设 $a,b\in\mathbf{Z},a\neq0$，则存在唯一的一对整数 q 和 r，满足：

$$b=aq+r, \tag{1}$$

这里 $0\leqslant r<|a|$.

证明 先证存在性.

如果 $a|b$,那么 $r=0$,$q=\frac{b}{a}$ 符合(1)式.

如果 $a\nmid b$,考察集合

$$T=\{b-aq|q\in\mathbf{Z}\}.$$

由于 T 中有正整数,设 T 的所有正整数组成的集合为 T^*,则由最小数原理知 T^* 中有最小元 r,并设 $b-aq=r$,则 $r<|a|$(否则设 $r\geqslant|a|$,若 $r=|a|$,导出 $a|b$,矛盾,故 $r>|a|$,这时 $b-aq-|a|=r-|a|$ 是小于 r 的正整数,与 r 为 T^* 中最小的正整数矛盾),所以,存在符合要求的整数对 (q,r).

再证唯一性.

若存在两个整数对 (q_1,r_1) 和 (q_2,r_2) 符合(1)式,则有

$$aq_1+r_1=aq_2+r_2,$$

即 $a(q_1-q_2)=r_2-r_1$,故 $a|(r_2-r_1)$. 由 $0\leqslant r_1,r_2<|a|$,知

$$0\leqslant|r_2-r_1|<|a|,$$

这样,由定理 1 中的(4)可知,必有 $|r_2-r_1|=0$,从而 $r_2=r_1$,进而 $aq_1=aq_2$,导出 $q_1=q_2$. 矛盾. 唯一性获证.

带余除法定理可以说是初等数论中最重要、最基本、最直接的一个工具,它的一个重要应用是下面的辗转相除法(即通常所说的欧几里得(Euclid)算法).

定理 3(欧几里得算法) 设 u_0,u_1 是两个给定的整数,$u_1\neq0$,且 $u_1\nmid u_0$,则由定理 2,可经有限步运算(辗转相除)得到下面的等式:

$u_0=u_1q_0+u_2$, $0<u_2<|u_1|$,

$u_1=u_2q_1+u_3$, $0<u_3<u_2$,

…

$u_{k-1}=u_kq_{k-1}+u_{k+1}$, $0<u_{k+1}<u_k$,

$u_k=u_{k+1}q_k$.

这个相对较繁的算法在理论和应用方面都有很重要的价值.

训练营

例 1 设 a,b,n 为给定的正整数,已知对任意 $k\in\mathbf{N}^*$ $(k\neq b)$,都有

$(b-k)\mid(a-k^n)$. 证明:$a=b^n$.

证明 注意到,对任意 $k\in\mathbf{N}^*(k\neq b)$,有

$$b^n-k^n=(b-k)(b^{n-1}+b^{n-2}k+\cdots+k^{n-1}),$$

故$(b-k)\mid(b^n-k^n)$,结合$(b-k)\mid(a-k^n)$,可知

$$(b-k)\mid((a-k^n)-(b^n-k^n)),$$

即$(b-k)\mid(a-b^n)$.

取 $k=b+1+|a-b^n|$,可知

$$-(1+|a-b^n|)\mid(a-b^n),$$

这样,由定理 1 的(4)可知 $a-b^n=0$,命题获证.

点评 此题处理中蕴含了一个思想:在处理整除性问题时,应尽量让被除数简单化、常数化.

例 2 设 $k\in\mathbf{N}^*$,$k\geqslant2$,而 n 是一个不小于 $2k$ 的正整数.

(1) 证明:存在整数 $i\in\{0,1,2,\cdots,k-1\}$,使得$(n-i)\nmid\mathrm{C}_n^k$;

(2) 证明:对每个 $k\geqslant2$,存在正整数 $n_k\geqslant2k$,使得恰有一个 $i\in\{0,1,2,\cdots,k-1\}$,满足$(n_k-i)\nmid\mathrm{C}_{n_k}^k$.

证明 (1) 用反证法证明,若否,设存在 $k\geqslant2$ 及 $n\geqslant2k$,使得 $n,n-1,\cdots,n-(k-1)$都是组合数 C_n^k 的因数.

由 $n(n-1)\cdot\cdots\cdot(n-(k-1))=k!\mathrm{C}_n^k$,我们有

$$\begin{cases}(n-1)(n-2)\cdot\cdots\cdot(n-k+1)\in(k!)\mathbf{N}^*,\\ n(n-2)\cdot\cdots\cdot(n-k+1)\in(k!)\mathbf{N}^*,\\ \cdots\\ n(n-1)\cdot\cdots\cdot(n-k+2)\in(k!)\mathbf{N}^*,\end{cases}$$

这里$(k!)\mathbf{N}^*=\{x\mid x=(k!)y,\ y\in\mathbf{N}^*\}$.

将上面的式子从第二个起,每一个减去前面一个式子,可得

$$\begin{cases}(n-2)(n-3)\cdot\cdots\cdot(n-k+1)\in(k!)\mathbf{N}^*,\\ n(n-3)\cdot\cdots\cdot(n-k+1)\in(k!)\mathbf{N}^*,\\ \cdots\\ n(n-1)(n-2)\cdot\cdots\cdot(n-k+3)\in(k!)\mathbf{N}^*.\end{cases}$$

经过这样的处理后，我们由 k 个式子变为了 $k-1$ 个式子. 依此操作 $k-1$ 次后，得

$$2\cdot 3\cdot\cdots\cdot(k-1)\in(k!)\mathbf{N}^*,$$

这要求 $k!\mid(k-1)!$，即 $\frac{1}{k}\in\mathbf{N}^*$，与 $k\geqslant 2$ 矛盾.

所以，至少有一个 $i\in\{0,1,2,\cdots,k-1\}$，使得 $(n-i)\nmid C_n^k$.

(2) 对 $k=2$，取 $n_2=4$ 即可；而当 $k\geqslant 3$ 时，取 $n_k=k!$，可知

$$C_{n_k}^k=(n_k-1)\cdot\cdots\cdot(n_k-(k-1))$$

满足条件.

点评 这个问题的解决尽管只用到了整除的一些基本性质，但它无疑是一个难题. 被除数之间的相互联系需要有敏锐的观察力才能发现. 数学中往往最简单的都是本质的和困难的.

1.3 最大公因数与最小公倍数

知识桥

如果 m 是 a 的因数，也是 b 的因数，那么称 m 为 a 和 b 的公因数. 由整除性质知，当 $a\neq 0$ 时，有 $m\leqslant |a|$，依此可得，若 a,b 不全为零，则 a 和 b 的公因数中有一个最大的数(这可由最小数原理导出)，记这个最大的公因数为 (a,b). 进一步，类似地，我们可以定义 n 个整数 a_1，a_2，…，a_n 的最大公因数，记作 $(a_1,a_2,\cdots,a_n)$.

对称地，若 m 既是 a 的倍数，也是 b 的倍数，则称 m 为 a 和 b 的公倍数(这里当然要求 a,b 都不为零). 用 $[a,b]$ 表示 a 和 b 的公倍数中最小的那个正整数，类似地，可定义 n 个非零整数 $a_1,a_2,\cdots,a_n$ 的最小公倍数，记作 $[a_1,a_2,\cdots,a_n]$.

关于最大公因数有如下著名的定理：

贝祖(Bezout)定理 设 a,b 是不全为零的整数，则存在整数 x,y，使得

$$ax+by=(a,b). \tag{1}$$

证明 记 $d=(a,b)$，在上一节定理 3 的欧几里得算法中，取 $u_0=a$，$u_1=b$(这里不妨设 $b\neq 0$)，则由整除的性质，可知 $d\mid u_2$，$d\mid u_3$，…，$d\mid u_{k+1}$. 所以，$d\leqslant u_{k+1}$.

反过来，再由整除的性质，可知 $u_{k+1}\mid u_k$，$u_{k+1}\mid u_{k-1}$，…，$u_{k+1}\mid u_1$，$u_{k+1}\mid u_0$，即 u_{k+1} 为 a 与 b 的一个公因数. 因此，$u_{k+1}\leqslant d$.

上述讨论表明：$d=u_{k+1}$. 现在倒过来利用欧几里得算法中的式子，可知

$$u_{k+1}=u_{k-1}-u_kq_{k-1}=u_{k-1}-(u_{k-2}-u_{k-1}q_{k-2})q_{k-1}=\cdots$$

我们依次用 u_{k-1} 与 u_k 的线性组合表示出了 u_{k+1}；用 u_{k-2} 与 u_{k-1} 的线性组合表示出了 u_{k+1}；……；最后用 u_0，u_1 的线性组合表示出了 u_{k+1}. 因此，使得(1)成立的整数 x,y 存在.

类似地,对更多的整数 $a_1,a_2,\cdots,a_k$ 亦有同样的结论.

如果 $(a,b)=1$,那么称 a 与 b 互素,依上述定理结合整除的性质,可知

$(a,b)=1\Leftrightarrow$ 存在 $x,y\in\mathbf{Z}$,使得 $ax+by=1$.

利用贝祖定理结合整除的性质,我们还可知:(a,b) 是集合 $\{ax+by\mid x,y\in\mathbf{Z}\}$ 中的最小正整数,这体现了"最大"与"最小"的某种统一.

下面我们列出一些与最大公因数和最小公倍数有关的结论.

(1) 若 m 为 a,b 的公因数,则 $m\mid(a,b)$.

(2) 若 $a\mid bc$,且 $(a,b)=1$,则 $a\mid c$.

事实上,由贝祖定理知,存在 $x,y\in\mathbf{Z}$,使得 $ax+by=1$,故

$$acx+bcy=c.$$

结合 $a\mid bc$,即可得 $a\mid c$,所以(2)成立.类似可证下面的.

(3) 若 $a\mid c,b\mid c$,且 $(a,b)=1$,则 $ab\mid c$.

(4) 设 m 为正整数,则 $(ma,mb)=m(a,b)$,$[ma,mb]=m[a,b]$.

证明 记 $d'=(ma,mb)$,$d=(a,b)$,则 $md\mid ma,md\mid mb$,故 $md\leqslant d'$. 反过来,由贝祖定理知,存在 $x,y\in\mathbf{Z}$,使得 $ax+by=d$,所以,

$$amx+bmy=md,$$

依此可知 $d'\mid md$,故 $d'\leqslant md$.所以,$md=d'$.另外,由 $ma\mid m[a,b]$,$mb\mid m[a,b]$,可知 $[ma,mb]\leqslant m[a,b]$,而由 $ma\mid[ma,mb]$ 知 $a\left|\frac{[ma,mb]}{m}\right.$,同理 $b\left|\frac{[ma,mb]}{m}\right.$,故

$$[a,b]\leqslant\frac{[ma,mb]}{m}.$$

(4) 获证.

(5) 设 a,b 都为正整数,则 $(a,b)\cdot[a,b]=ab$.

证明 先证当 $(a,b)=1$ 时,有 $[a,b]=ab$.

事实上,由 $a\mid[a,b]$,$b\mid[a,b]$,以及 $(a,b)=1$,利用(3)就有 $ab\mid[a,b]$,故 $ab\leqslant[a,b]$.另一方面,ab 显然是 a 与 b 的公倍数,故 $[a,b]\leqslant ab$.所以,$[a,b]=ab$.

再证 $(a,b)\cdot[a,b]=ab$.

由(4)知$\left(\frac{a}{(a,b)},\frac{b}{(a,b)}\right)=1$,故

$$\left[\frac{a}{(a,b)},\frac{b}{(a,b)}\right]=\frac{ab}{(a,b)^2},$$

即

$$(a,b)^2\left[\frac{a}{(a,b)},\frac{b}{(a,b)}\right]=ab,$$

再由(4)即可得$(a,b)\cdot[a,b]=ab$.

训练营

例 1 设 $n\geqslant m>0$. 证明:$\frac{(m,n)}{n}\mathrm{C}_n^m$ 是一个正整数.

证明 由贝祖定理,可知存在 $x,y\in\mathbf{Z}^*$,使得

$$(m,n)=mx+ny,$$

故

$$\frac{(m,n)}{n}\mathrm{C}_n^m=\left(\frac{m}{n}\mathrm{C}_n^m\right)x+(\mathrm{C}_n^m)y=\mathrm{C}_{n-1}^{m-1}\cdot x+\mathrm{C}_n^m\cdot y\in\mathbf{Z},$$

结合$\frac{(m,n)}{n}\mathrm{C}_n^m>0$,即可知结论成立.

例 2 求所有满足下述条件的由正整数组成的数列$\{a_n\}$:

(1) 数列$\{a_n\}$有上界,即存在 $M>0$,使得对任意 $n\in\mathbf{N}^*$,都有 $a_n\leqslant M$;

(2) 对任意 $n\in\mathbf{N}^*$,都有 $a_{n+2}=\frac{a_{n+1}+a_n}{(a_n,a_{n+1})}$.

解 记 $g_n=(a_n,a_{n+1})$,则 $g_na_{n+2}=a_{n+1}+a_n$,结合 $g_{n+1}\mid a_{n+1}$,$g_{n+1}\mid a_{n+2}$,可知 $g_{n+1}\mid a_n$,这表明 g_{n+1} 是 a_n 与 a_{n+1} 的公因数,故 $g_{n+1}\leqslant g_n$. 也就是说数列$\{g_n\}_{n=1}^{+\infty}$是一个由正整数组成的不增数列,因此,存在 N,使得对任意 $n\geqslant N$,都有 $g_n=g_{n+1}=\cdots$,记这个常数为 g. 下面讨论 g 的取值.

1° 若 $g=1$，则对任意 $n\geqslant N$，都有 $a_{n+2}>a_{n+1}$，即 $a_{n+2}\geqslant a_{n+1}+1$，从而对任意 $m\in\mathbf{N}^*$，都有

$$a_{N+m}\geqslant a_{N+1}+m-1,$$

当 m 充分大时，会与条件(1)矛盾.

2° 若 $g>2$，即 $g\geqslant 3$，则对任意 $n\geqslant N$，都有 $a_{n+2}<\max\{a_{n+1},a_n\}$，从而对任意 $m\in\mathbf{N}^*$，都有

$$a_{N+m+2}\leqslant\max\{a_{N+1},a_N\}-m,$$

m 充分大时，数列 $\{a_n\}$ 将出现负整数，亦矛盾.

所以，$g=2$. 这时，当 $n\geqslant N$ 时，都有 $a_n=a_{n+1}$（若否，设存在 $n\geqslant N$，使得 $a_n\neq a_{n+1}$，则 $\min\{a_n,a_{n+1}\}<a_{n+2}<\max\{a_n,a_{n+1}\}$，依此可得对任意 $m\in\mathbf{N}^*$，都有 $\min\{a_n,a_{n+1}\}<a_{n+m+1}<\max\{a_n,a_{n+1}\}$，这是不可能的)，进一步，结合 $g=2$，可知对任意 $n\geqslant N$，都有 $a_n=2$，从 $a_{N+1}=a_N=2$，$g_N=2$ 倒推，可知 $a_{N-1}=2$，$g_{N-1}=2$，依次倒推下去，可知对任意 $n\in\mathbf{N}^*$，都有 $a_n=2$.

综上，满足条件的数列 $\{a_n\}$ 只有一个，其通项为 $a_n=2$.

例3 设 $m,n\in\mathbf{N}^*$，$m>n$. 证明：

$$[m,\ n]+[m+1,\ n+1]>\frac{2mn}{\sqrt{m-n}}.$$

证明 记 $m-n=k$，则由结论(5)可知

$$\begin{aligned}[m,n]+[m+1,n+1]&=\frac{mn}{(m,n)}+\frac{(m+1)(n+1)}{(m+1,n+1)}\\&>\frac{mn}{(n+k,n)}+\frac{mn}{(n+k+1,n+1)}\\&=\frac{mn}{(k,n)}+\frac{mn}{(k,n+1)}.\end{aligned}$$

现在设 $(k,n)=d_1$，$(k,n+1)=d_2$，则 $(d_1,d_2)\mid n$，$(d_1,d_2)\mid(n+1)$，从而 $(d_1,d_2)\mid 1$，故 $(d_1,d_2)=1$. 又 $d_1\mid k$，$d_2\mid k$，从而 $d_1d_2\mid k$，因此

$$d_1d_2\leqslant k,$$

即 $d_2\leqslant\frac{k}{d_1}$. 于是

$$\frac{mn}{(k,n)}+\frac{mn}{(k,n+1)}\geqslant mn\left(\frac{1}{d_1}+\frac{d_1}{k}\right)\geqslant\frac{2mn}{\sqrt{k}},$$

所以,命题成立.

点评 这里我们用到$(a,b)=(a-b,b)$.对称地,还有$(a,b)=(a+b,b)$,这两个式子在涉及最大公因数的问题中经常被用到.

例 4 对怎样的$n\in\mathbf{N}^*$ $(n\geqslant 3)$,存在n个连续正整数,使得其中最大的数是其余$n-1$个数的最小公倍数的因数?

解 当$n=3$时,若存在正整数$a,a+1,a+2$,使得$a+2$为$[a,a+1]$的因数,则由$(a,a+1)=1$,知$(a+2)\mid a(a+1)$,但$(a+2,a+1)=1$,故导致$(a+2)\mid a$,矛盾.所以$a=3$不符合条件.

当$n\geqslant 4$时,我们证明存在符合条件的n个数.

情形一 n为偶数,考察下面的n个数:

$$n-1,n,\cdots,2(n-1).$$

由于$2(n-1)$是$n-1$与n的最小公倍数的因数,故这n个数符合要求.

情形二 n为奇数,且$n>3$,考察下面的n个数:

$$n-3,n-2,n-1,n,\cdots,2(n-2).$$

则$2(n-2)$是$n-2$与$n-1$的最小公倍数的因数,故这n个数符合要求.

综上,对不小于4的正整数n,有符合要求的n个数.

1.4 素数与合数

知识桥

设 n 为大于 1 的正整数，如果除了 1 和 n 外，数 n 没有其他正因数，那么称 n 为素数，否则称 n 为合数.

由上述定义可知，素数不能表示为两个比它小的正整数之积，因此，素数是正整数集中的不可约数，它是正整数集中的基本元. 与素数有关的许多问题一直在向人类的智力发起挑战.

利用最小数原理可知，对每一个大于 1 的正整数 n，在 n 所有大于 1 的正因数中有一个最小元 p，则 p 为素数. 依此可知，任意一个大于 1 的正整数都有一个素数为其因数，这样的因数称为其素因子. 结合第二数学归纳法，容易证明.

定理 1 设 n 是一个大于 1 的正整数，则 n 可表示为若干个素数的乘积，即存在素数 $p_1, p_2, \cdots, p_k$，使得

$$n = p_1 p_2 \cdots p_k,$$

这里 k 为某个正整数.

如果上述分解中 $k \geqslant 2$，那么 n 为合数，这时 n 的最小素因子应不超过 $\sqrt{n}$. 因此，要判定一个数 n 是否为素数，我们只需用不超过 $\sqrt{n}$ 的素数去除以 n，若每一个都不是 n 的因素，那么 n 为素数，否则 n 为合数.

在理论上，我们有下面著名的定理.

定理 2 素数有无穷多个.

证明 如果只有有限个素数，设它们是 p_1, p_2, $\cdots$, p_n. 考察数 $m = p_1 p_2 \cdots p_n + 1$. 取 m 的素因子 q，由前面所设必有 $q \in \{p_1, p_2, \cdots, p_n\}$，这说明 $q \mid (m - p_1 p_2 \cdots p_k)$，即要求 $q \mid 1$，矛盾.

这个定理中用到的表达式引出了数论中的一个难题：设 $p_1(=2)$，$p_2,p_3,\cdots$是素数从小到大的排列，令

$$Q_n=p_1p_2\cdots p_n+1,$$

直接计算可知，当 $1\leqslant n\leqslant 5$ 时，Q_n 为素数，当 $6\leqslant n\leqslant 10$ 时，Q_n 都是合数. 至今人们还不知道数列$\{Q_n\}$中是否有无穷多个素数，也不知道其中是否有无穷多个合数.

训练营

例1 设 $n\in\mathbf{N}^*$，证明下述结论：

(1) 若 2^n+1 为素数，则存在 $k\in\mathbf{N}$，使得 $n=2^k$；

(2) 若 2^n-1 为素数，则 n 为素数.

证明 (1) 若 n 有一个奇素因子 p，设 $n=pm$，$p=2k+1$，$k\in\mathbf{N}^*$，则

$$\begin{aligned}2^n+1&=(2^m)^p+1=(2^m)^{2k+1}+1\\&=(2^m+1)((2^m)^{2k}-(2^m)^{2k-1}+\cdots-2^m+1)\end{aligned}$$

是两个大于1的正整数之积，这时 2^n+1 不是素数. 所以，n 没有奇素因子，故存在 $k\in\mathbf{N}$，使得 $n=2^k$.

(2) 若 n 为合数，则可设 $n=pq$，$2\leqslant p\leqslant q$. 这时，

$$2^n-1=(2^p)^q-1=(2^p-1)((2^p)^{q-1}+\cdots+2^p+1)$$

是两个大于1的正整数之积，与 2^n-1 为素数矛盾. 故 n 为素数.

点评 形如 $F_n=2^{2^n}+1$ 的数称为费马(Fermat)数，当 $n=0,1,2,3,4$ 时，F_n 都为素数，因此，费马曾猜想：当 $n\in\mathbf{N}$ 时，F_n 都为素数. 但实际上，F_5，F_6 都是合数，并且现在还没有找到一个 $n\geqslant 5$，使得 F_n 为素数. 当然，人们也没有证出：当 $n\geqslant 5$ 时，F_n 都为合数.

形如 $M_p=2^p-1$ 的数称为梅森(Mersenne)数，与前面类似，并不是 p 为素数时，数 M_p 都是素数，目前

人们只找到了 46 个梅森素数. 著名的梅森素数猜想是:存在无穷多个素数 p,使得 M_p 为素数.

容易证明:当 $n\neq m$ 时,$(F_n,F_m)=1$;当奇素数 p, q 不相同时,$(2^p-1,2^q-1)=1$,因此,前面的每一次成功(找到 F_n 或 M_p 的素因子),都对下一个数的素因子寻找工作几乎没有帮助.

例 2 用 P^* 表示所有小于 10000 的奇素数组成的集合. 设 p 为 P^* 中的某个数,满足:对 P^* 的不含 p 的子集 $S=\{p_1,p_2,\cdots,p_k\}$, $k\geqslant 2$,都存在 $q\in \mathbf{P}^*\setminus S$,使得

$$(q+1)\mid((p_1+1)\cdot(p_2+1)\cdot\cdots\cdot(p_k+1)). \tag{1}$$

求 p 的所有可能值.

解 一个基本的想法是让(1)式中的被除数的不同素因子个数越少越好,最简单的情形当然是让每个 p_i+1 都是 2 的幂次. 因此,我们考察 P^* 中的梅森素数.

设 $T=\{M_2,M_3,M_5,M_7,M_{13}\}=\{3,7,31,127,8191\}$(注意 $M_{11}=23\times 89$ 不是素数),则 T 为 P^* 中所有梅森素数组成的集合.

下面来讨论 p 的所有可能值.

一方面,若 $p\notin T$,则在条件中取 $S=T$,知存在 $q\in P^*\setminus S$,使得

$$(q+1)\mid(M_2+1)(M_3+1)(M_5+1)(M_7+1)(M_{13}+1),$$

故 $(q+1)\mid 2^{30}$,这表明 $q+1$ 为 2 的幂次,从而 $q\in T$,矛盾. 所以,$p\in T$.

另一方面,对任意 $p\in T$,我们证明 p 符合要求.

若 p 不符合要求,应存在一个不含 p 的集合 $S=\{p_1,p_2,\cdots,p_k\}\subseteq P^*$, $k\geqslant 2$,使得满足(1)的素数 q 都属于 S. 依此性质,由 $4\mid(p_1+1)(p_2+1)$,得 $M_2\in S$,进而由 $8\mid(M_2+1)(p_2+1)$,得 $M_3\in S$,由 $2^5\mid(M_2+1)(M_3+1)$,知 $M_5\in S$,由 $2^7\mid(M_2+1)(M_3+1)(M_5+1)$,知 $M_7\in S$,由 $2^{13}\mid(M_2+1)(M_3+1)(M_5+1)(M_7+1)$,知 $M_{13}\in S$. 这导致 $T\subseteq S$,与 $p\notin S$ 矛盾. 所以,当 $p\in T$ 时,p 符合要求.

综上可知,满足条件的 $p\in\{M_2, M_3, M_5, M_7, M_{13}\}$.

例 3 如果 p 与 $p+2$ 都是素数,那么称这两个素数为"孪生素数".考察下面的两个数列.

斐波那契(Fibonacci)数列:1,1,2,3,5,8,…(满足 $F_1=1, F_2=1, F_{n+2}=F_{n+1}+F_n, n=1,2,\cdots$ 的数列).

孪生素数数列:3,5,7,11,13,17,19,…(将所有孪生素数对从小到大写出形成的数列).

问:哪些正整数在上面的两个数列中都出现?

解 这是一个与斐波那契数列的性质有关的问题,某一项 F_n 在孪生素数数列中出现的充要条件是 F_n-2 与 F_n 都为素数,或者 F_n 与 F_n+2 都为素数.因此,要否定 F_n 在孪生素数数列中出现,我们需要证明 F_n 为合数,或者 F_n-2 与 F_n+2 都是合数.

注意到,$F_4=3, F_5=5, F_7=13$ 都在孪生素数数列中出现,下面证明:当 $n\geqslant 8$ 时,F_n 都不出现在孪生素数数列中.

利用斐波那契数列的递推公式,可知:

$$\begin{aligned}F_{n+m+1}&=F_1F_{n+m-1}+F_2F_{n+m}\\&=F_1F_{n+m-1}+F_2(F_{n-m-1}+F_{n+m-2})\\&=F_2F_{n+m-2}+F_3F_{n+m-1}\\&=\cdots\\&=F_{n-1}F_{m+1}+F_nF_{m+2}.\end{aligned}\tag{2}$$

在(2)中,令 $m=n-1$,就有 $F_{2n}=F_n(F_{n+1}+F_{n-1})$.因为 $F_2=1$,所以当 $n\geqslant 3$ 时,F_{2n} 为合数.

另一方面,熟知:$F_n^2=F_{n-1}F_{n+1}+(-1)^n, n=1,2,\cdots$(这个结论用数学归纳法易证).结合(2)式,可知

$$\begin{aligned}F_{4n+1}&=F_{2n}^2+F_{2n+1}^2\\&=F_{2n}^2+(F_{2n-1}+F_{2n})^2\\&=2F_{2n}^2+(2F_{2n}+F_{2n-1})F_{2n-1}\\&=2F_{2n+1}F_{2n-1}+(2F_{2n}+F_{2n-1})F_{2n-1}+2,\end{aligned}$$

所以，

$$\begin{aligned}F_{4n+1}-2&=F_{2n-1}(2F_{2n+1}+2F_{2n}+F_{2n-1})\\&=F_{2n-1}(F_{2n+1}+F_{2n+2}+F_{2n+1})\\&=F_{2n-1}(F_{2n+3}+F_{2n+1}).\end{aligned}$$

从而，当 $n\geqslant 2$ 时，$F_{4n+1}-2$ 为合数.

进一步，我们还有

$$\begin{aligned}F_{4n+1}&=F_{2n}^2+F_{2n+1}^2=(F_{2n+2}-F_{2n+1})^2+F_{2n+1}^2\\&=2F_{2n+1}^2+F_{2n+2}(F_{2n+2}-2F_{2n+1})\\&=2F_{2n+1}^2-F_{2n+2}F_{2n-1}\\&=2F_{2n}F_{2n+2}-F_{2n+2}F_{2n-1}-2\\&=F_{2n+2}(2F_{2n}-F_{2n-1})-2\\&=F_{2n+2}(F_{2n}+F_{2n-2})-2.\end{aligned}$$

所以，当 $n\geqslant 2$ 时，$F_{4n+1}+2$ 也是合数.

同上类似，可证当 $n\geqslant 2$ 时，数 $F_{4n+3}-2$ 与 $F_{4n+3}+2$ 也都为合数.

综上可知，只有数 3，5，13 在上述两个数列中同时出现.

点评 著名的孪生素数猜想(即孪生素数有无穷多对)也是困扰人类的一个谜.一方面，对任意正整数 n，我们很容易找到连续 n 个正整数，它们都不是素数；另一方面，似乎又有无穷多对连续奇数，它们都是素数.素数真是难以把握而又极具吸引力的一类数！

例 4 设正整数 $a>b>c>d$，满足：

$$ac+bd=(b+d+a-c)(b+d-a+c). \tag{3}$$

证明：数 $ab+cd$，$ac+bd$ 和 $ad+bc$ 都是合数.

证明 第 42 届(2001 年)IMO 第 6 题要求证明 $ab+cd$ 为合数.事实上 $ab+cd$，$ac+bd$ 和 $ad+bc$ 都是合数，并且它们的素因子个数(相同的依重数计算)最少分别为 3,3,2(这个结论的证明留给读者).

记 $\alpha=b+d+a-c$,$\beta=b+d-a+c$,由(3)式知

$$\begin{aligned}\alpha\beta&=a(b+d+a-\alpha)+bd\\&=a^2+(b+d)a+bd-a\alpha\\&=(a+b)(a+d)-a\alpha.\end{aligned}$$

所以,$\alpha\mid(a+b)(a+d)$. 由于 $\alpha>a+d$,故 α 与 $a+b$ 不互素(否则将导出 $\alpha\mid(a+d)$,矛盾),从而,它们至少有一个相同的素因子 p_1. 这时,由 $a+b-\alpha=c-d$,知 $p_1\mid(c-d)$,故 $p_1\leqslant c-d$.

注意到:

$$ad+bc=d(a+b)+b(c-d),$$

知 $p_1\mid(ad+bc)$,结合 $p_1\leqslant a+b$ 和 $p_1\leqslant c-d$,可知 $p_1<ad+bc$,所以 $ad+bc$ 是一个合数.

进一步,由 $c-d<b<a$,可知 $c-d<\frac{a+b}{2}$,从而有

$$a+b=\alpha+c-d<\alpha+\frac{a+b}{2},$$

故 $\alpha>\frac{a+b}{2}$. 结合 $\alpha\mid(a+b)(a+d)$,知 $(\alpha,a+d)>1$. 设素数 $p_2\mid(\alpha,a+d)$,则由 $b-c=-(a+d)+\alpha$,可得 $p_2\mid(b-c)$,因此 $p_2\mid(ab+cd)$(因为 $ab+cd=b(a+d)-d(b-c)$). 利用 $p_2\leqslant b-c<ab+cd$,可知 $ab+cd$ 也是合数.

最后,由于

$$ac+bd\geqslant 2a+b>a+b>b+d+a-c=\alpha,$$

故 β 是大于 1 的正整数,所以,$ac+bd$ 为合数.

例 5 设 a,b,c,d,e,f 都是正整数,数 $S(=a+b+c+d+e+f)$ 是 $abc+def$ 和 $ab+bc+ca-de-ef-fd$ 的公因数. 证明:S 是一个合数.

证明 考察多项式

$$\begin{aligned}f(x)&=(x+a)(x+b)(x+c)-(x-d)(x-e)(x-f)\\&=Sx^2+(ab+bc+ca-de-ef-fd)x+(abc+def).\end{aligned}$$

由题中的条件,可知对任意 $x\in\mathbf{Z}$,都有 $S\mid f(x)$.

特别地,应有 $S\mid f(d)$,即

$$S \mid (d+a)(d+b)(d+c).$$

结合数 $d+a$, $d+b$, $d+c$ 都小于 S，可得 S 为合数.

命题获证.

点评 上面一些问题的处理非常注重概念及基本性质的应用，代数式的恰当变形，以及不等式方法等数学手段的运用. 这些都是数学学习中必不可少的基本功，是提高自身数学素质所必需的体验.

1.5 算术基本定理

知识桥

数论中最重要的定理就是下面的算术基本定理,在处理数论问题时,我们经常会直接或间接地用到该定理.

算术基本定理 设 n 是一个大于 1 的正整数,则可写成

$$n=p_1p_2\cdots p_k, \tag{1}$$

这里 $p_j(1\leqslant j\leqslant k)$ 都是素数,并且在不计次序的意义下,表达式(1)是唯一的.

利用 1.4 节中的定理 1 可得存在性,下面给出唯一性的证明.这时,我们需要用到 1.3 节中关于最大公因数理论中性质(2)的一个直接推论:"若 p 为素数,且 $p|ab$,则 $p|a$ 或 $p|b$."(当然还要用到素数的定义).

如果还有另一个表达式

$$n=q_1q_2\cdots q_m, \tag{2}$$

这里 $q_j(1\leqslant j\leqslant k)$ 都是素数.

不妨设 $p_1\leqslant p_2\leqslant\cdots\leqslant p_k$,$q_1\leqslant q_2\leqslant\cdots\leqslant q_m$,$k\leqslant m$. 则 $q_1\mid p_1p_2\cdots p_k$,因此存在 p_j,使得 $q_1\mid p_j$. 由素数的定义及 q_1 与 p_j 都为素数,可知 $q_1=p_j$. 反过来,同样存在 q_i,使得 $p_1|q_i$,进而 $p_1=q_i$. 这表明 $p_1=q_i\geqslant q_1=p_j\geqslant p_1$,所以,$p_1=q_1$. 对比式(1)与式(2),两边约去 p_1,q_1,得

$$p_2p_3\cdots p_k=q_2q_3\cdots q_m.$$

重复上述讨论,可得 $p_2=q_2$,$p_3=q_3$,…,$p_k=q_k$,并且

$$q_{k+1}q_{k+2}\cdots q_m=1.$$

这个式子在 $m>k$ 时不能成立,故 $k=m$. 所以,唯一性获证.

我们将表达式(1)中相同的素数合并,可得

$$n=p_1^{\alpha_1}p_2^{\alpha_2}\cdots p_t^{\alpha_t},\alpha_1,\alpha_2,\cdots,\alpha_t\in\mathbf{N}^*,p_1<p_2<\cdots<p_t.\qquad(3)$$

这里 $p_1,p_2,\cdots,p_t$ 为素数. 称(3)式为 n 的素因数标准分解式.

一个直接的推论是:d 是 n 的正因数的充要条件是 $d=p_1^{\beta_1}p_2^{\beta_2}\cdots p_t^{\beta_t}$,$0\leqslant\beta_i\leqslant\alpha_i$,$1\leqslant i\leqslant t$.

依上述结论可知,n 的正因数个数(记为 $d(n)$)等于 $\prod\limits_{j=1}^{t}(\alpha_j+1)$,而 n 的所有正因数之和(记为 $\sigma(n)$)等于 $\prod\limits_{j=1}^{t}(1+p_j+\cdots+p_j^{\alpha_j})$.

进一步,设 n 由(3)给出,而正整数 $m=p_1^{\beta_1}p_2^{\beta_2}\cdots p_t^{\beta_t}$(这里允许某些 α_i 或 β_i 等于零),那么,

$$(a,b)=p_1^{\gamma_1}p_2^{\gamma_2}\cdots p_t^{\gamma_t},这里\ \gamma_i=\min\{\alpha_i,\beta_i\},1\leqslant i\leqslant t.$$

$$[a,b]=p_1^{\delta_1}p_2^{\delta_2}\cdots p_t^{\delta_t},这里\ \delta_t=\max\{\alpha_i,\beta_i\},1\leqslant i\leqslant t.$$

利用算术基本定理,我们可设 $n=2^{\alpha}\cdot q$,这里 $\alpha\in\mathbf{N}$,而 q 为正奇数;可以利用素因数分析的方法去证 $a|b$;可以轻松地得出1.3 节中结论(3)与结论(4)的另一个证明等等. 总之,有此定理后,许多问题可以方便地解决. 但是,要注意尽管每一个正整数都有素因数分解式,但对大的正整数给出其分解式是非常困难的. 实际应用中,要给出某些 200 位以上的正整数的素因数分解式,最快的计算机也极难做到.

训练营

例 1 设 $a,b\in\mathbf{N}^*$,已知 a,b 的所有正因数的乘积相等. 问:是否必有 $a=b$?

解 答案是肯定的.

注意到,若 $d|n$,则 $\left.\dfrac{n}{d}\right|n$,因此,将 n 的所有正因数配对后,可知 n 的所有正因数之积等于 $n^{\frac{d(n)}{2}}$. 所以,为证明 $a=b$,我们只需证明:由 $a^{d(a)}=b^{d(b)}$,可以推出 $a=b$.

设 a,b 的素因数标准分解式如下:

$$a=p_1^{\alpha_1}p_2^{\alpha_2}\cdots p_t^{\alpha_t},b=p_1^{\beta_1}p_2^{\beta_2}\cdots p_t^{\beta_t},$$

这里 $p_1<p_2<\cdots<p_t$ 为素数，$\alpha_i,\beta_i\in\mathbf{N}$，且对 $1\leqslant i\leqslant t$ 都有 $\max\{\alpha_i,\beta_i\}>0$.

利用算术基本定理（主要是分解的唯一性）可知

$$\alpha_i d(a)=\beta_i d(b),1\leqslant i\leqslant t \tag{4}$$

结合 $\max\{\alpha_i,\beta_i\}>0$，可知对 $1\leqslant i\leqslant t$，都有 $\alpha_i,\beta_i>0$.

如果 $a\neq b$，那么由 $a^{d(a)}=b^{d(b)}$ 可知 $d(a)\neq d(b)$. 不妨设 $d(a)>d(b)$，则由(4)可知：对 $1\leqslant i\leqslant t$，都有 $\alpha_i<\beta_i$，故

$$d(a)=\prod_{i=1}^{t}(\alpha_i+1)<\prod_{i=1}^{t}(\beta_i+1)=d(b),$$

它与 $d(a)>d(b)$ 这一假设矛盾.

所以，必有 $a=b$.

点评 注意，由 $\sigma(a)=\sigma(b)$ 并不能推出 $a=b$，由 $d(a)=d(b)$ 也不能推出 $a=b$.

例 2 设 n 是大于 1 的正整数. 证明：

$$k\sqrt{n}<\sigma(n)<n\sqrt{2k},$$

这里 $k=d(n)$.

证明 注意到，

$$\sigma(n)=\sum_{d\mid n}d=\sum_{d\mid n}\frac{n}{d},$$

这里 $\sum\limits_{d\mid n}$ 表示对展布在 n 的所有正因数上的求和.

所以，我们有

$$\sigma(n)=\frac{1}{2}\sum_{d\mid n}\left(d+\frac{n}{d}\right)\geqslant\frac{1}{2}\sum_{d\mid n}2\sqrt{n}=\sqrt{n}\sum_{d\mid n}1=k\sqrt{n},$$

这里等号不能成立是因为求和式中有一项 $1+n>2\sqrt{n}$.

另一方面，由柯西(Cauchy)不等式可知

$$\begin{aligned}\sigma(n)^2 &=\Big(\sum_{d\mid n} d\Big)^2\leqslant k\sum_{d\mid n} d^2=k\sum_{d\mid n}\Big(\frac{n}{d}\Big)^2\\ &=kn^2\Big(\sum_{d\mid n}\frac{1}{d^2}\Big)<kn^2\sum_{j=1}^{n}\frac{1}{j^2}\\ &<kn^2\Big(1+\sum_{j=2}^{n}\frac{1}{j(j-1)}\Big)\\ &=kn^2\Big(1+\sum_{j=2}^{n}\Big(\frac{1}{j-1}-\frac{1}{j}\Big)\Big)\\ &=kn^2\Big(2-\frac{1}{n}\Big)<2kn^2.\end{aligned}$$

所以，$\sigma(n)<n\sqrt{2k}$.

命题获证.

点评 我们在这里引入求和号"$\sum\limits_{d\mid n}$"是为了表达上的简洁，熟悉后就不会有理解上的困难了.

例 3 设 a,b 是两个不同的正整数，且

$$(a^2+ab+b^2)\mid ab(a+b).$$

证明：$|a-b|>\sqrt[3]{ab}$.

证明 注意到，

$$a^3=(a^2+ab+b^2)a-ab(a+b),$$

从而，由条件可知 $(a^2+ab+b^2)\mid a^3$. 同理有，$(a^2+ab+b^2)\mid b^3$.

因此，a^2+ab+b^2 是 a^3 与 b^3 的公因数. 于是，

$$(a^2+ab+b^2)\mid(a^3,b^3),$$

故 $(a^2+ab+b^2)\mid(a,b)^3$，从而

$$|a-b|^3\geqslant(a,b)^3\geqslant a^2+ab+b^2\geqslant 3ab,$$

所以 $|a-b|\geqslant\sqrt[3]{3ab}>\sqrt[3]{ab}$. 命题获证.

点评

此题中用到下面的一些结论.

1° 任意两个整数的公因数都是它们的最大公因数的因数.进一步,还有任意两个整数的公倍数都是它们的最小公倍数的倍数.

2° 设 $n\in\mathbf{N}^*$,则 $(a^n,b^n)=(a,b)^n$.类似地,$[a^n,b^n]=[a,b]^n$.

上述结论都可用算术基本定理非常简单地得到.

例 4 设 $n\in\mathbf{N}^*$,a 和 b 是不相等的两个整数.已知:

$$n\mid(a^n-b^n).$$

证明:$n\left|\dfrac{a^n-b^n}{a-b}\right.$.

证明 对 n 的任意一个素因子 p,设 $p^\alpha\parallel n$(即 $p^\alpha\mid n$,但 $p^{\alpha+1}\nmid n$,这个记号在本书中会经常用到),由条件可知,$p^\alpha\mid(a^n-b^n)$.

利用算术基本定理,可知只需证明:$p^\alpha\left|\dfrac{a^n-b^n}{a-b}\right.$.

情形一 若 $p\nmid(a-b)$,则 $(p,a-b)=1$,故 $(p^\alpha,a-b)=1$,这时,由

$$p^\alpha\left|\left(\frac{a^n-b^n}{a-b}\right)(a-b)\right.,$$

可得 $p^\alpha\left|\dfrac{a^n-b^n}{a-b}\right.$.

情形二 若 $p\mid(a-b)$,可设 $a=b+px$,$x\in\mathbf{Z}$.则由二项式定理可知

$$\begin{aligned}\frac{a^n-b^n}{a-b}&=\frac{(b+px)^n-b^n}{px}\\&=\mathrm{C}_n^n(px)^{n-1}+\mathrm{C}_n^{n-1}(px)^{n-2}b+\cdots+\mathrm{C}_n^2(px)b^{n-2}+\mathrm{C}_n^1b^{n-1}.\end{aligned}$$

对其中的项 $T_k=\mathrm{C}_n^k(px)^{k-1}b^{n-k}$,$1\leqslant k\leqslant n$,都有

$$T_k=\frac{n}{k}\mathrm{C}_{n-1}^{k-1}(px)^{k-1}b^{n-k}.$$

注意到 $p^{\alpha}\mid n$，而 k 的素因数分解式中 p 的幂次（本书中记为 $v_p(k)$）$\leqslant\log_p k\leqslant k-1$，所以，$p^{\alpha}\mid T_k$，进而有

$$p^{\alpha}\left|\frac{a^n-b^n}{a-b}\right..$$

综上可知，命题成立.

点评 本题用到了数论中经常用到的方法：素因数分析法. 其思路是通过对两个数关于同一素因子 p 的幂次进行分析，得出这两个数之间的整除关系.

例 5 设 p 为素数，对由 $p+1$ 个不同的正整数组成的集合 M，证明：从 M 中可以取出两个数 $a,b(a>b)$，使得

$$\frac{a}{(a,b)}\geqslant p+1.$$

证明 先证一个引理：设 $a,b\in\mathbf{N}^*$，$a>b$ 且 $p\mid(a-b)$，a 和 b 都不是 p 的倍数. 则 $\frac{a}{(a,b)}\geqslant p+1$.

事实上，由 $p\mid(a-b)$，可设 $a=b+px$，$x\in\mathbf{N}^*$，则有 $(a,b)\mid px$. 由于 p 不是 a 和 b 的因数，知 $p\nmid(a,b)$，即 p 与 (a,b) 互素，从而，$(a,b)\mid x$. 这样，可得

$$\frac{a}{(a,b)}=\frac{b+px}{(a,b)}=\frac{b}{(a,b)}+p\cdot\frac{x}{(a,b)}\geqslant 1+p,$$

引理获证.

回到原题. 如果 M 中的 $p+1$ 个数都是 p 的倍数，那么将 M 中每个数都除以 p 后再进行讨论. 因此，我们可设 M 中的数不全是 p 的倍数.

现在设 M 中的 $p+1$ 个数为

$$x_1,x_2,\cdots,x_k,x_{k+1}=p^{\alpha_{k+1}}y_{k+1},\cdots,x_{p+1}=p^{\alpha_{p+1}}y_{p+1},$$

其中 $k\in\mathbf{N}^*$，正整数 $x_1,\cdots,x_k;y_{k+1},\cdots,y_{p+1}$ 都不是 p 的倍数，α_{k+1}，$\alpha_{k+2},\cdots,\alpha_{p+1}\in\mathbf{N}^*$，且 $x_1,x_2,\cdots,x_k$ 两两不同.

如果命题不成立，即 M 中不存在符合要求的两个数，先证：

$$\alpha_{k+1}=\alpha_{k+2}=\cdots=\alpha_{p+1}=1. \tag{5}$$

事实上，若存在 $j\in\{k+1,k+2,\cdots,p+1\}$，使得 $\alpha_j\geqslant2$，则

$$\frac{\max\{x_1,x_j\}}{(x_1,x_j)}\geqslant\frac{x_j}{(x_1,x_j)}=\frac{x_j}{(x_1,y_j)}\geqslant\frac{x_j}{y_j}\geqslant p^2>p+1,$$

所以，(5)成立. 进而，$y_{k+1},y_{k+2},\cdots,y_{p+1}$ 两两不同.

注意到，数 $x_1,x_2,\cdots,x_k;y_{k+1},y_{k+2},\cdots,y_{p+1}$ 中必有两个数除以 p 所得的余数相同，设这两个数为 a,b，则 $p\mid(a-b)$.

情形一　$a,b\in\{x_1,x_2,\cdots,x_k\}$，则 a 和 b 都不是 p 的倍数，这时，由引理知

$$\frac{\max\{a,b\}}{(a,b)}\geqslant p+1.$$

情形二　$a,b\in\{y_{k+1},y_{k+2},\cdots,y_{p+1}\}$，则 a 和 b 也都不是 p 的倍数，这时，$pa,pb\in\{x_{k+1},x_{k+2},\cdots,x_{p+1}\}$，利用引理亦有

$$\frac{\max\{pa,pb\}}{(pa,pb)}=\frac{\max\{a,b\}}{(a,b)}\geqslant p+1.$$

情形三　a 与 b 中恰有一个属于 $\{x_1,x_2,\cdots,x_k\}$，不妨设 $a\in\{x_1,x_2,\cdots,x_k\}$，则 $b\in\{y_{k+1},y_{k+2},\cdots,y_{p+1}\}$.

如果 $a\neq b$，那么由 $pb\in\{x_{k+1},x_{k+2},\cdots,x_{p+1}\}$，结合引理可得

$$\frac{\max\{a,pb\}}{(a,pb)}=\frac{\max\{a,pb\}}{(a,b)}\geqslant\frac{\max\{a,b\}}{(a,b)}\geqslant p+1.$$

如果 $a=b$，我们说在集合 $\{x_1,x_2,\cdots,x_k;y_{k+1},y_{k+2},\cdots,y_{p+1}\}$ 中去掉一个 a 后，剩下的 p 个数两两不同，且都不是 p 的倍数，因此，仍然会有两个数 a' 和 b'，使得 $p\mid(a'-b')$. 这样，将 a',b' 代替前面的 a,b 讨论，可知结论成立.

事实上，若集合 $\{x_1,x_2,\cdots,x_k;y_{k+1},y_{k+2},\cdots,y_{p+1}\}$ 中去掉一个 a 后仍然有两个数相等，则存在 $1\leqslant i<j\leqslant k$ 和 $k+1\leqslant m<n\leqslant p+1$，使得 $(x_i,x_j)=(y_m,y_n)$（或等于 (y_n,y_m)），于是

$$\frac{py_n}{(x_i,py_n)}=\frac{px_j}{(x_i,px_j)}=\frac{px_j}{(x_i,x_j)};$$

$$\frac{py_m}{(x_j,py_m)}=\frac{px_i}{(x_j,px_i)}=\frac{px_i}{(x_i,x_j)}.$$

将这两式相加，结合 $x_m=py_m$ 和 $x_n=py_n$，可知

$$\frac{x_n}{(x_i,x_n)}+\frac{x_m}{(x_j,x_m)}=\frac{x_i+x_j}{(x_i,x_j)}\cdot p\geqslant 3p.$$

从而，$\frac{x_n}{(x_i,x_n)}$与$\frac{x_m}{(x_j,x_m)}$中至少有一个$\geqslant\frac{3p}{2}>p+1$. 命题亦成立.

综上可知，命题成立.

例 6 设 n 是形如 a^2+b^2 的正整数，这里 a,b 是两个互素的正整数. 满足：若 p 为素数，且 $p\leqslant\sqrt{n}$，则 $p|ab$. 求所有符合要求的正整数 n.

解 设 $n=a^2+b^2$ 是一个符合要求的数.

若 $a=b$，则由 $(a,b)=1$，知 $a=b=1$，这时 $n=2$ 符合要求.

若 $a\neq b$，不妨设 $a<b$，考察 $b-a$ 的值. 若 $b-a>1$，取 $b-a$ 的素因子 p，由 $(a,b)=1$，可知 $(b-a,b)=(b-a,a)=1$，从而 $(b-a,ab)=1$，故 $p\nmid ab$. 另一方面，$p\leqslant b-a<\sqrt{a^2+b^2}=\sqrt{n}$，这与 n 符合要求矛盾. 所以，$b-a=1$.

这时，$n=a^2+(a+1)^2=2a^2+2a+1$. 直接验证可知：当 $a=1,2$ 时，$n=5,13$ 符合要求. 当 $a\geqslant 3$ 时，如果 a 为奇数，那么 $(a+2,a(a+1))=1$，这时 $a+2$ 的素因子 $p\leqslant a+2\leqslant\sqrt{2a^2+2a+1}=n$，而 $p\nmid a(a+1)$，矛盾；如果 a 为偶数，那么 $(a-1,a(a+1))=1$，这时 $a-1$ 的素因子 $p\leqslant a-1<\sqrt{2a^2+2a+1}=\sqrt{n}$，而 $p\nmid a(a+1)$，矛盾.

综上可知，满足条件的 n 只有 2,5 和 13.

例 7 设 $p_1,p_2,\cdots,p_n$ 是 n 个大于 3 的两两不同的素数. 证明：数 $2^{p_1p_2\cdots p_n}+1$ 有至少 4^n 个不同的正因数.

证明 先证一个引理：若 u,v 是两个互素的正奇数，则 $(2^u+1,2^v+1)=3$.

不妨设 $u>v$（$u=v$ 导致 $u=v=1$，命题显然成立），则

$$(2^u+1,2^v+1)=(2^u-2^v,2^v+1)=(2^v(2^{u-v}-1),2^v+1)$$
$$=(2^{u-v}-1,2^v+1)=(2^{u-v}+2^v,2^v+1).$$

如果 $u-v>v$,那么可得

$$(2^u+1,2^v+1)=(2^{u-2v}+1,2^v+1);$$

如果 $u-v\leqslant v$,那么可得

$$(2^u+1,2^v+1)=(2^{2v-u}+1,2^v+1).$$

用 $u-2v$(或 $2v-u$)代替 u 重复上述讨论,利用辗转相除的方法,可得 $(2^u+1,2^v+1)=2^{(u,v)}+1=3$(注意,每一次得到的两个幂次都为奇数,这在做辗转相除的过程中,以及最后一步得到结论中都是非常关键的).

回到原题,我们对 n 用归纳法来证所需的结论.

当 $n=1$ 时,数 $2^{p_1}+1$ 至少有如下的 4 个正因数:$1,3,\frac{1}{3}(2^{p_1}+1)$ 和 $2^{p_1}+1$(注意 p_1 为大于 3 的奇素数,因此由因式分解可知 $(2+1)\mid(2^{p_1}+1)$,并且 $\frac{1}{3}(2^{p_1}+1)>3$).所以,命题对 $n=1$ 成立.

现设命题对 $n-1$ 成立,即 $2^{p_1p_2\cdots p_{n-1}}$ 有 4^{n-1} 个不同的正因数,记 $u=p_1p_2\cdots p_{n-1}$,$v=p_n$,则 u,v 是两个互素的奇数,由引理可知 $\left(2^u+1,\frac{2^v+1}{3}\right)=1$,并且 $\frac{2^v+1}{3}>1$.

由于 2^u+1 的因数 d_1 与 $\frac{2^v+1}{3}$ 的因数 d_2 之积 d_1d_2 是 $(2^u+1)\left(\frac{2^v+1}{3}\right)$ 的因数,结合归纳假设可知 $\frac{1}{3}(2^u+1)(2^v+1)$ 至少有 $2\times 4^{n-1}$ 个不同的正因数.

现在由 u,v 都是奇数,可知 $(2^u+1)\mid(2^{uv}+1)$,$(2^v+1)\mid(2^{uv}+1)$.结合 $\left(2^u+1,\frac{2^v+1}{3}\right)=1$,可得

$$\frac{1}{3}(2^u+1)(2^v+1)\,\Big|\,(2^{uv}+1).$$

这表明 $2^{uv}+1$ 至少有 $2\times 4^{n-1}$ 个不同的正因数,它们都 $\leqslant\frac{1}{3}(2^u+

$1)(2^v+1)\overset{\text{记}}{=}m$(这里用到 m 的因数都是 $2^{uv}+1$ 的因数).

注意到 $u,v>3$,故 $uv>2(u+v)$. 因此,$2^{uv}+1>2^{2(u+v)}+1>m^2$ $\left(\text{因为 } m^2=\frac{1}{9}(2^{u+v}+2^u+2^v+1)^2<\frac{1}{9}(2\times 2^{u+v}+1)^2<\frac{1}{9}(6\times 2^{2(u+v)}+1)<2^{2(u+v)}+1\right)$. 这样,对于 m 的每一个正因数 d 而言,数 $\frac{2^{uv}+1}{d}(>m)$ 也是 $2^{uv}+1$ 的因数,从而,$2^{uv}+1$ 至少有 $2\times 4^{n-1}$ 个正因数大于 m.

综上可知,$2^{p_1p_2\cdots p_n}+1$ 有至少 4^n 个不同的正因数.

例 8 定义 $\text{rad}(n)$ 如下:$\text{rad}(1)=1$,而对大于 1 的正整数 n,$\text{rad}(n)$ 等于 n 的所有不同素因子的乘积.

数列 $a_1,a_2,\cdots$ 定义如下:

$$a_1\in\mathbf{N}^*,a_{n+1}=a_n+\text{rad}(a_n),n=1,2,\cdots.$$

证明:对任意正整数 $m(\geqslant 3)$,数列 $a_1,a_2,\cdots$ 中都存在连续 m 项,它们构成一个等差数列.

证明 由数列的递推式及 $\text{rad}(n)$ 的定义可知:对任意 $n\in\mathbf{N}^*$,都有 $\text{rad}(a_n)\mid\text{rad}(a_{n+1})$. 进一步,我们还可得到如下的性质:对任意 $m\in\mathbf{N}^*$,$m\geqslant 3$,存在 $M\in\mathbf{N}^*$,使得

$$x_M=x_{M+1}=\cdots=x_{M+m-2}=1,\tag{6}$$

这里 $x_n=\frac{\text{rad}(a_{n+1})}{\text{rad}(a_n)}$.

事实上,如果(6)获证,那么

$$\text{rad}(a_M)=\text{rad}(a_{M+1})=\cdots=\text{rad}(a_M+m-1)\overset{\text{记}}{=}d,$$

则 $a_M,a_{M+1},\cdots,a_{M+m-1}$ 是一个公差为 d、项数为 m 的等差数列. 从而原命题获证.

下面将视角转到(6)的证明上.

对任意 $m\geqslant 3$,如果素数 $p\leqslant 2m$,且存在 $n\in\mathbf{N}^*$,使得 $p\mid a_n$,那么称 p 为"好数". 利用 $\text{rad}(a_n)\mid\text{rad}(a_{n+1})$,可知存在 $t\in\mathbf{N}^*$,使得对任意 $n\geqslant t$,数 a_n 都是所有"好数"的倍数.

令 $b_n=\frac{a_n}{\operatorname{rad}(a_n)}$，$n=1,2,\cdots$. 设 b_M 是 $\{b_n \mid n\geqslant t, n\in\mathbf{N}^*\}$ 中的最小元，下面证明：M 是一个符合(6)的正整数.

若 M 不符合(6)的要求，取最小的 $k\in\mathbf{N}^*$，$k\leqslant m-1$，使得 $x_{M+k-1}\neq 1$，则此时有

$$x_M=x_{M+1}=\cdots=x_{M+k-2}=1,$$

于是，

$$\begin{aligned}b_{M+k-1}&=\frac{a_{M+k-1}}{\operatorname{rad}(a_{M+k-1})}=\frac{a_{M+k-2}+\operatorname{rad}(a_{M+k-2})}{\operatorname{rad}(a_{M+k-1})}\\&=\frac{b_{M+k-2}+1}{x_{M+k-2}}=b_{M+k-2}+1=\cdots=b_M+(k-1).\end{aligned}\tag{7}$$

由 x_{M+k-1} 的定义可知，x_{M+k-1} 是 a_{M+k} 的所有不同素因子中不是 a_{M+k-1} 的素因子的那些素数的乘积. 结合 b_M 的定义，可知 $M\geqslant t$，故 a_{M+k-1} 是所有“好数”的倍数. 因此，x_{M+k-1} 不是任何一个“好数”的倍数，这表明 x_{M+k-1} 的每个素因子都大于 $2m$. 从而，由 $x_{M+k-1}\neq 1$，可知 $x_{M+k-1}>2m$. 这时，由(7)可知

$$\begin{aligned}b_{M+k}&=\frac{b_{M+k-1}+1}{x_{M+k-1}}=\frac{b_M+k}{x_{M+k-1}}\\&<\frac{b_M+(m-1)}{2m}<b_M,\end{aligned}$$

这与 b_M 的定义矛盾. 所以，M 符合(6)，命题获证.

演习场

习 题 一

1. 设 $a,b\in\mathbf{N}^*$，且$\frac{ab}{a+b}\in\mathbf{N}^*$. 证明：$(a,b)>1$.

2. 设 $m,n\in\mathbf{N}^*$，m 为奇数. 证明：$(2^m-1,2^n+1)=1$.

3. 设 $n,k\in\mathbf{N}^*$，$n>k$. 证明：$\mathrm{C}_n^k,\mathrm{C}_{n+1}^k,\cdots,\mathrm{C}_{n+k}^k$的最大公因数等于1.

4. (1) 求所有的正整数 n，使得存在 $a,b\in\mathbf{N}^*$，满足：$[a,b]=n!$，$(a,b)=1998$；

(2) 在(1)成立的情况下，要使 $a\leqslant b$ 的正整数对(a,b)的对数不超过 1998，n 应满足什么条件？

5. 设 a, b, m, $n\in\mathbf{N}^*$，满足$(a,b)=1$ 且 $a>1$. 证明：若

$$(a^m+b^m)\mid(a^n+b^n),$$

则 $m\mid n$.

6. 求所有的正整数 a,b，使得

$$(a,b)+9[a,b]+9(a+b)=7ab.$$

7. 设 S 是一个由整数组成的有限集，且 S 中的每个数都大于1. 已知对任意 $n\in\mathbf{Z}$，都存在 $s\in S$，使得$(n,s)=1$ 或 s. 证明：存在 $s,t\in S$(s,t 可以相同)，使得(s,t)是一个素数.

8. 是否存在 100 个不同的正整数，使得它们的和等于它们的最小公倍数？

9. 对任意给定的 $k\in\mathbf{N}^*$，$k>1$，记 $n,n+1,\cdots,n+k$ 的最小公倍数为$Q(n)$. 证明：存在无穷多个 $n\in\mathbf{N}^*$，满足

$$Q(n)>Q(n+1).$$

10. 设 $a,n\in\mathbf{N}^*$，$a>1$ 且 a^n+1 为素数. 证明：$d(a^n-1)\geqslant n$.

11. 设 $n\in\mathbf{N}^*$，$n>1$，且数 $1!,2!,\cdots,n!$中任意两个数除以 n 所得余数都不相同. 证明：n 为素数.

12. 用 a_n 表示前 n 个素数的和，即 $a_1=2,a_2=2+3,\cdots$. 证明：在区间$[a_n,a_{n+1}]$，$n\in\mathbf{N}^*$ 中至少有一个完全平方数.

13. 设 $n\in\mathbf{N}^*$，$n>1$，p 是一个素数. 已知

$$n \mid (p-1), p \mid (n^3-1).$$

证明:$4p-3$ 是一个完全平方数.

14. 设 A 是一个 1000 位数,已知 A 的任意 10 个连续数码构成的数都是 2^{10} 的倍数. 证明:$2^{1000} \mid A$.

15. 证明:在十进制表示下,每个正整数的正因数中末位数字为 1 或 9 的数的个数不小于末位数字为 3 或 7 的数的个数.

16. 已知 $a,b \in \mathbf{N}^*$,且在十进制表示下,数 $a^a \cdot b^b$ 的末尾恰有 98 个零. 求所有使 ab 最小的数对 (a,b).

17. 证明:任意一个正整数都可以表示为某两个正整数 a,b 的差,并且 a,b 的不同素因子的个数相同.

18. 设 $m,n \in \mathbf{N}^*$,且 $m \leqslant \frac{n^2}{4}$,$m$ 的每一个素因子都不大于 n. 证明:$m \mid n!$.

19. 给定正整数 $n \geqslant 2$. 设 $d_1, d_2, \cdots, d_n \in \mathbf{N}^*$,且 $(d_1, d_2, \cdots, d_n) = 1$,$d_i \mid (d_1 + d_2 + \cdots + d_n)$,$i = 1, 2, \cdots, n$.

(1) 证明:$d_1 d_2 \cdots d_n \mid (d_1 + d_2 + \cdots + d_n)^{n-2}$;

(2) 对每个 $n \geqslant 3$,给出一个例子说明(1)中的 $n-2$ 不能再减小.

20. 设 $n \in \mathbf{N}^*$,$n \geqslant 2$. 证明:存在 $m \in \mathbf{N}^*$,使得

$$3^n \parallel (m^3 + 17).$$

21. 设 m 为给定的正整数,一个由素数组成的数列 $p_1, p_2, \cdots$ 满足下述条件:当 $n \geqslant 3$ 时,p_n 是 $p_{n-1} + p_{n-2} + m$ 的最大素因子. 证明:此数列是一个有界数列.

22. 记 $A = \{x \mid x \in \mathbf{N}^*$,$x$ 在十进制表示下任何数位上不出现数字零,且 x 的各数位上的数字之和是 x 的因数$\}$. 证明:对任意 $k \in \mathbf{N}^*$,A 中有一个元素是 k 位数.

23. 数列 $a_1, a_2, \cdots$ 是由正整数组成的递增数列. 如果 a_k 可以表示为该数列中若干项(可以相同)之和,那么称 a_k 是"好的".

(1) 证明:该数列中至多只有有限项不是"好的";

(2) 如果数列 $a_1, a_2, \cdots$ 是由正有理数组成的递增数列,上述结论是否仍然成立?

24. 设 $p_1, p_2, \cdots$ 是所有素数从小到大的排列. 证明:当 $n \geqslant 4$ 时,有

$p_{n+1}p_{n+2}<p_1p_2\cdots p_n$.

25. 求最大的正整数 m,使得对 $k\in\mathbf{N}^*$,若 $1<k<m$ 且 $(k,m)=1$,则 k 为某个素数的幂.

26. (1) 求所有的素数数列 $p_1<p_2<\cdots<p_n$,使得

$$\left(1+\frac{1}{p_1}\right)\left(1+\frac{1}{p_2}\right)\cdot\cdots\cdot\left(1+\frac{1}{p_n}\right)$$

是一个整数;

(2) 是否存在 n 个大于 1 的不同正整数 $a_1,a_2,\cdots,a_n,n\in\mathbf{N}^*$,使得

$$\left(1+\frac{1}{a_1^2}\right)\left(1+\frac{1}{a_2^2}\right)\cdot\cdots\cdot\left(1+\frac{1}{a_n^2}\right)$$

为整数?

27. (1) 求所有的正整数对 (a,b),$a\neq b$,使得 b^2+a 是一个素数的幂次,并且 $(b^2+a)\mid(a^2+b)$;

(2) 设 a,b 是两个大于 1 的不同的正整数,且

$$(b^2+a-1)\mid(a^2+b-1).$$

证明:b^2+a-1 有至少两个不同的素因子.

28. 设 $n\in\mathbf{N}^*$,I 是数轴上一个长度为 $\frac{1}{n}$ 的开区间.求满足 $1\leqslant b\leqslant n$ 的最简分数 $\frac{a}{b}$ 的个数的最大值,这里 $\frac{a}{b}\in I$.

29. 求所有的素数 p,使得存在 $m,n\in\mathbf{N}^*$,满足:$p=m^2+n^2$,且 $p\mid(m^3+n^3-4)$.

30. 求所有大于 1 的整数 n,使得它的任何一个大于 1 的因数都具有形式 a^r+1,这里 $a\in\mathbf{N}^*$,$r\geqslant 2$,$r\in\mathbf{N}^*$.

31. 对正整数 $n>1$,记

$$a_n=\frac{1}{p_1}+\frac{1}{p_2}+\cdots+\frac{1}{p_m},$$

这里 $p_1,p_2,\cdots,p_m$ 是 n 的所有不同素因子.证明:对任意正整数 $N>1$,都有

$$a_2+a_2a_3+\cdots+a_2a_3\cdots a_N<1.$$

32. 对 $n\in\mathbf{N}^*$,$n>1$,用 $h(n)$ 表示 n 的最大素因子.证明:存在无穷

多个 $n\in\mathbf{N}^*$，使得

$$h(n)<h(n+1)<h(n+2).$$

33. 设 $n\in\mathbf{N}^*$，$n>1$. 求所有的 $a\in\mathbf{N}^*$，使得 $a>1$，且

$$A=\frac{n(n+1)(n+2)\cdot\cdots\cdot(na-1)}{a^n}$$

是一个正整数.

34. 记正整数 n 的不同素因子的个数为 $w(n)$. 证明：存在无穷多个 $n\in\mathbf{N}^*$，使得

$$w(n)<w(n+1)<w(n+2).$$

35. 设 n 是一个不小于 2 的正整数，$a_1,a_2,\cdots,a_n$ 是 n 个不同的正整数. 证明：$\prod\limits_{1\leqslant i<j\leqslant n}\frac{a_i-a_j}{i-j}$是一个整数.

36. 设 $x,y\in\mathbf{R}$，$x\neq y$. 已知存在 4 个连续正整数 n，使得

$$\frac{x^n-y^n}{x-y}\in\mathbf{Z}.$$

证明：对任意 $n\in\mathbf{N}^*$，数$\frac{x^n-y^n}{x-y}$都为整数.

37. 设 n 是一个大于 1 的整数. 证明：若对满足 $0\leqslant k\leqslant\sqrt{\frac{n}{3}}$ 的整数 k，数 k^2+k+n 都是素数，则对满足 $0\leqslant k\leqslant n-2$ 的整数 k，数 k^2+k+n 都是素数.

38. 证明：数 $\sum\limits_{n=1}^{+\infty}\frac{\sigma(n)}{n!}$是一个无理数，这里 $\sigma(n)$表示 n 的所有正因数之和.

39. 设 $x,a,b\in\mathbf{N}^*$，满足

$$x^{a+b}=a^b\cdot b.$$

证明：$a=x$，$b=x^x$.

第二讲 同余理论

同余是数论中的一个重要工具，利用同余的性质可以方便地处理许多数论问题. 同时它作为初等数论中的一个重要部分，也是我们学习和研究的主要对象. 初等数论中的一些著名定理都是用同余式给出的.

2.1 同余的概念与基本性质

知识桥

设 $m\in\mathbf{N}^*$，$a,b\in\mathbf{Z}$，如果 $m\mid(a-b)$，那么称 a,b 对模 m 同余，记作 $a\equiv b(\bmod m)$；如果 $m\nmid(a-b)$，那么称 a,b 对模 m 不同余，记作 $a\not\equiv b(\bmod m)$. 这个由高斯(Gauss)引入的记号是数论中使用最频繁的记号，在研究两个整数的性质时引入一个参照物(模 m)是同余的基本出发点.

同余关系是一种等价关系，具有反身性、对称性和传递性. 此外，同余还具有与等式类似的性质. 利用同余的概念及整除的性质可以得到下面的一些结论：

(1) $a\equiv b(\bmod m)\Leftrightarrow m\mid(a-b)\Leftrightarrow a,b$ 除以 m 所得的余数相同(所以，有时戏称“同余”就是“余同”).

(2) 设 $a\equiv b(\bmod m)$，$c\equiv d(\bmod m)$，则 $a+c\equiv b+d(\bmod m)$，$a-c\equiv b-d(\bmod m)$，$ac\equiv bd(\bmod m)$.

这表明两个同余式之间可以进行加、减、乘运用，与等式的性质相似.

(3) 设 $ac\equiv bc(\bmod m)$，则 $a\equiv b\left(\bmod \dfrac{m}{(m,c)}\right)$，特别地，若 (m,c)

$=1$，则 $a\equiv b(\bmod m)$.

(4) 若 $a\equiv b(\bmod m)$，则对 m 的任意正因数 n，都有 $a\equiv b(\bmod n)$.

(5) 若 $a\equiv b(\bmod m)$，$a\equiv b(\bmod n)$，则 $a\equiv b(\bmod [m,n])$.

训练营

例 1　求所有满足下述条件的正整数 a 的个数：存在非负整数 x_0，x_1，…，x_{2009}，使得

$$a^{x_0}=a^{x_1}+a^{x_2}+\cdots+a^{x_{2009}}. \tag{1}$$

解　显然，满足条件的 a 大于 1. 对(1)式两边 mod $(a-1)$，得一个必要条件为

$$1^{x_0}\equiv 1^{x_1}+1^{x_2}+\cdots+1^{x_{2009}}(\bmod a-1),$$

这表明：$(a-1)\mid 2008$，这样的 a 的个数 $=d(2008)=8$.

另一方面，设 $a\in\mathbf{N}^*$，满足 $(a-1)\mid 2008$，设 $2008=(a-1)\cdot k$，在 $x_1,x_2,\cdots,x_{2009}$ 中取 a 个为 0，$a-1$ 个为 1，…，$a-1$ 个为 $k-1$，并令 $x_0=k$，即可知(1)成立.

所以，满足条件的正整数 a 有 8 个.

点评　这里用到了同余式的一个性质：设 $n\in\mathbf{N}$，$a\equiv b(\bmod m)$，则 $a^n\equiv b^n(\bmod m)$（它是结论(2)的一个推论）. 在用此性质时，我们经常会让 a，b 中有一个为 1 或 -1，从而可以方便地处理带指数的同余式.

例 2　设 p 为素数，$m,n,k\in\mathbf{N}^*$，$n\geqslant m+2$，k 为大于 1 的奇数，并且 $p=k\cdot 2^n+1$，$p\mid(2^{2^m}+1)$. 证明：

$$k^{2^{n-1}}\equiv 1(\bmod p).$$

证明 由条件知 $k\cdot 2^n\equiv -1 \pmod p$，两边 2^{n-1} 次方，得

$$k^{2^{n-1}}\cdot 2^{n\cdot 2^{n-1}}\equiv 1 \pmod p.$$

另一方面，由 $2^{2^m}\equiv -1 \pmod p$ 及 $n\geqslant m+2$，可知

$$2^{n\cdot 2^{n-1}}\equiv 1 \pmod p \text{（因为 } 2^{m+1}\mid n\cdot 2^{n-1}\text{）}.$$

所以，$k^{2^{n-1}}\equiv 1 \pmod p$，命题获证.

点评 这是一个关于费马数的素因子的性质.

例 3 设 $n\geqslant 4$，$n\in\mathbf{N}^*$. 证明：存在 $a\in\mathbf{N}^*$，$1\leqslant a\leqslant \dfrac{n}{4}+1$，使得 $n^2\nmid (a^n-a)$.

证明 如果 n 为偶数，取 $a=2$，就有 $n^2\nmid (a^n-a)$，此时命题成立.

下面讨论 n 为奇数的情形.

称使得 $n^2\mid (a^n-a)$ 成立的正整数 a 为"好数"，"好数"具有如下的两个性质：

1° 对任意 $1\leqslant a\leqslant n-1$，数 a 与 $n-a$ 不能都是"好数".

事实上，若 a 为"好数"，则

$$\begin{aligned}(n-a)^n-(n-a)&=n^n-\mathrm{C}_n^1n^{n-1}a+\cdots+\mathrm{C}_n^{n-1}na^{n-1}-a^n-n+a\\&\equiv -(a^n-a)-n\equiv -n\not\equiv 0 \pmod{n^2},\end{aligned}$$

故 $n-a$ 不是"好数"，从而 1° 成立.

2° 若 a,b 都是"好数"（a 与 b 可以相同），则 ab 也是"好数".

这由 $a^n\equiv a \pmod{n^2}$，$b^n\equiv b \pmod{n^2}$ 两式相乘即得.

回到原题，对大于 4 的奇数 n，若 $n\in\{5,7\}$，直接计算可知 $n^2\nmid (2^n-2)$，命题成立.

当 $n\geqslant 9$ 时，如果命题不成立，分两种情形处理.

情形一 可写 $n=4k+1$（$k\in\mathbf{N}^*$，$k\geqslant 2$），则 $1,2,\cdots,k+1$ 都是"好

数”，由 1°知 $3k(=n-(k+1))$ 不是“好数”，但由 2°知 $3k$ 是“好数”（因为 $3,k\leqslant k+1$ 都是“好数”），矛盾.

情形二　可写 $n=4k+3(k\in\mathbf{N}^*,k\geqslant 2)$，同样地，$1,2,\cdots,k+1$ 都是“好数”，这时由 1°知 $3(k+1)(=n-k)$ 不是“好数”，但由 2°知 $3(k+1)$ 是“好数”，矛盾.

综上可知，命题成立.

例 4　（卢卡斯(Lucas)定理）设 p 为素数，$a,b\in\mathbf{N}^*$，并且

$$a=a_kp^k+a_{k-1}p^{k-1}+\cdots+a_1p+a_0,$$

$$b=b_kp^k+b_{k-1}p^{k-1}+\cdots+b_1p+b_0,$$

这里 $0\leqslant a_i,b_i\leqslant p-1$ 都是整数，$i=0,1,2,\cdots,k$. 证明：

$$\mathrm{C}_a^b\equiv\mathrm{C}_{a_k}^{b_k}\cdot\mathrm{C}_{a_{k-1}}^{b_{k-1}}\cdot\cdots\cdot\mathrm{C}_{a_0}^{b_0}\pmod p.$$

证明　我们引入多项式同余的记号.

设 $f(x)=a_nx^n+a_{n-1}x^{n-1}+\cdots+a_0$，$g(x)=b_nx^n+b_{n-1}x^{n-1}+\cdots+b_0$ 是两个整系数多项式. 如果对 $0\leqslant i\leqslant n$，都有 $a_i\equiv b_i\pmod m$，那么称 $f(x)$ 与 $g(x)$ 对模 m 同余，记作 $f(x)\equiv g(x)\pmod m$.（注意，若 $f(x)\equiv g(x)\pmod m$，则对任意 $a\in\mathbf{Z}$，都有 $f(a)\equiv g(a)\pmod m$. 反过来的结论却是不对的，这一点在讨论费马小定理时就能了解到.）

由 p 为素数，可知对 $1\leqslant j\leqslant p-1$，都有 $\mathrm{C}_p^j=\dfrac{p}{j}\mathrm{C}_{p-1}^{j-1}\equiv 0\pmod p$.

于是，

$$\begin{aligned}(1+x)^p&=1+\mathrm{C}_p^1x+\cdots+\mathrm{C}_p^{p-1}x^{p-1}+x^p\\&\equiv 1+x^p\pmod p.\end{aligned}$$

利用上述结果，可知

$$\begin{aligned}(1+x)^a&=(1+x)^{a_0}((1+x)^p)^{a_1}\cdot\cdots\cdot((1+x)^{p^k})^{a_k}\\&\equiv(1+x)^{a_0}(1+x^p)^{a_1}\cdot\cdots\cdot(1+x^{pk})^{a_k}\pmod p.\end{aligned}$$

对比两边 x^b 项的系数（用二项式定理及 p 进制数的性质）可得

$$\mathrm{C}_a^b\equiv\mathrm{C}_{a_k}^{b_k}\cdot\mathrm{C}_{a_{k-1}}^{b_{k-1}}\cdot\cdots\cdot\mathrm{C}_{a_0}^{b_0}\pmod p.$$

点评 由此定理立即可得：当且仅当存在 $i \in \{0, 1, 2, \cdots, k\}$，使得 $b_i > a_i$ 时，$C_a^b \equiv 0 \pmod{p}$. 一个直接的推论是：C_a^b 为奇数的充要条件是，在二进制表示下 a 的每一个数位上的数都不小于 b 的相应数位上的数.

2.2 同余类与剩余系

知识桥

定义 1 设 $m(>1)$ 是一个给定的正整数，则可以将整数集划分为 m 个集合，记作 $K_0, K_1, \cdots, K_{m-1}$，这里

$$K_r=\{x \mid x \equiv r(\bmod m), x \in \mathbf{Z}\}, r=0,1,2,\cdots,m-1.$$

我们称 $K_0, K_1, \cdots, K_{m-1}$ 为模 m 的同余类.

关于模 m 的同余类有如下性质：

(1) 每个整数属于而且仅属于模 m 的一个同余类. 即对任意 $0 \leqslant i<j \leqslant m-1$，都有 $K_i \cap K_j=\varnothing$，且 $\bigcup_{r=0}^{m-1} K_r=\mathbf{Z}$.

(2) 两个整数同属于模 m 的一个同余类的充要条件是它们对模 m 同余.

定义 2 如果整数 $a_0, a_1, \cdots, a_{m-1}$ 中没有两个数同属于模 m 的一个同余类，那么称 $a_0, a_1, \cdots, a_{m-1}$ 为模 m 的一个完全剩余系，简称为模 m 的一个完系.

这里 $a_0, a_1, \cdots, a_{m-1}$ 可视为 $K_0, K_1, \cdots, K_{m-1}$ 中各取一个(作为代表)形成的一个 m 元数组，显然最多只能各取一数才能保证任两数不同属于模 m 的一个同余类，又由于每一个同余类中都有一个代表，因此称之为完全剩余(代表)系.

关于模 m 的完系，下面的性质可以简单推出.

(1) m 个整数构成模 m 的完系的充要条件是这 m 个数对模 m 两两不同余.

(2) 设 $a_0, a_1, \cdots, a_{m-1}$ 构成模 m 的一个完系，$a, b \in \mathbf{Z}$，且 $(a, m)=1$，则 $aa_0+b, aa_1+b, \cdots, aa_m+b$ 也是模 m 的一个完系.

在模 m 的完系中，有一个经常被用到：$0,1,2,\cdots,m-1$. 这个完系称为模 m 的非负最小完全剩余系.

训练营

例1 数列 $a_0,a_1,\cdots$ 定义如下：$a_0=1,a_n=a_{n-1}+a_{\left[\frac{n}{3}\right]},n=1,2,\cdots$，这里 $[x]$ 表示不超过 x 的最大整数. 证明：对每一个素数 $p\in\{2,3,5,7,11,13\}$，存在无穷多个 $n\in\mathbf{N}^*$，使得 $p\mid a_n$.

证明 注意到，$2\mid a_6(=12)$，$3\mid a_2(=3)$，$5\mid a_3(=5)$，$7\mid a_4(=7)$，$11\mid a_{11}(=22)$，$13\mid a_{20}(=117)$，因此，对 $p\in\{2,3,5,7,11,13\}$，存在 $m(\geqslant2)$，使得 $p\mid a_m$. 下面用反证法来处理.

若存在某个 $p\in\{2,3,5,7,11,13\}$，使得只有有限个 $k\in\mathbf{N}^*$，满足 $p\mid a_k$. 我们设最大的使得 $p\mid a_k$ 成立的下标为 m，则由前面的例子可知 $m\geqslant2$，并且对任意 $k>m$，都有 $p\nmid a_k$.

由递推式可知，对 $3m\leqslant i\leqslant3m+2$，有 $a_i=a_{i-1}+a_m$，结合 $a_m\equiv0\pmod p$，可知

$$a_{3m-1}\equiv a_{3m}\equiv a_{3m+1}\equiv a_{3m+2}\overset{\text{记}}{\equiv}r \pmod p, \tag{1}$$

这里 $r\in\{1,2,\cdots,p-1\}$.

现在对 $9m-3\leqslant i\leqslant9m+8$，有 $3m-1\leqslant\left[\frac{i}{3}\right]\leqslant3m+2$，从而再用一次递推式可知 $a_i-a_{i-1}=a_{\left[\frac{i}{3}\right]}\equiv r\pmod p$（这里用到(1)）. 依此可知，

$$a_{9m-4+j}\equiv a_{9m-4+j-1}+r\equiv\cdots\equiv a_{9m-4}+jr\pmod p,$$

这里 $j=0,1,2,\cdots,13$. 利用 $r\in\{1,2,\cdots,p-1\}$，可知 $(r,p)=1$，于是结合 $p\leqslant13$，可知 $r,2r,\cdots,13r$ 遍经模 p 的一个完系，从而存在 $j_0\in\{1,2,\cdots,13\}$，使得 $j_0r\equiv-a_{9m-4}\pmod p$. 这表明 $a_{9m-4+j_0}\equiv a_{9m-4}+j_0r\equiv0\pmod p$，但 $9m-4+j_0>m$，这与当 $k>m$ 时，$p\nmid a_k$ 矛盾.

综上可知，对每个素数 $p\leqslant13$，都有无穷多项 a_k，使得 $p\mid a_k$.

点评 此题本质上是用递推方式得到的无穷多项 a_k（使 $p\mid a_k$ 成立的项），它的出发点是从一项 $p\mid a_m$ 开始，然后在其后找到一个模 p 的完系，从而找到下一项.

例 2 设 n 是大于 1 的奇数，$k_1,k_2,\cdots,k_n$ 是 n 个给定的整数，对 $1,2,\cdots,n$ 的每一个排列 $a=(a_1,a_2,\cdots,a_n)$，记

$$S(a)=\sum_{i=1}^{n}k_ia_i.$$

证明：存在两个 $1,2,\cdots,n$ 的排列 b 和 $c(b\neq c)$，使得 $S(b)-S(c)$ 是 $n!$ 的倍数.

证明 如果对 $1,2,\cdots,n$ 的任意两个不同的排列 b 和 c，都有 $n!\nmid(S(b)-S(c))$，那么当 a 取遍所有 $1,2,\cdots,n$ 的排列（共 $n!$ 个）时，$S(a)$ 遍经模 $n!$ 的一个完系. 因此，

$$\sum_{a}S(a)\equiv 1+2+3+\cdots+n!=\frac{n!}{2}(n!+1)\ (\bmod n!),\qquad(2)$$

这里 $\sum\limits_{a}$ 表示对 $1,2,\cdots,n$ 的每个排列求和.

另一方面，我们有

$$\begin{aligned}\sum_{a}S(a)&=\sum_{a}\sum_{i=1}^{n}k_ia_i=\sum_{i=1}^{n}\sum_{a}k_ia_i\\&=\sum_{i=1}^{n}k_i\left((n-1)!\sum_{j=1}^{n}j\right)=\frac{n!(n+1)}{2}\sum_{i=1}^{n}k_i,\end{aligned}\qquad(3)$$

而由(2)可知 $\sum\limits_{a}S(a)\equiv\frac{n!}{2}\not\equiv 0(\bmod n!)$. 由(3)结合 n 为大于 1 的奇数，可知 $\sum\limits_{a}S(a)\equiv 0(\bmod n!)$，这是一个矛盾.

综上可知，命题成立.

点评 利用完系处理数论问题时总会体现出“整体处理”的思想，这种“整体处理”的思想在数学问题的解决中经常出现.

例 3 设 $m,n\in\mathbf{N}^*$，m 为奇数，且 $(m,2^n-1)=1$. 证明：数 $1^n+2^n+\cdots+m^n$ 是 m 的倍数.

证明 由于 m 为奇数，而 $1,2,\cdots,m$ 是模 m 的一个完系，故 $2\times1,2\times2,\cdots,2\times m$ 也是模 m 的一个完系，所以，

$$\sum_{k=1}^{m}k^n\equiv\sum_{k=1}^{m}(2k)^n\pmod m,$$

即 $m\left|(2^n-1)\sum_{k=1}^{m}k^n\right.$. 结合 $(m,2^n-1)=1$，可知 $m\left|\sum_{k=1}^{m}k^n\right.$.

> **点评** 一个有趣的技巧是在 n 为奇数时，对和数 $\sum_{k=1}^{m}k^n$ 配对处理，即由 $m\mid(k^n+(m-k)^n)$ 来处理. 这在 n 为偶数时效果就不明显了.

例 4 一位古怪的数学家，他在一个共 n 级的梯子上爬上爬下，每次上升 a 级或下降 b 级. 这里 a,b 为给定的正整数. 如果他能从地面开始，爬到梯子的最顶上一级，然后回到地面. 求 n 的最小值（用 a,b 表示），并予以证明.

解 n 的最小值为 $a+b-(a,b)$.

事实上，我们仅需考虑 $(a,b)=1$ 的情形（否则，若 $(a,b)=d$，视 d 级台阶为 1 级台阶，即可转为 $(a,b)=1$ 的情形）.

在 $(a,b)=1$ 时，我们分两步来予以证明.

(1) 当 $n=a+b-1$ 时，这位数学家能完成规定动作.

注意到，这时 $a,2a,\cdots,(b-1)a,ba$ 构成模 b 的一个完系. 如果在某个时刻，数学家处在第 r 级台阶上，而 $r+a>n$，则 $r\geqslant b$（因为 $n=a+b-1$），从而，他可以先下降若干次，直至所在的台阶级数小于 b，这时，他可以上升 a 级. 这一讨论表明，数学家可以依次走到每个 $ja(1\leqslant j\leqslant b)$ 所代表的模 b 的同余类至少一次（这里用到完系的性质）. 特别地，他可以走到第 s 级，这里 $s\equiv ha\equiv b-1\pmod b$，进而，他可以走到第 $b-1$ 级台阶，这时，他再上升一次就可到达梯顶. 并且他还可以到达第 t 级，

这里 $t\equiv ba(\bmod b)$，从而他此后下降若干次即可到达地面.

(2) 当 $n<a+b-1$ 时，数学家不能完成规定动作.

若他能完成规定动作，则他在从地面到梯顶，再从梯顶到地面这一过程中，至少经过数 $a,2a,\cdots,ba$ 所代表的模 b 的同余类各一次(因为 a,b 互素). 但当他走到 $b-1$ 代表的模 b 的同余类时，设他所在的级数为 $lb-1,l\in\mathbf{N}^*$，这时，他当然不能上升 a 级(因为 $a+lb-1\geqslant a+b-1>n$)，从而，他被永远禁锢在这个剩余类中，再也不能走到其余的同余类(特别是 ba 所代表的那一类，这表明他不能再回到地面). 矛盾.

点评 这里巧妙地利用了：数学家每上升一次(如果可能的话)，则他所在的级数从模 b 的一个同余类变到另一个同类中. 这是本题的本质所在.

例 5 设 $a_1,a_2,\cdots$ 是一个由整数组成的数列，该数列中既有无穷多项为正整数，又有无穷多项为负整数. 并且对任意 $n\in\mathbf{N}^*$，数 $a_1,a_2,\cdots,a_n$ 除以 n 所得的余数两两不同. 证明：每个整数恰好在该数列中出现一次.

证明 先证数列中任意两项不相同.

事实上，若存在 $i,j\in\mathbf{N}^*$，$i<j$，使得 $a_i=a_j$，则在 $a_1,a_2,\cdots,a_j$ 中有两个数(a_i 和 a_j)除以 j 所得的余数相同.

再证对任意 $1\leqslant i<j\leqslant n$，都有 $|a_i-a_j|\leqslant n-1$.

如果存在 $n\in\mathbf{N}^*$ 及下标 $1\leqslant i<j\leqslant n$，使得 $|a_i-a_j|\geqslant n$. 令 $m=|a_i-a_j|$，考察数列 $a_1,a_2,\cdots,a_m$. 一方面它们构成模 m 的一个完系，另一方面，$m\geqslant n$，从而 a_i 与 a_j 都是其中的项，而 $|a_i-a_j|=m\equiv 0(\bmod m)$，故 $a_i\equiv a_j(\bmod m)$，矛盾.

回到原题，对每个 $n\in\mathbf{N}^*$，记

$$a_{i(n)}=\min\{a_1,\cdots,a_n\},\ a_{j(n)}=\max\{a_1,\cdots,a_n\},$$

则 $|a_{i(n)}-a_{j(n)}|\leqslant n-1$. 又 $a_1,a_2,\cdots,a_n$ 构成模 n 的一个完系，因此

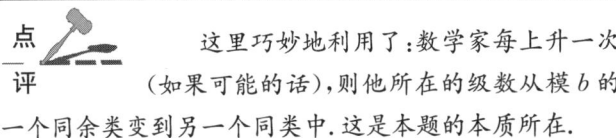

$|a_{i(n)}-a_{j(n)}|\geqslant n-1$. 所以

$$|a_{i(n)}-a_{j(n)}|=n-1,$$

这表明：$a_1,a_2,\cdots,a_n$ 恰好是 $a_{i(n)}$ 与 $a_{j(n)}$ 之间所有整数的排列.

现在对任意 $x\in\mathbf{Z}$，由于数列中有无穷多个正整数，也有无穷多个负整数，故存在 i,j，使得 $a_i<x<a_j$. 这时，令 $n\geqslant\max\{i,j\}$，由上述结论可知 $a_1,a_2,\cdots,a_n$ 中包含 a_i 与 a_j 之间的每一个整数. 从而，x 在数列中出现.

综上可知，命题成立.

2.3 费马小定理与欧拉定理

知识桥

由于在模 m 的一个同余类中，任意两个数 a_1，a_2 对模 m 同余，因此 $(a_1,m)=(a_2,m)$，即一个同余类中任意两个数与 m 的最大公因数相同. 我们关心与 m 互素的数所在的同余类.

定义 1 设 K_r 是模 m 的一个同余类，且 $(r,m)=1$，则称 K_r 为与 m 互素的同余类，从每一个与 m 互素的同余类中各取一个数组成的数组称为模 m 的一个简化剩余系，简称为简系.

定义 2 与 m 互素的所有模 m 的同余类的个数记为 $\varphi(m)$，通常称为欧拉函数. 显然，$\varphi(m)$ 等于 $1,2,\cdots,m$ 中与 m 互素的数的个数.

关于简化剩余系有如下性质：

性质 1 若整数 $a_1,a_2,\cdots,a_{\varphi(m)}$ 是与 m 互素的 $\varphi(m)$ 个数，则 $a_1,a_2,\cdots,a_{\varphi(m)}$ 构成模 m 的简系的充要条件是它们两两对模 m 都不同余.

性质 2 设 $(a,m)=1$，而 $a_1,a_2,\cdots,a_{\varphi(m)}$ 是模 m 的一个简系，则 $aa_1,aa_2,\cdots,aa_{\varphi(m)}$ 也是模 m 的一个简系.

费马(Fermat)小定理 设 p 为素数，$a\in\mathbf{Z}$，则 $a^p\equiv a\pmod p$. 特别地，若 $p\nmid a$，则 $a^{p-1}\equiv 1\pmod p$.

证明 这里我们给出一个利用二项式定理的直接证明.

只需证明 a 为正整数的情形.

当 $a=1$ 时，命题显然成立.

现设 $a=n$ 时命题成立，即 $p\mid(n^p-n)$，则

$$\begin{aligned}(n+1)^p-(n+1)&=n^p+C_p^1n^{p-1}+\cdots+C_p^{p-1}n-n\\&\equiv n^p-n\equiv 0\pmod p.\end{aligned}$$

这里用到 $1\leqslant k\leqslant p-1$ 时，$p\mid C_p^k$.

所以，对任意 $a\in\mathbf{N}^*$，有 $p\mid(a^p-a)$. 结合 $p\nmid a$ 时，$(p,a)=1$，可知

此时有 $p\mid(a^{p-1}-1)$. 定理获证.

欧拉(Euler)定理 设 $(a,m)=1$，则 $a^{\varphi(m)}\equiv1\pmod{m}$，这里 $m\in\mathbf{N}^*$，$a\in\mathbf{Z}$.

证明 设 $a_1,a_2,\cdots,a_{\varphi(m)}$ 是模 m 的一个简系，则由 $(a,m)=1$，可知 $aa_1,aa_2,\cdots,aa_{\varphi(m)}$ 也是模 m 的一个简系. 因此，

$$a_1a_2\cdots a_{\varphi(m)}\equiv(aa_1)(aa_2)\cdot\cdots\cdot(aa_{\varphi(m)})\pmod{m},$$

即 $m\mid(a^{\varphi(m)}-1)(a_1a_2\cdots a_{\varphi(m)})$. 结合 $(a_i,m)=1$，知

$$(a_1a_2\cdots a_{\varphi(m)},m)=1,$$

所以，$a^{\varphi(m)}-1$ 是 m 的倍数，定理获证.

利用欧拉定理，令 $m=p$ 为素数，则当 $p\nmid a$ 时，有 $a^{\varphi(p)}\equiv1\pmod{p}$，而 $1,2,\cdots,p$ 中的数 $1,2,\cdots,p-1$ 都与 p 互素，故 $\varphi(p)=p-1$，因此，$a^{p-1}\equiv1\pmod{p}$. 这表明欧拉定理是费马小定理的推广，这个定理又称为费马—欧拉定理.

围绕费马小定理展开的问题层出不穷. 例如：当 p 为奇素数时，若 $p\nmid a$，则 $p\mid(a^{p-1}-1)$，这时

$$a^{p-1}-1=(a^{\frac{p-1}{2}}-1)\cdot(a^{\frac{p-1}{2}}+1).$$

又

$$(a^{\frac{p-1}{2}}-1,a^{\frac{p-1}{2}}+1)=(a^{\frac{p-1}{2}}-1,2)\leqslant2,$$

所以 $a^{\frac{p-1}{2}}-1$ 与 $a^{\frac{p-1}{2}}+1$ 中恰有一个是 p 的倍数. 对此结论的进一步讨论引出了二次剩余中的一个结论.

定义 3 设 m 为正整数，$a\in\mathbf{Z}$，如果存在 $x\in\mathbf{Z}$，使得 $x^2\equiv a\pmod{m}$，那么称 a 为模 m 的二次剩余. 否则，称 a 为模 m 的二次非剩余.

欧拉判别法 设 p 为奇素数，$(a,p)=1$. 如果 $a^{\frac{p-1}{2}}\equiv1\pmod{p}$，那么 a 是模 p 的二次剩余；如果 $a^{\frac{p-1}{2}}\equiv-1\pmod{p}$，那么 a 不是模 p 的二次剩余.

此判别法的证明我们留到下一节给出.

训练营

例 1 设 n 是一个大于 1 的奇数，数 $a_1,a_2,\cdots,a_{\varphi(n)}$ 是 $1,2,\cdots,n$ 中

与 n 互素的所有正整数. 证明：

$$\left|\prod_{k=1}^{\varphi(n)}\cos\frac{a_k\pi}{n}\right|=\frac{1}{2^{\varphi(n)}}.$$

证明 记 $A=\left|\prod_{k=1}^{\varphi(n)}\cos\frac{a_k\pi}{n}\right|$，$B=\left|\prod_{k=1}^{\varphi(n)}\sin\frac{a_k\pi}{n}\right|$，则

$$2^{\varphi(n)}\cdot A\cdot B=\left|\prod_{k=1}^{\varphi(n)}\left(2\cos\frac{a_k\pi}{n}\sin\frac{a_k\pi}{n}\right)\right|$$
$$=\left|\prod_{k=1}^{\varphi(n)}\sin\frac{2a_k\pi}{n}\right|. \tag{1}$$

由 n 是大于 1 的奇数，而 $a_1,a_2,\cdots,a_{\varphi(n)}$ 是模 n 的一个简系，因此 $2a_1,2a_2,\cdots,2a_{\varphi(n)}$ 也是模 n 的一个简系，故

$$\left|\prod_{k=1}^{\varphi(n)}\sin\frac{2a_k\pi}{n}\right|=\left|\prod_{k=1}^{\varphi(n)}\sin\frac{a_k\pi}{n}\right|=B.$$

结合(1)式，即可得 $\left|\prod_{k=1}^{\varphi(n)}\cos\frac{a_k\pi}{n}\right|=\frac{1}{2^{\varphi(n)}}$.

例 2 设 $a,m\in\mathbf{N}^*$. 证明：

$$a^m\equiv a^{m-\varphi(m)}\pmod m. \tag{2}$$

证明 注意到，当 $(a,m)=1$ 时，该结论正是欧拉定理，因此，此结论可视为欧拉定理的一个推广.

如果 a,m 中有一个等于 1，命题是显然的，故我们设 a,m 都大于 1.

设 $m=m_1\cdot m_2$，这里 m_1 的素因子都是 a 的素因子，而 $(a,m_2)=1$. 进而，$(m_1,m_2)=1$. 为证(2)成立，我们只需分别证明：

$$a^m\equiv a^{m-\varphi(m)}\pmod{m_2}, \tag{3}$$
$$a^m\equiv a^{m-\varphi(m)}\pmod{m_1}. \tag{4}$$

由于(3)$\Leftrightarrow a^{\varphi(m)}\equiv 1\pmod{m_2}$（因为 $(a,m_2)=1$），而 $\varphi(m)=\varphi(m_1,m_2)=\varphi(m_1)\varphi(m_2)$（这个结论的证明在习题中给出）. 利用欧拉定理，可知 $a^{\varphi(m_2)}\equiv 1\pmod{m_2}$，故 $(a^{\varphi(m_2)})^{\varphi(m_1)}\equiv 1\pmod{m_2}$，即

$$a^{\varphi(m)} \equiv 1(\bmod m_2),$$

所以,(3)成立.

对于(4)式,我们只需证明:$m_1 \mid a^{m-\varphi(m)}$. 为此只需证:对 m_1 的任意素因子 p,都有

$$v_p(m_1) \leqslant v_p(a)(m-\varphi(m)). \tag{5}$$

事实上,由 m_1 的定义可知 $v_p(m_1)=v_p(m) \geqslant 1$,$v_p(a) \geqslant 1$,于是,我们有

$$\begin{aligned} v_p(m_1) &= v_p(m) \leqslant 2^{v_p(m)-1} \leqslant p^{v_p(m)-1} \\ &\leqslant (p-1)p^{v_p(m)-1} \\ &\leqslant (p-1)p^{v_p(m)-1}\varphi\left(\frac{m}{p^{v_p(m)}}\right) \\ &= p^{v_p(m)}\varphi\left(\frac{m}{p^{v_p(m)}}\right)-p^{v_p(m)-1}\varphi\left(\frac{m}{p^{v_p(m)}}\right) \\ &\leqslant p^{v_p(m)}\varphi\left(\frac{m}{p^{v_p(m)}}\right)-\varphi(p^{v_p(m)})\varphi\left(\frac{m}{p^{v_p(m)}}\right) \\ &= p^{v_p(m)}\varphi\left(\frac{m}{p^{v_p(m)}}\right)-\varphi(m) \\ &\leqslant p^{v_p(m)}\frac{m}{p^{v_p(m)}}-\varphi(m) \\ &= m-\varphi(m) \\ &\leqslant v_p(a)(m-\varphi(m)). \end{aligned}$$

所以,(5)成立,进而(4)成立.

综上可知,命题成立.

例 3 设 p 是一个大于 3 的素数. 证明:存在 $a \in \{1,2,\cdots,p-2\}$,使得 $a^{p-1}-1$ 与 $(a+1)^{p-1}-1$ 都不是 p^2 的倍数.

证明 由费马小定理知,所给的两个数都是 p 的倍数,此题也是围绕费马小定理的一个讨论.

记 $S=\{1,2,\cdots,p-1\}$,$A=\{a \mid a \in S$ 且 $a^{p-1} \not\equiv 1(\bmod p^2)\}$. 先证:对任意 $a \in S$,数 a 与 $p-a$ 至多有一个不属于 A.

事实上，由二项式定理展开可知

$$\begin{aligned}(p-a)^{p-1}-a^{p-1}&=p^{p-1}-C_{p-1}^{1}p^{p-2}a+\cdots-C_{p-1}^{p-2}pa^{p-2}\\&\equiv-(p-1)pa^{p-2}\equiv pa^{p-2}\\&\not\equiv 0\pmod{p^2}.\end{aligned}$$

所以，a 与 $p-a$ 至多有一个不属于 A，于是，$|A|\geqslant\frac{p-1}{2}$.

回到原题，若不存在符合条件的 a，则下述数对：

$$(2,3),(4,5),\cdots,(2k-2,2k-1)$$

中，各至多有一个 $\in A$，这里 $k=\frac{p-1}{2}(\geqslant 2)$. 结合前面所证及 $1\notin A$，可知上述数对中各至少有一个 $\in A$，因此，每一数对中恰有一个 $\in A$.

下面从数对 $(2k-2,2k-1)$ 出发讨论来导出矛盾.

1° 若 $2k-1=p-2\in A$，而由 $1\notin A$，可得 $p-1\in A$，因此，取 $a=p-2$ 即符合要求，矛盾.

2° 若 $2k-1\notin A$，则 $2k-2=p-3\in A$，这时，若 $2k-3\in A$，即 $p-4\in A$，则取 $a=p-4$ 即符合要求，矛盾. 故 $p-4\notin A$. 现在 $p-2$ 与 $p-4$ 都不属于 A，从而

$$\begin{aligned}1&\equiv(p-2)^{p-1}\equiv-C_{p-1}^{p-2}\cdot p\cdot 2^{p-2}+2^{p-1}\\&\equiv 2^{p-1}+p\cdot 2^{p-2}\pmod{p^2},\end{aligned}\tag{6}$$

$$\begin{aligned}1&\equiv(p-4)^{p-1}\equiv-C_{p-1}^{p-2}\cdot p\cdot 4^{p-2}+4^{p-1}\\&\equiv 4^{p-1}+p\cdot 4^{p-2}\pmod{p^2}.\end{aligned}\tag{7}$$

将(6)式平方减去(7)式，得

$$(2^{p-1}+p\cdot 2^{p-2})^2-(4^{p-1}+p\cdot 4^{p-2})\equiv 0\pmod{p^2},$$

这导致

$$3\cdot p\cdot 4^{p-2}\equiv 0\pmod{p^2},$$

这在 $p\geqslant 5$ 时不能成立.

综上可知，满足条件的 a 存在.

例 4 设 p 为奇素数. 证明：

$$\sum_{i=1}^{p-1}2^i\cdot j^{p-2}\equiv\sum_{i=1}^{\frac{p-1}{2}}i^{p-2}\pmod{p}.$$

证明 由于 p 为奇素数，故对任意 $1\leqslant i\leqslant p-1$，都有

$$\begin{aligned}&(p-1)(p-2)\cdot\cdots\cdot(p-(i-1))\\ \equiv&(-1)(-2)\cdot\cdots\cdot(-(i-1))\\ \equiv&(-1)^{i-1}\cdot(i-1)!\ (\bmod p),\end{aligned}$$

所以，结合 $(p,(i-1)!)=1$，可知 $\mathrm{C}_{p-1}^{i-1}\equiv(-1)^{i-1}(\bmod p)$. 于是，

$$\begin{aligned}2^{i}\cdot i^{p-2}&\equiv(-1)^{i-1}\cdot 2^{i}\cdot\mathrm{C}_{p-1}^{i-1}\cdot i^{p-2}\\ &=(-1)^{i-1}\cdot 2^{i}\cdot\frac{i}{p}\mathrm{C}_{p}^{i}\cdot i^{p-2}\\ &=\frac{(-1)^{i-1}}{p}\cdot 2^{i}\cdot\mathrm{C}_{p}^{i}\cdot i^{p-1}\\ &\equiv-\frac{1}{p}\cdot(-2)^{i}\cdot\mathrm{C}_{p}^{i}(\bmod p),\end{aligned}$$

这里用到 $i^{p-1}\equiv1(\bmod p)$（费马小定理）. 从而

$$\begin{aligned}\sum_{i=1}^{p-1}2^{i}\cdot i^{p-2}&\equiv-\frac{1}{p}\sum_{i=1}^{p-1}(-2)^{i}\cdot\mathrm{C}_{p}^{i}\\ &=-\frac{1}{p}\left(\sum_{i=0}^{p}(-2)^{i}\cdot\mathrm{C}_{p}^{i}-1+2^{p}\right)\\ &=-\frac{1}{p}(2^{p}-1-(1-2)^{p})\\ &=-\frac{1}{p}(2^{p}-2)\ (\bmod p).\end{aligned}$$

另一方面，利用前面已推得的结论，可知 $\mathrm{C}_{p-1}^{2i-1}\equiv-1(\bmod p)$，$i=1,2,\cdots,\frac{p-1}{2}$，于是

$$\begin{aligned}\sum_{i=1}^{\frac{p-1}{2}}i^{p-2}&\equiv-\sum_{i=1}^{\frac{p-1}{2}}\mathrm{C}_{p-1}^{2i-1}\cdot i^{p-2}=-\frac{2}{p}\sum_{i=1}^{\frac{p-1}{2}}\mathrm{C}_{p}^{2i}\cdot i^{p-1}\\ &\equiv-\frac{2}{p}\sum_{i=1}^{\frac{p-1}{2}}\mathrm{C}_{p}^{2i}=-\frac{1}{p}(2^{p}-2)\ (\bmod p),\end{aligned}$$

最后一个同余式用到费马小定理.

综上可知，命题成立.

例 5 斐波那契数列$\{F_n\}$定义如下：$F_1=1,F_2=1,F_{n+2}=F_{n+1}+F_n,n=1,2,\cdots$.

设 p 为一个大于 5 的素数. 证明：

$$p\mid F_{p+1}(F_{p+1}-1).$$

证明 利用递推数列求通项的特征方法，可知

$$F_n=\frac{1}{\sqrt{5}}\left(\left(\frac{\sqrt{5}+1}{2}\right)^n-\left(\frac{1-\sqrt{5}}{2}\right)^n\right).$$

对大于 5 的素数 p，我们由费马小定理可知：$5^{p-1}\equiv 1\pmod p$，因此，

$$p\mid(5^{\frac{p-1}{2}}-1)(5^{\frac{p-1}{2}}+1).$$

结合$(5^{\frac{p-1}{2}}-1,5^{\frac{p-1}{2}}+1)=(5^{\frac{p-1}{2}}-1,2)=2$，可知

$$p\mid(5^{\frac{p-1}{2}}-1)\text{或者 }p\mid(5^{\frac{p-1}{2}}+1).$$

如果 $p\mid(5^{\frac{p-1}{2}}-1)$，那么

$$\begin{aligned}2^p(F_{p+1}-1)&=\frac{1}{2\sqrt{5}}((\sqrt{5}+1)^{p+1}-(1-\sqrt{5})^{p+1})-2^p\\&=\frac{1}{2}((\sqrt{5}+1)^p+(1-\sqrt{5})^p)\\&\quad+\frac{1}{2\sqrt{5}}((\sqrt{5}+1)^p-(1-\sqrt{5})^p)-2^p\\&=\sum_{k=0}^{\frac{p-1}{2}}\mathrm{C}_p^{2k}\cdot 5^k+\sum_{k=0}^{\frac{p-1}{2}}\mathrm{C}_p^{2k+1}\cdot 5^k-2^p\\&\equiv 1+5^{\frac{p-1}{2}}-2^p\equiv 1+1-2\equiv 0\pmod p,\end{aligned}$$

这里用到当 $1\leqslant i\leqslant p-1$ 时，$\mathrm{C}_p^i\equiv 0\pmod p$及费马小定理($2^p\equiv 2\pmod p$).所以，这时 $p\mid(F_{p+1}-1)$.

如果 $p\mid(5^{\frac{p-1}{2}}+1)$，那么同上计算可得

$$2^pF_{p+1}\equiv 1+5^{\frac{p-1}{2}}\equiv 0\pmod p,$$

此时，$p\mid F_{p+1}$.

综上可知，总有 $p\mid F_{p+1}(F_{p+1}-1)$.

例 6 设正整数 n,k 满足：$3\nmid n$ 且 $k\geqslant n$. 证明：存在 n 的一个倍数

m,使得 m 在十进制表示下各位数字之和等于 k.

证明 先考虑 $(n,10)=1$ 的情形. 这时,由欧拉定理可知:$10^{\varphi(n)}\equiv 1(\bmod n)$. 为方便起见,记 $d=\varphi(n)$. 于是,对任意 $i,j\in\mathbf{N}^*$,都有

$$10^{jd+1}\equiv 10(\bmod n),10^{id}\equiv 1(\bmod n).$$

下面来寻找 $u,v\in\mathbf{N}$,使得 $u+v=k$ 且

$$n\mid u+10v. \tag{8}$$

为此,先确定 v 的值. 依要求,应有 $n\mid(k+9v)$. 注意到 $3\nmid n$,从而 $(n,9)=1$,故 $k,k+9,\cdots,k+9(n-1)$ 遍经模 n 的一个完系,所以存在 $v\in\{0,1,2,\cdots,n-1\}$,使得 $n\mid(k+9v)$. 对这个 v,令 $u=k-v$,就有 $u\in\mathbf{N}^*$,因此满足(8)的 u,v 存在.

对满足(8)的 u,v,我们取正整数 $i_1>i_2>\cdots>i_u$;$j_1>j_2>\cdots>j_v$(若 $v=0$,则不取这样的 j),使得 $i_ud>j_1d+1$. 令

$$m=\sum_{l=1}^{u}10^{i_l\cdot d}+\sum_{l=1}^{v}10^{j_l\cdot d+1},$$

那么 m 是由 $u+v(=k)$ 个 1 和若干个 0 组成的正整数,并且由 u,v 的取法及 d 的定义,可知

$$m\equiv u+10v\equiv 0(\bmod n).$$

所以当 $(n,10)=1$ 时,存在满足条件的 m.

再考虑 $(n,10)>1$ 的情形,这时设 $n=2^\alpha\cdot 5^\beta\cdot p$,$\alpha,\beta\in\mathbf{N}$,$p\in\mathbf{N}^*$,且 $(p,10)=1$.

由前所证,可知存在 $m\in\mathbf{N}^*$,使得 $p\mid m$ 且 m 在十进制表示下各位数字之和等于 k. 于是,令 $M=10^{\max\{\alpha,\beta\}}\cdot m$,就有 $n\mid M$ 且 M 在十进制下各位数字之和等于 k.

综上可知,命题成立.

例 7 设 $a_1,a_2,\cdots,a_n$ 是 n 个有理数. 已知对任意 $m\in\mathbf{N}^*$,数

$$a_1^m+a_2^m+\cdots+a_n^m$$

都为整数.

证明:$a_1,a_2,\cdots,a_n$ 都是整数.

证明

记 $S_m=a_1^m+a_2^m+\cdots+a_n^m$，并设 $a_i=\frac{r_i}{t_i}$，$r_i,t_i\in\mathbf{Z}$，$t_i>0$，且 $(r_i,t_i)=1$，$i=1,2,\cdots,n$.

若 $a_1,a_2,\cdots,a_n$ 不全为整数，则必有一个 $t_i>1$. 设 p 为 $t_1t_2\cdots t_n$ 的一个素因子，用 e_i 表示满足 $p^{e_i}\mid t_i$ 的最大非负整数，不妨设

$$e_1=e_2=\cdots=e_j>e_{j+1}\geqslant\cdots\geqslant e_n.$$

记 $M=[t_1,t_2,\cdots,t_n]$，则可设

$$M=p^{e_1}\cdot N,$$

这里 $N\in\mathbf{N}^*$，且 $p\nmid N$. 现在由 $S_m\in\mathbf{Z}$，可知

$$T_m=(a_1p^{e_1}N)^m+(a_2p^{e_1}N)^m+\cdots+(a_np^{e_1}N)^m$$

是 p^{me_1} 的倍数.

令 $m=p^j-p^{j-1}(=\varphi(p^j))$，考察 T_m 中的各项.

对 $1\leqslant r\leqslant j$，由欧拉定理可知（注意，$p\nmid a_rp^{e_1}N$），

$$(a_rp^{e_1}N)^m\equiv(a_rp^{e_1}N)^{\varphi(p^j)}\equiv1\pmod{p^j}.$$

而当 $r>j$ 时，$p\mid a_rp^{e_1}N$. 结合对 $p\geqslant2$，$j\geqslant1$，由

$$m=p^j-p^{j-1}\geqslant j$$

成立，可知

$$(a_rp^{e_1}N)^m\equiv0\pmod{p^j}.$$

上述讨论表明

$$T_m=\sum_{r=1}^{n}(a_rp^{e_1}N)^m\equiv j\pmod{p^j},$$

但是 $j<p^j$，从而 $p^j\nmid T_m$. 当然，T_m 更不是 p^{me_1} 的倍数. 矛盾.

所以，$a_1,a_2,\cdots,a_n$ 都是整数.

2.4 拉格朗日定理

知识桥

设 p 为素数,考察在模 p 意义下的一个 n 次整系数多项式

$$f(x)=a_nx^n+a_{n-1}x^{n-1}+\cdots+a_0(p\nmid a_n),$$

则同余方程 $f(x)\equiv 0(\mathrm{mod}\ p)$在模 p 意义下至多有 n 个不同的解.

这个结论就是**拉格朗日(Lagrange)定理**.应该注意到,该定理并没有得出同余方程 $f(x)\equiv 0(\mathrm{mod}\ p)$有 n 个解.事实上,对比二次剩余的概念,即可知很多时候该同余方程的解数小于 n.

下面给出拉格朗日定理的证明.

对 n 用归纳法.当 $n=0$ 时,由于 $p\nmid a_0$,故 $f(x)\equiv 0(\mathrm{mod}\ p)$无解,定理对 $n=0$ 的多项式 $f(x)$都成立.

现设命题对所有次数小于 n 的多项式都成立.又设存在一个 n 次多项式 $f(x)$,使得同余方程 $f(x)\equiv 0(\mathrm{mod}\ p)$有 $n+1$ 个(模 p 意义下的)不同的解 $x_0,x_1,\cdots,x_n$.

利用因式定理,可设 $f(x)-f(x_0)=(x-x_0)g(x)$,则 $g(x)$在模 p 意义下是一个至多 $n-1$ 次的多项式.现在由 $x_0,x_1,\cdots,x_n$ 都是 $f(x)\equiv 0(\mathrm{mod}\ p)$的解,知对 $1\leqslant i\leqslant n$,都有

$$(x_i-x_0)g(x_i)\equiv f(x_i)-f(x_0)\equiv 0(\mathrm{mod}\ p),$$

而 $x_i\not\equiv x_0(\mathrm{mod}\ p)$,故 $g(x_i)\equiv 0(\mathrm{mod}\ p)$,从而 $g(x)\equiv 0(\mathrm{mod}\ p)$有至少 n 个根,与归纳假设矛盾.所以,命题对 n 次多项式也成立,定理获证.

拉格朗日定理经常被反过来利用.例如,设 p 为素数,

$$f(x)=(x-1)(x-2)\cdot\cdots\cdot(x-(p-1))-(x^{p-1}-1)$$

是一个 $p-2$ 次的多项式(当然在模 p 意义下次数也至多为 $p-2$ 次).但是,结合费马小定理可知:$x=1,2,\cdots,p-1$ 都是同余方程 $f(x)\equiv 0(\mathrm{mod}\ p)$的解,这不是与拉格朗日定理冲突吗?事实上,这说明 $f(x)$

是一个 $p-2$ 次的多项式，但在模 p 意义下，$f(x)$ 是一个零多项式，即 $f(x)$ 的每一个系数都是 p 的倍数，这就是拉格朗日定理导出的结论.

上述结论中，考察 $f(x)$ 的常数项，可知：若 p 为奇素数，则 $(p-1)!\equiv -1 \pmod p$. 这是威尔逊(Wilson)定理的结论，在下一节中我们将讨论它的一些应用.

训练营

例 1 设 p 是一个大于 3 的素数，并且

$$1+\frac{1}{2}+\cdots+\frac{1}{p}=\frac{r}{ps}, \tag{1}$$

其中 $r,s\in \mathbf{N}^*$，且 $(r,s)=1$. 证明：$p^3\mid(r-s)$.

证明 考察多项式

$$f(x)=(x-1)(x-2)\cdot\cdots\cdot(x-(p-1))-(x^{p-1}-1). \tag{2}$$

设 $f(x)=\alpha_{p-2}x^{p-2}+\alpha_{p-3}x^{p-3}+\cdots+\alpha_1 x+\alpha_0$，利用拉格朗日定理(见前面的讨论)，可知

$$\alpha_{p-2}\equiv\alpha_{p-3}\equiv\cdots\equiv\alpha_0\equiv 0 \pmod p.$$

进一步，由(2)知

$$f(p)=(p-1)!-p^{p-1}+1=\alpha_0-p^{p-1},$$

从而，

$$\alpha_{p-2}\cdot p^{p-2}+\alpha_{p-3}\cdot p^{p-3}+\cdots+\alpha_1 p+\alpha_0=\alpha_0-p^{p-1},$$

所以

$$\alpha_{p-2}\cdot p^{p-2}+\alpha_{p-3}\cdot p^{p-3}+\cdots+\alpha_1 p=-p^{p-1}\equiv 0 \pmod{p^3},$$

这里用到 $p>3$. 这要求 $\alpha_1\equiv 0 \pmod{p^2}$(因为 $\alpha_{p-2}\equiv\alpha_{p-3}\equiv\cdots\equiv\alpha_2\equiv 0 \pmod p$，故 $\alpha_{p-2}\cdot p^{p-2},\alpha_{p-3}p^{p-3},\cdots,\alpha_2\cdot p^2$ 都是 p^3 的倍数，因此 $p^3\mid \alpha_1 p$)，也就是说

$$-((p-1)!)\sum_{k=1}^{p-1}\frac{1}{k}\equiv 0 \pmod{p^2},$$

结合(1)式，就有

$$(p-1)!\left(\frac{r}{ps}-\frac{1}{p}\right)\equiv 0 \pmod{p^2}.$$

因此，$p^3\mid(r-s)$，命题获证.

例 2 （欧拉判别法）设 p 为奇素数，$a\in\mathbf{Z}$，$(a,p)=1$. 证明如下结论成立：

如果 $a^{\frac{p-1}{2}}\equiv 1\pmod p$，那么 a 是模 p 的二次剩余；

如果 $a^{\frac{p-1}{2}}\equiv -1\pmod p$，那么 a 不是模 p 的二次剩余.

证明 这一结论在上一节中已给出，这里用拉格朗日定理来证明.

注意到，由费马小定理有 $p\mid(a^{p-1}-1)$，即

$$p\mid(a^{\frac{p-1}{2}}-1)(a^{\frac{p-1}{2}}+1),$$

而

$$(a^{\frac{p-1}{2}}-1,a^{\frac{p-1}{2}}+1)=(a^{\frac{p-1}{2}}-1,2)\leqslant 2,$$

故 $a^{\frac{p-1}{2}}-1$ 与 $a^{\frac{p-1}{2}}+1$ 中恰有一个数是 p 的倍数. 因此要证欧拉判别法成立，我们只需证明："a 是 $\bmod p$ 的二次剩余"的充要条件是"$a^{\frac{p-1}{2}}\equiv 1\pmod p$."

事实上，若 a 是 $\bmod p$ 的二次剩余，即存在 $x\in\mathbf{Z}$，使得

$$x^2\equiv a\pmod p,$$

则 $x^{p-1}\equiv a^{\frac{p-1}{2}}\pmod p$. 结合

$$x^{p-1}\equiv 1\pmod p,$$

即可得

$$a^{\frac{p-1}{2}}\equiv 1\pmod p.$$

反过来，设 $a^{\frac{p-1}{2}}\equiv 1\pmod p$，则 a 是模 p 意义下的多项式 $f(x)=x^{\frac{p-1}{2}}-1$ 的根. 由拉格朗日定理，$f(x)$ 在模 p 意义下至多有 $\frac{p-1}{2}$ 个根，而 $1^2,2^2,\cdots,\left(\frac{p-1}{2}\right)^2$ 都是 $f(x)\equiv 0\pmod p$ 的根，且它们在模 p 意义下两两不同. 因此，存在 $i\in\left\{1,2,\cdots,\frac{p-1}{2}\right\}$，使得

$$a\equiv i^2\pmod p,$$

故 a 是模 p 的二次剩余.

例 3 求所有的正整数数对 (m,n)，$m,n\geqslant 2$，使得对任意 $a\in\{1,2,\cdots,n\}$，都有 $a^n\equiv 1 \pmod m$.

解 当 m 为奇素数，$n=m-1$ 时，由费马小定理可知，数对 (m,n) 符合要求. 反过来是否必须有 $(m,n)=(p,p-1)$，其中 p 为奇素数呢？

现设 (m,n) 是符合要求的正整数数对，并设 p 为 m 的一个素因子，则 $p>n$（否则，若 $p\leqslant n$，取 $a=p$，则 $m\mid(p^n-1)$，但 $p\nmid(p^n-1)$，矛盾）.

下面考察多项式

$$f(x)=(x-1)(x-2)\cdot\cdots\cdot(x-n)-(x^n-1),$$

结合 $p>n$，以及 $a\in\{1,2,\cdots,n\}$ 时都有 $m\mid(a^n-1)$（这时当然有 $p\mid(a^n-1)$），可知在模 p 意义下，$f(x)\equiv 0 \pmod p$ 有 n 个不同的根. 而 $f(x)$ 是一个 $n-1$ 次多项式，故由拉格朗日定理可知，$f(x)$ 是模 p 意义下的零多项式，即 $f(x)$ 的每一个系数都是 p 的倍数. 特别地，$f(x)$ 的 x 项系数 $\equiv 0 \pmod p$，即

$$p\mid(1+2+\cdots+n),$$

从而 $p\mid n(n+1)$. 再由 $p>n$，可知只能是 $p=n+1$.

上述讨论表明：$(m,n)=(p^\alpha,p-1)$，其中 p 为奇素数，$\alpha\in\mathbf{N}^*$.

若 $\alpha>1$，由条件，有 $p^\alpha\mid((p-1)^{p-1}-1)$，故

$$(p-1)^{p-1}\equiv 1 \pmod{p^2}.$$

利用二项式定理展开，得

$$\begin{aligned}1&\equiv(p-1)^{p-1}\equiv \mathrm{C}_{p-1}^{1}\cdot p\cdot(-1)^{p-2}+1\\&\equiv 1-p(p-1)\equiv 1+p \pmod{p^2},\end{aligned}$$

矛盾，故 $\alpha=1$.

综上可知，满足条件的 $(m,n)=(p,p-1)$，p 为任意奇素数.

例 4 证明：不存在 $m,n\in\mathbf{N}^*$，使得下式成立：

$$m^3+n^4=19^{19}. \tag{3}$$

证明 若存在满足(3)的正整数 m,n，则对任意正整数 k，(3)式两边对

模 k 取余数都相等. 特别地,对(3)式两边取模 13 也应相等.

由费马小定理知:对任意 $x\in\mathbf{N}^*$,都有 $x^{12}\equiv 0$ 或 $1\pmod{13}$,我们来求 x^3 和 x^4 对模 13 所得余数的可能情况.

由拉格朗日定理知:同余方程 $y^4\equiv 1\pmod{13}$ 至多有 4 个不同的解,而 $y\equiv\pm 1,\pm 5\pmod{13}$ 都是该方程的解. 因此,对任意 $x\in\mathbf{N}^*$, $x^3\equiv 0,\pm 1,\pm 5\pmod{13}$.

同理可得, $x^4\equiv 0,1,-3$ 或 $-4\pmod{13}$.

利用上述结论可知

$$m^3+n^4\equiv 0,\pm 1,\pm 5,-3,-4,\pm 2 \text{ 或 } -9\pmod{13},$$

即 $m^3+n^4\pmod{13}\in\{0,1,2,4,5,8,9,10,11,12\}$.

注意到, $19^{19}\equiv 19^{12}\cdot 19^6\cdot 19\equiv 1\cdot 6^6\cdot 19\equiv 2^6\cdot 3^6\cdot 6\equiv(-1)\cdot 1\cdot 6\equiv 7\pmod{13}$. 所以(3)不能成立.

命题获证.

点评 这里对(3)两边取模 13 是基于字母的幂次. 在取素数 p 做模时,我们总是希望两个幂次都与 $p-1$ 相关($13-1=3\times 4$,既是 3 的倍数,又是 4 的倍数),而用拉格朗日定理对同余式两边作"开方运算"可以省去"穷举".

2.5 威尔逊定理

知识桥

威尔逊定理 设 p 为素数，则 $(p-1)!\equiv -1 \pmod p$.

在上一节中我们利用拉格朗日定理给出了一个证明，下面我们给出一个基于“配对”思想的证明.

为此，我们引入“数论倒数”的概念.

设 $m\in \mathbf{N}^*$，$a\in \mathbf{Z}$，且 $(a,m)=1$. 利用完系的基本性质可知同余方程 $ax\equiv 1 \pmod m$ 有唯一解，称这个解为 a 对模 m 的数论倒数，记为 $a^{-1} \pmod m$，在不引起混淆的情况下可简记为 a^{-1}.

对于威尔逊定理，当 $p=2$ 时，显然成立.

当 p 为奇素数时，对 $2\leqslant a\leqslant p-2$，将 a 与 $a^{-1} \pmod p$ 配对，而将 1 与 $p-1$ 配对，就可得

$$(p-1)!\equiv -1 \pmod p.$$

当然，这里我们需解决下面的两个问题.

(1) 对 $2\leqslant a\leqslant p-2$，都有 $a^{-1}\in\{2,3,\cdots,p-2\}$ 且 $a^{-1}\neq a$；

(2) 若 $2\leqslant a<b\leqslant p-2$，则 $a^{-1}\neq b^{-1}$.

事实上，(1) 只需证在 $2\leqslant a\leqslant p-2$ 时，$a^{-1}\notin\{p-1,1\}$，而 $a=a^{-1}$ 时，$a\in\{p-1,1\}$ 即可，这是容易的. 对于(2)，若 $a^{-1}=b^{-1}$，则 $a^{-1}\equiv b^{-1} \pmod p$，于是，$1=ab^{-1} \pmod p$，进而

$$b\equiv a \pmod p,$$

矛盾，故(2)成立.

威尔逊定理获证.

反过来，如果 n 是一个大于 1 的正整数，且 $(n-1)!\equiv -1 \pmod n$，那么 n 是否必为素数?

结论是肯定的. 事实上，若 n 为合数，取 n 的一个素因子 p，则 $1<p<n$，于是 $p\mid (n-1)!$. 但由 $(n-1)!\equiv -1 \pmod n$，得

$$(n-1)!\equiv -1 \pmod p,$$

导致 $0\equiv -1 \pmod p$，矛盾.

综上，我们给出了一个充要条件：设 p 是一个大于 1 的正整数，则 p 为素数的充要条件是

$$(p-1)!\equiv -1 \pmod p.$$

训练营

例 1 证明下述结论：

(1) 存在无穷多对正整数 (n,k)，使得 $n,k\geqslant 2$，$n\neq k$，且

$$(n!+1,k!+1)>1;$$

(2) 存在无穷多对正整数 (n,k)，使得 $n,k\geqslant 2$，$n\neq k$，且

$$(n!-1,k!-1)>1.$$

证明 (1) 取 $k\in \mathbf{N}^*$，使得 $k+1$ 为合数(这样的 k 有无穷多个)，再取 $k!+1$ 的一个素因子 p，则 $p\neq k+1$. 而由威尔逊定理可知，

$$(p-1)!+1\equiv 0 \pmod p,$$

于是

$$(k!+1,(p-1)!+1)\geqslant p>1,$$

从而 $(n,k)=(p-1,k)$ 符合要求.

(2) 对大于 3 的偶数 k，我们有 $k!-1>1$，且 $k+2$ 为合数. 取 $k!-1$ 的素因子 p，由威尔逊定理知，

$$(p-1)!\equiv -1 \pmod p,$$

故

$$(p-2)!\equiv 1 \pmod p.$$

结合 $k+2$ 为合数知 $p-2\neq k$. 这时，

$$(k!-1,(p-2)!-1)\geqslant p>1.$$

所以 $(n,k)=(p-2,k)$ 符合要求.

命题获证.

例 2 设 n 是一个大于 4 的整数. 证明下面的两个命题等价：

(1) n 与 $n+1$ 都是合数；

(2) 与数 $\frac{(n-1)!}{n(n+1)}$ 最接近的整数为偶数.

证明 先证一个引理：设 m 是一个大于 4 的合数，则 $m\mid(m-2)!$，且 $\frac{(m-2)!}{m}$ 为偶数.

事实上，若有 $m=pq$，$1<p<q$，则

$$q\leqslant\frac{m}{2}\leqslant m-2,$$

从而 p,q 都在 $1,2,\cdots,m-2$ 中出现，故 $m\mid(m-2)!$. 否则，由 m 为合数，可知 $m=p^2$，p 为不小于 3 的素数，这时 $2p\leqslant\frac{2}{3}m\leqslant m-2$，故 p 与 $2p$ 都在 $1,2,\cdots,m-2$ 中出现，从而 $m\mid(m-2)!$.

注意到，当合数 $m>6$ 时，在数集 $\{1,2,\cdots,m-2\}$ 中至少有 3 个偶数，对比上述两种情况可知 $\frac{(m-2)!}{m}$ 为偶数；而 $m=6$ 时，$\frac{4!}{6}=4$ 也为偶数. 所以，引理成立.

回到原题，先证"(2)⇒(1)"成立.

若"(2)⇏(1)"，则 n 与 $n+1$ 中至少有一个为素数. 如果 n 为素数，那么由威尔逊定理可知

$$(n-1)!\equiv-1(\bmod n),$$

结合 $n>4$，可知此时 $n+1$ 为合数，由引理知 $(n+1)\mid(n-1)!$. 于是

$$n\mid((n-1)!+1+n),(n+1)\mid((n-1)!+(n+1)).$$

这表明 $\frac{(n-1)!+n+1}{n(n+1)}\in\mathbf{N}^*$，而

$$\frac{n+1}{n(n+1)}=\frac{1}{n}<\frac{1}{4},$$

故与 $\frac{(n-1)!}{n(n+1)}$ 最接近的正整数

$$N=\frac{(n-1)!+n+1}{n(n+1)}.$$

再由引理知 $\frac{(n-1)!}{n+1}$ 为偶数，故

$$\frac{(n-1)!+n+1}{n+1}=\frac{(n-1)!}{n+1}+1$$

为奇数，即 nN 为奇数，推出 N 为奇数，矛盾.

如果 $n+1$ 为素数，那么 n 为合数，同上处理，可知与 $\frac{(n-1)!}{n(n+1)}$ 最接近的整数 $N=\frac{(n-1)!+n}{n(n+1)}$，这时，

$$(n+1)N=\frac{(n-1)!}{n}+1$$

为奇数，导致 N 为奇数，亦矛盾. 故"(2)⇒(1)"成立.

再证"(1)⇒(2)"成立.

当 n 与 $n+1$ 都为合数时，由引理可知 $\frac{(n-1)!}{n}$ 与 $\frac{(n-1)!}{n+1}$ 都为偶数，结合 n 与 $n+1$ 具有不同的奇偶性及 $(n,n+1)=1$，可知 $\frac{(n-1)!}{n(n+1)}$ 为偶数.

综上可知，命题成立.

例 3 证明：任意一个由 18 个连续正整数组成的集合不能划分为这样两个集合，使得这两个集合中各数的乘积相等.

证明 若存在一个集合 $A=\{a+1,a+2,\cdots,a+18\}$（这里 $a\in\mathbf{N}$），可以划分为两个集合 B 和 C（即 $B\cap C=\varnothing$，$B\cup C=A$），使得 B，C 中各数的乘积 $\pi(B)$ 和 $\pi(C)$ 相等，则由 A 中至多有一个数是 19 的倍数可知，A 中不能有一个数为 19 的倍数，否则 $\pi(B)$ 与 $\pi(C)$ 中恰有一个是 19 的倍数，它们不能相等.

由上述讨论可知

$$\pi(A)=\prod_{k=1}^{18}(a+k)\equiv 18!\equiv -1 \pmod{19}.$$

结合 $\pi(B)=\pi(C)$ 及 $\pi(A)=\pi(B)\pi(C)$，知 -1 应为模 19 的二次剩余，但由欧拉判别法可知 -1 不是模 19 的二次剩余，矛盾.

所以，命题成立.

例 4 证明:不存在非负整数 k 和 m,使得

$$k!+48=48(k+1)^m. \tag{1}$$

证明 显然,当 $k=0$ 或 $m=0$ 时,不存在满足条件的数对(k,m).因此,若存在满足(1)的非负整数 k 和 m,则 k,m 都为正整数.

下面分 $k+1$ 为合数与素数两种情形讨论.

1° $k+1$ 为合数,可设 $k+1=pq$,$2\leqslant p\leqslant q$.由式(1)知 $48\mid k!$,故 $k\geqslant 6$.进而 $q\geqslant 3$,故 $1<2p\leqslant k$,$1<q\leqslant k$.结合 q 不能同时等于 p 和 $2p$,而 $p,2p,q$ 都在 $1,2,\cdots,k$ 中出现,所以 $pq\mid k!$,即$(k+1)\mid k!$.结合式(1)知 $k+1\mid 48$.而 $k+1\geqslant 7$,故 $k+1=8,12,24$ 或 48.分别代入后两边约去 48,对比式(1)两边的奇偶性可得矛盾.

2° $k+1$ 为素数,则由威尔逊定理可知 $k!\equiv -1(\bmod k+1)$,从而由式(1)知$(k+1)\mid 47$,得 $k+1=47$,这要求

$$46!+48=48\times 47^m, \tag{2}$$

将上式两边除以 48 后,得

$$\frac{46!}{48}+1=47^m.$$

对此式两边取模 4,知 $1\equiv(-1)^m(\bmod 4)$,所以 m 为偶数.设 $m=2n$,则由式(2)知

$$\frac{46!}{48}=(47^n-1)(47^n+1).$$

由于 $23^2\left|\frac{46!}{48}\right.$,而 $47^n+1\equiv 2(\bmod 23)$,故

$$47^n\equiv 1(\bmod 23^2).$$

结合二项式定理,知

$$47^n=(2\times 23+1)^n\equiv 2n\times 23+1\ (\bmod 23^2),$$

从而 $23\mid n$,这导致 $m\geqslant 46$.此时式(2)右边比左边大,矛盾.

综上可知,不存在满足式(1)的非负整数 k 和 m.

2.6 中国剩余定理

中国剩余定理又称为孙子定理，在我国早期的《孙子算经》与《算法统宗》上都出现过实际的例子．它是处理一次同余方程（组）求解问题时的一个基本结论，在解决数论中的一些存在性问题时经常用到．

中国剩余定理 设 $m_1, m_2, \cdots, m_k$ 是 k 个两两互素的正整数，则对任意整数 $c_1, c_2, \cdots, c_k$，存在整数 x，使得

$$\begin{cases} x \equiv c_1 \pmod{m_1}, \\ x \equiv c_2 \pmod{m_2}, \\ \cdots \\ x \equiv c_k \pmod{m_k} \end{cases}$$

都成立．

并且在模 $m_1 m_2 \cdots m_k$ 的意义下，上述同余方程组的解是唯一的，它可表示为

$$x \equiv x_0 \pmod{m_1 m_2 \cdots m_k},$$

这里 x_0 可以这样来确定：令 $M_i = \frac{1}{m_i}\left(\prod_{j=1}^{k} m_j\right)$，$1 \leqslant i \leqslant k$，并设 M_i^{-1} 是 M_i 关于模 m_i 的数论倒数，则可取

$$x_0 = \sum_{j=1}^{k} M_i M_i^{-1} c_i.$$

这个定理的证明是容易的，其中符合同余方程组的 x 还可以这样来得到：令 $x_1 = c_1$，则 x_1 满足第一个方程．考察数：$x_1 + m_1, x_1 + 2m_1, \cdots, x_1 + m_2 m_1$，由于 $(m_1, m_2) = 1$，可知它们构成模 m_2 的一个完系，因此其中有一个 x_2，使得 $x_2 \equiv c_2 \pmod{m_2}$，这个 x_2 同时满足前两个方程．再考察 $x_2 + m_2 m_1, x_2 + 2m_2 m_1, \cdots, x_2 + m_3 m_2 m_1$ 等等，依次递推即可找到同时满足所有方程的整数 x_k．

训练营

例 1 证明：对任意正整数 n，存在 n 个连续正整数，它们中每一个

数都不是素数的幂(当然,更不是素数).

证明 一个基本的想法是:找 n 个连续正整数,它们中每一个数都有两个不同的素因子.为此,对任意 $n\in\mathbf{N}^*$,取 $2n$ 个不同的素数 $p_1,p_2,\cdots,p_n;q_1,q_2,\cdots,q_n$.由中国剩余定理,可知存在 $m\in\mathbf{N}^*$,使得

$$m\equiv -k\ (\mathrm{mod}\ p_kq_k),\ k=1,2,\cdots,n$$

同时成立.则 n 个连续正整数:$m+1,m+2,\cdots,m+n$ 中,每一个数都有两个不同的素因子,命题获证.

点评 考察:$((n+1)!)^2+2,((n+1)!)^2+3,\cdots,((n+1)!)^2+(n+1)$,这 n 个数中每一个都不是素数的幂.请读者证明这个结论.这个构造的出发点是"素数的幂",它比用中国剩余定理来构造需要更强的技巧.

例 2 证明:存在一个由正整数组成的递增数列 $\{a_n\}$,使得对任意 $k\in\mathbf{N}^*$,数列 $\{k+a_n\}$ 中都至多有有限项为素数.

证明 用 $p_1,p_2,\cdots$ 表示所有素数从小到大的排列.

下面来构造符合要求的数列 $\{a_n\}$.

令 $a_1=2$,现设 $a_1,a_2,\cdots,a_n$ 都已确定,取 a_{n+1} 为满足下述同余组且大于 a_n 的最小正整数:

$$\begin{cases} x\equiv 0\ (\mathrm{mod}\ p_1), \\ x\equiv -1\ (\mathrm{mod}\ p_2), \\ \cdots \\ x\equiv -n\ (\mathrm{mod}\ p_{n+1}). \end{cases}$$

注意,由中国剩余定理可知符合要求的 a_{n+1} 存在.

我们说依上述递推方式定义的数列 $\{a_n\}$ 满足题意.因为对任意 $k\in\mathbf{N}^*$,当 $n\geqslant k+1$ 时,都有 $k+a_n\equiv 0(\mathrm{mod}\ p_{k+1})$,结合 $\{a_n\}$ 递增,可知

$\{k+a_n\}$从第 $k+2$ 项起每一项都是 p_{k+1} 的倍数，且都大于 p_{k+1}. 所以，$\{k+a_n\}$中至多有 $k+1$ 项为素数.

命题获证.

例 3 是否存在一个由正整数组成的数列，使得每个正整数都恰在该数列中出现一次，且对任意正整数 k，该数列的前 k 项之和是 k 的倍数？

解 所要求的数列是存在的，仍采用递推方式去构造.

取 $a_1=1$，现设 $a_1, a_2, \cdots, a_m$ 都已确定. 令 t 为不在 $a_1, a_2, \cdots, a_m$ 中出现的最小正整数.

由中国剩余定理可知，存在无穷多个 $r\in\mathbf{N}^*$，使得

$$\begin{cases}S+r\equiv 0 \pmod{m+1},\\ S+r+t\equiv 0 \pmod{m+2}\end{cases}$$

同时成立. 这里

$$S=a_1+a_2+\cdots+a_m.$$

现在我们取一个这样的 r，使得 $r>t$ 且 $r>\max\{a_1, a_2, \cdots, a_m\}$. 然后，令 $a_{m+1}=r, a_{m+2}=t$，就能找到一个符合要求的数列$\{a_n\}$.

例 4 证明：存在 $k\in\mathbf{N}^*$，使得对任意 $n\in\mathbf{N}^*$，数 $k\cdot 2^n+1$ 都为合数.

证明 一个基本的思路与寻找同余覆盖组类似. 这里给出一个利用费马数构造的方法.

注意到，$F_m=2^{2^m}+1$ 在 $m=0,1,2,3,4$ 时都为素数，而 F_5 是 641 的倍数，且$\frac{F_5}{641}$不是 641 的倍数. 我们令 $a_m=2^{2^m}+1, m=0,1,2,3,4$，而 $a_5=641, a_6=\frac{F_5}{641}$. 容易证明：$a_0, a_1, \cdots, a_6$ 两两互素.

现在由中国剩余定理，可知存在 $k\in\mathbf{N}^*$，$k>\max\{a_0, a_1, \cdots, a_6\}$，使得下述同余式

$$k\equiv -1 \pmod{a_6},\ k\equiv 1 \pmod{a_m},\ m=0,1,\cdots,5$$

同时成立.

下面证明:对这个 k 有下述性质:对任意 $n\in\mathbf{N}^*$,数 $k\cdot 2^n+1$ 都为合数.

事实上,设 $n=2^m\cdot q$,这里 $m\in\mathbf{N}$,而 q 为正奇数. 那么,当 $m\in\{0,1,\cdots,5\}$ 时,由 $k\equiv 1(\text{mod } a_m)$知

$$\begin{aligned}k\cdot 2^n+1&\equiv 2^n+1=(2^{2^m})^q+1\\&\equiv(-1)^q+1\equiv 0 \pmod{a_m},\end{aligned}$$

而当 $m\geqslant 6$ 时,有

$$\begin{aligned}k\cdot 2^n+1&\equiv -2^n+1\equiv -(2^{2^5})^{2^{m-5}\cdot q}+1\\&\equiv -(-1)^{2^{m-5}\cdot q}+1\equiv -1+1\equiv 0 \pmod{a_6}.\end{aligned}$$

因此,对任意 $n\in\mathbf{N}^*$,数 $k\cdot 2^n+1$ 都是 $a_0,a_1,\cdots,a_6$ 中某一个数的倍数,结合 $k>\max\{a_0,a_1,\cdots,a_6\}$,可知命题成立.

例 5 设 $m\in\mathbf{N}^*$,$n\in\mathbf{Z}$. 证明:数 $2n$ 可以表为两个与 m 互素的整数之和.

证明 先建立一个引理:对 $m\in\mathbf{N}^*$,$n\in\mathbf{Z}$,存在 $a,b\in\mathbf{Z}$,使得

$$(a,m)=(b,m)=1,$$

且 $2n\equiv a+b(\text{mod } m)$.

事实上,在考虑 $m=p^\alpha$,p 为素数,$\alpha\in\mathbf{N}^*$ 的情形. 若 $p=2$,则取 $a=1$,$b=2n-1$ 即可;若 $p>2$,当 $p\nmid(2n-1)$时,取 $n=1$,$b=2n-1$ 即可,当 $p\mid(2n-1)$时,结合 $p>2$ 为奇素数,可知取 $a=2$,$b=2n-2$ 即可.

现在设 $m=p_1^{\alpha_1}p_2^{\alpha_2}\cdots p_k^{\alpha_k}$,$p_1<p_2<\cdots<p_k$ 为素数,$\alpha_i\in\mathbf{N}^*$,$1\leqslant i\leqslant k$. 由前所证,对 $1\leqslant i\leqslant k$,都存在 $a_i,b_i\in\mathbf{Z}$,使得 $p_i\nmid a_ib_i$,且

$$2n\equiv a_i+b_i(\text{mod } p_i^{\alpha_i})$$

成立.

注意到 $p_1^{\alpha_1},p_2^{\alpha_2},\cdots,p_k^{\alpha_k}$ 两两互素,因此,由中国剩余定理可知,存在 $a,b\in\mathbf{Z}$,使得对 $1\leqslant i\leqslant k$,都有

$$a \equiv a_i \pmod{p_i^{\alpha_i}}, b \equiv b_i \pmod{p_i^{\alpha_i}},$$

从而 $2n \equiv a+b \pmod{p_i^{\alpha_i}}$. 所以,

$$2n \equiv a+b \pmod{m}.$$

结合 a_i, b_i 及 a, b 的定义,可知 $(a,m)=(b,m)=1$,引理获证.

回到原题. 利用引理,设 $2n \equiv x+y \pmod{m}$, $(x,m)=(y,m)=1$, 并设 $2n-x-y=um$. 取 $a=x+um$, $b=y$,就有

$$(a,m)=(b,m)=1,$$

且 $2n=a+b$.

命题获证.

例 6 求具有下述性质的 $n \in \mathbf{N}^*$:存在 $0,1,2,\cdots,n-1$ 的排列 $(a_1,a_2,\cdots,a_n)$,使得

$$a_1, a_1a_2, a_1a_2a_3, \cdots, a_1a_2\cdots a_n$$

恰好构成模 n 的完全剩余系.

解 记满足题中条件的正整数 n 的集合为 A.

首先,$1,4 \in A$. 只需注意到 $n=1$ 时,$(a_1)=(0)$ 满足条件;$n=4$ 时,$(a_1,a_2,a_3,a_4)=(1,3,2,0)$ 满足条件.

其次,任意素数 $p \in A$. 由中国剩余定理,对每个 $k=2,3,\cdots,p$,都存在 b_k,使得

$$b_k \equiv 0 \pmod{k-1},\ b_k \equiv k \pmod{p}.$$

用 a_k 表示 $c_k=\frac{b_k}{k-1}$ 被 p 除所得的余数,$k=2,3,\cdots,p$,则

$$b_k \equiv a_k(k-1) \equiv k \pmod{p}.$$

令 $a_1=1$. 下面证明 $a_1,a_2,\cdots,a_p$ 互不相同(从而 $(a_1,a_2,\cdots,a_p)$ 是 $0,1,2,\cdots,n-1$ 的一个排列).

事实上,由

$$a_p(p-1) \equiv p \equiv 0 \pmod{p},$$

有 $a_p=0$,故 $a_1 \neq a_p$.

由于当 $k=2,3,\cdots,p-1$ 时,

$$a_k(k-1) \equiv k \pmod{p},$$

故 $p\nmid a_k(k-1)$，所以 $p\nmid a_k$，这说明 $a_k\neq a_p$.

如果存在 $k,l,2\leqslant k<l\leqslant p-1$，使得 $a_k=a_l=a$，则

$$a_l(l-1)k=a(kl-k)\equiv kl \pmod p,$$

$$a_k(k-1)l=a(kl-l)\equiv kl \pmod p,$$

从而

$$a(k-l)=a(kl-l)-a(kl-k)\equiv 0 \pmod p,$$

这说明 $p\mid a$，与 $a_k\neq 0$ 矛盾.

如果存在 $k,2\leqslant k<n$，使得 $a_k=a_1$，则

$$k-1=a_k(k-1)\equiv k \pmod p,$$

这说明 $p\mid(-1)$，矛盾.

以上说明 $(a_1,a_2,\cdots,a_n)$ 是 $0,1,2,\cdots,n-1$ 的一个排列，事实上这个排列还具有性质：

$$a_1a_2\cdots a_k\equiv k \pmod p,\ k=1,2,\cdots,p,$$

这只需注意到

$$\begin{aligned}a_1a_2\cdots a_k&=(2-1)a_2a_3\cdots a_k\\&\equiv 2a_3a_4\cdots a_k=(3-1)a_3a_4\cdots a_k\\&\equiv\cdots\equiv(k-1)a_k\equiv k \pmod p,\end{aligned}$$

从而证明了 $p\in A$.

最后，我们证明：对任意合数 $n>4$，都有 $n\notin A$.

若 $n=p^2$，则记 $q=2p<n$；否则 n 可分解为 $n=pq,1<p<q<n$. 在这两种情况下，均有 $pq\equiv 0 \pmod n$，且

$$p,q\in\{2,3,\cdots,n-1\}.$$

此时，设 $(a_1,a_2,\cdots,a_n)$ 是满足条件的排列，则当 $k=1,2,3,\cdots,n-1$ 时，应有 $a_k\neq 0$，否则

$$a_1a_2\cdots a_k\equiv 0 \pmod n,\ a_1a_2\cdots a_{k+1}\equiv 0 \pmod n.$$

于是存在 $k,l<n$，使得 $a_k=p,a_l=q$. 记 $m=\max\{k,l\}<n$，则 $a_ka_l\mid a_1a_2\cdots a_m$. 因此，

$$a_1a_2\cdots a_m\equiv 0 \pmod n,\ a_1a_2\cdots a_{m+1}\equiv 0 \pmod n,$$

这是一个矛盾. 它表明 $n>4$ 是合数时，$n\notin A$.

从而符合题中条件的 $n\in\mathbf{N}^*$ 为 1,4 及所有的素数.

演习场

习题二

1. 证明:对任意 $n\in\mathbf{N}$,数 $3^n+2\times17^n$ 不是一个完全平方数.

2. 求最小的正整数 a,使得存在正奇数 n,满足

$$2001\mid(55^n+a\cdot32^n).$$

3. 求最小的素数 p,使得不存在 $a,b\in\mathbf{N}$,满足

$$|3^a-2^b|=p.$$

4. 数列 $\{p_n\}$ 定义如下:$p_1=2$,p_{n+1} 是数 $1+p_1p_2\cdots p_n$ 的最大素因子,$n=1,2,\cdots$. 问:11 是否在 $\{p_n\}$ 中出现?

5. 证明:对任意 $m,n\in\mathbf{N}^*$,存在奇数 a,b,使得

$$2m\equiv a^{20}+b^{11}\pmod{2^n}.$$

6. 已知整数 $a_1,a_2,\cdots,a_n(n\geqslant2)$ 的和为 1,数列 $\{b_m\}$ 定义如下:

$$b_m=a_m+2a_{m+1}+\cdots+(n-m+1)a_n+(n-m+2)a_1+\cdots+na_{m-1},$$

这里 $m=1,2,\cdots,n$. 证明:$b_1,b_2,\cdots,b_n$ 构成模 m 的一个完系.

7. 一次圆桌会议共有 2008 个人参加. 中间休息后,他们依不同的次序重新围着圆桌坐下. 证明:至少有两个人,他们之间的人数在休息前与休息后是相等的.

8. 设 $n\in\mathbf{N}^*$,$n\geqslant2$. 正整数数组 $(a_1,a_2,\cdots,a_n)$ 满足:

$$a_1+a_2+\cdots+a_n=2n.$$

如果不能将 $a_1,a_2,\cdots,a_n$ 分为和相等的两组数,那么称 $(a_1,a_2,\cdots,a_n)$ 为"好的". 求所有"好的"数组.

9. 设 $a_1,a_2,\cdots,a_n$ 是 n 个正整数,它们的和为 $2n$. 定义 $a_{n+i}=a_i$,$i=1,2,\cdots$. 对 $u,v\in\mathbf{N}^*$,记

$$S_{u,v}=a_u+a_{u+1}+\cdots+a_{u+v-1}.$$

证明:对任意 $m\in\mathbf{N}^*$,都存在 $u,v\in\mathbf{N}^*$,使得

$$S_{u,v}\in\{m,m+1\}.$$

10. 联结正 n 边形的顶点,获得一条边数为 n 的闭折线(正 n 边形的每个顶点恰为该闭折线中两条边的端点). 证明:若 n 为偶数,则该闭折线中必有两条边平行;若 n 为奇数,则该闭折线中不能恰好只出现一

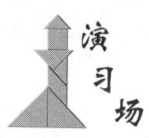

对平行边.

11. 设 $n\in\mathbf{N}^*$，$n\geqslant 3$，集合 $M=\{1,2,\cdots,n-1\}$. 对 M 中的数染色，依如下规则进行：

(1) 对 $1\leqslant i\leqslant n-1$，数 i 与 $n-i$ 都同色；

(2) 存在 $k\in M$，$(k,n)=1$，使得对任意 $i\in M$，$i\neq k$，数 i 与 $|k-i|$ 都同色.

证明：M 中的任意两个数都同色.

12. 设 n 是一个大于 1 的奇数. 证明：存在 $2n$ 个整数 $a_1,a_2,\cdots,a_n$；$b_1,b_2,\cdots,b_n$，使得对任意 $k\in\{1,2,\cdots,n-1\}$，下面的 $3n$ 个数

$$a_i+a_{i+1};\,a_i+b_i;\,b_i+b_{i+k}.\quad i=1,2,\cdots,n.$$

构成模 $3n$ 的一个完系，这里 $a_{n+1}=a_1$，$b_{n+j}=b_j(1\leqslant j\leqslant n)$.

13. 设 p 为素数. 证明：存在无穷多个 $n\in\mathbf{N}^*$，使得

$$2^n\equiv n(\bmod p).$$

14. 对 $n\in\mathbf{N}^*$，如果对任意 $a\in\mathbf{N}^*$，只要 $n\mid(a^n-1)$，就有

$$n^2\mid(a^n-1).$$

那么称 n 具有性质 P.

(1) 证明：每个素数都具有性质 P；

(2) 是否存在无穷多个合数具有性质 P？

15. 设 p 为奇素数，$a,n\in\mathbf{N}^*$，满足：$p^n\mid(a^p-1)$.

(1) 证明：$p^{n-1}\mid(a-1)$；

(2) 当 $p=2$ 时，上述结论是否成立？

16. 正整数数列 $\{a_n\}$ 满足：

$$a_1>1,\,a_{n+1}\in\{2a_n-1,2a_n+1\},\,n=1,2,\cdots.$$

证明：$\{a_n\}$ 中有无穷多个数为合数.

17. 若 $m,n\in\mathbf{N}^*$，$(m,n)=1$，证明：

$$\varphi(mn)=\varphi(m)\varphi(n).$$

18. 证明：集合 $\{2^n-3\mid n=1,2,3,\cdots\}$ 中有一个无穷子集 X，使得 X 中任意两个数互素.

19. 设 $a\in\mathbf{N}^*$，$a>1$. 证明：集合 $\{a^n+a^{n-1}-1\mid n=2,3,\cdots\}$ 中有一

个无穷子集 X,使得 X 中任意两个数互素.

20. 设 n 是一个大于 3 的奇数. 证明:存在素数 p,使得 $p\nmid n$,但 $p\mid(2^{\varphi(n)}-1)$.

21. 设 p 为奇素数. 证明:

(1) $1^2\cdot 3^2\cdot\cdots\cdot(p-2)^2\equiv(-1)^{\frac{p+1}{2}}\pmod p$;

(2) $2^2\cdot 4^2\cdot\cdots\cdot(p-1)^2\equiv(-1)^{\frac{p+1}{2}}\pmod p$.

22. 设 n 是一个大于 2 的整数,而整数 $a_1,a_2,\cdots,a_n$ 和 $b_1,b_2,\cdots,b_n$ 都是模 n 的完系. 证明:$a_1b_1,a_2b_2,\cdots,a_nb_n$ 不是模 n 的完系.

23. 设 $m,k\in\mathbf{N}^*$,$(m,k)=1$. 证明:存在整数 $a_1,a_2,\cdots,a_m$ 和 b_1,$b_2,\cdots,b_k$,使得所有的乘积 $a_ib_j(1\leqslant i\leqslant m,1\leqslant j\leqslant k)$ 正好构成模 mk 的一个完系.

24. 设 p 为素数,$m,n\in\mathbf{N}^*$,满足:对任意 $k\in\mathbf{N}^*$,都有

$$(pk-1,m)=(pk-1,n).$$

证明:存在某个 $l\in\mathbf{Z}$,使得 $m=p^l\cdot n$.

25. 对 $n\in\mathbf{N}^*$,用 $f(n)$ 表示满足:$n\,\Big|\,\sum\limits_{k=1}^{f(n)}k$ 的最小正整数. 求所有的 $n\in\mathbf{N}^*$,使得 $f(n)=2n-1$.

26. 设 $n\in\mathbf{N}^*$. 证明:存在 $m\in\mathbf{N}^*$,使得同余方程

$$x^2\equiv1\pmod m$$

在模 m 的意义下至少有 n 个根.

27. 对平面上的整点 (x,y),若 $(x,y)=1$,则称之为"既约的". 证明:对任意 $n\in\mathbf{N}^*$,在平面上都有一个整点,它到任意一个既约整点的距离都大于 n.

28. 设 a 为整数,n,r 都是大于 1 的整数. p 是一个奇素数,并且 $(n,p-1)=1$. 求下述同余方程的解数:

$$x_1^n+x_2^n+\cdots+x_r^n\equiv a\pmod p,$$

这里方程的解 $(x_1,x_2,\cdots,x_r)$ 和 $(x_1',x_2',\cdots,x_r')$ 相同的充要条件是:对 $1\leqslant j\leqslant r$,都有

$$x_j\equiv x_j'\pmod p.$$

29. 设 p 为素数,$a,b\in\mathbf{N}^*$,满足:$p>a>b>1$. 求最大的整数 c,使

得对满足条件的所有(p,a,b)，都有

$$p^c \mid (C_{ap}^{bp} - C_a^b).$$

30. 设$S=\{0,1,2,3,\cdots,n^2-1\}$，$A$是$S$的一个$n$元子集，这里$n\in \mathbf{N}^*$，$n\geqslant 2$. 证明：存在$S$的一个$n$元子集$B$，使得

$$A+B=\{a+b \mid a\in A, b\in B\}$$

中的元素除以n^2所得的不同余数的个数不小于S中元素的一半.

31. 求所有的正整数n，使得

$$\frac{2^n-1}{3}\in \mathbf{N}^*,$$

且存在$m\in \mathbf{N}^*$，满足：

$$\left.\frac{2^n-1}{3}\,\right|\,(4m^2+1).$$

32. 设$p>5$，p为素数. 函数

$$f_p(x)=\sum_{k=1}^{p-1}\frac{1}{(px+k)^2}.$$

证明：对任意$x,y\in \mathbf{N}^*$，当$f_p(x)-f_p(y)$写成最简分数后，其分子是p^3的倍数.

第三讲 指数与原根

指数与原根是数论中的两个重要概念,在解决许多数论问题中都非常有用.

3.1 指数的概念与性质

知识桥

由欧拉定理可知,对 $a\in \mathbf{Z}, m\in \mathbf{N}^*$,若 $(a,m)=1$,则

$$a^{\varphi(m)}\equiv 1(\bmod m),$$

因此,满足同余式 $a^n\equiv 1(\bmod m)$ 的最小正整数存在.这个最小的正整数就称为 a 对模 m 的指数(也常称为 a 对模 m 的阶),记作 $\delta_m(a)$.

为聚焦我们的问题,这里只列出指数的下述重要性质:

若 $a^n\equiv 1(\bmod m), n\in \mathbf{N}^*$,则 $\delta_m(a)\mid n$.

证明 设 $n=\delta_m(a)q+r, 0\leqslant r<\delta_m(a)$.

若 $r>0$,则

$$a^r\equiv a^r(a^{\delta_m(a)})^q=a^n\equiv 1 \ (\bmod m),$$

这与 $\delta_m(a)$ 的最小性矛盾.所以 $r=0$,即 $\delta_m(a)\mid n$.

训练营

例 1 设 a 为大于 1 的正整数,$n\in \mathbf{N}^*$.

证明:$n\mid \varphi(a^n-1)$.

证明 注意到,n 是满足下述同余式

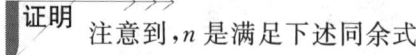

$$a^n \equiv 1 \pmod{a^n - 1}$$

的最小正整数(因为 $a>1$),即

$$\delta_{a^n-1}(a)=n.$$

而由欧拉定理知

$$a^{\varphi(a^n-1)} \equiv 1 \pmod{a^n-1},$$

因此结合指数的性质,就有

$$n \mid \varphi(a^n-1).$$

点评 这个简单的例子展示了解题中指数应用的常见套路:先求出指数,再利用欧拉定理(或费马小定理等),最后用一下指数的性质,得到一个整除关系式.

例 2 设 p 为奇素数,q 为 2^p-1 的素因子.证明:

$$q \equiv 1 \pmod{2p}.$$

证明 由 $2^p \equiv 1 \pmod q$,知 $\delta_q(2) \mid p$,结合 p 为素数,可知只能是 $\delta_q(2)=p$.

再由费马小定理,知 $2^{q-1} \equiv 1 \pmod q$,于是 $p \mid (q-1)$,即

$$q \equiv 1 \pmod p.$$

利用 p,q 都为奇素数,可得

$$q \equiv 1 \pmod{2p}.$$

命题获证.

点评 此题刻画了梅森数的素因子的特性,从而在判断 2^p-1 是否为素数时,大大减少了计算量.

例 3 设 q 为费马数 $F_n=2^{2^n}+1$ 的素因子. 证明：当 $n>1$ 时，有 $q\equiv1(\bmod 2^{n+2})$.

证明 先证一个引理：设 a 为大于 1 的正整数，q 为数 $a^{2^n}+1$ 的奇素因子，则

$$q\equiv1(\bmod 2^{n+1}).$$

事实上，由 $a^{2^n}\equiv-1(\bmod q)$ 知

$$a^{2^{n+1}}\equiv1(\bmod q),$$

这表明 $\delta_q(a)\nmid 2^n$，但 $\delta_q(a)\mid 2^{n+1}$. 所以，$\delta_q(a)=2^{n+1}$(注意，这里已用到 $q>2$). 然后由费马小定理知 $a^{q-1}\equiv1(\bmod q)$，故 $2^{n+1}\mid(q-1)$，即

$$q\equiv1(\bmod 2^{n+1}).$$

引理获证.

回到原题. 当 $n>1$ 时，注意到，

$$\begin{aligned}F_{n-1}^{2^{n+1}}&=(2^{2^{n-1}}+1)^{2^{n+1}}=(2^{2^n}+2^{1+2^{n-1}}+1)^{2^n}\equiv(2^{1+2^{n-1}})^{2^n}\\&=(2^{2^n})^{1+2^{n-1}}\equiv(-1)^{1+2^{n-1}}\\&\equiv-1\ (\bmod F_n).\end{aligned}$$

所以，对 F_n 的素因子 q，我们有 $q\mid(F_{n-1}^{2^{n+1}}+1)$. 利用引理的结论，就有

$$q\equiv1(\bmod 2^{n+2}).$$

例 4 求所有的正整数 n，使得 $2^n\equiv1(\bmod n)$.

解 当 $n=1$ 时，显然符合.

下面证明：当 $n>1$ 时，都有

$$2^n\not\equiv1(\bmod n).$$

事实上，若存在 $n>1$，使得

$$2^n\equiv1(\bmod n),$$

取 n 的最小素因子 p，应有 $2^n\equiv1(\bmod p)$. 而由费马小定理知 $2^{p-1}\equiv1(\bmod p)$，所以，

$$2^{(n,p-1)}\equiv1\ (\bmod p). \tag{1}$$

利用 p 为 n 的最小素因子，可知 $(n,p-1)=1$，导致 $2\equiv 1 \pmod p$，即 $p\mid 1$. 矛盾.

综上可知，只有 $n=1$ 符合要求.

点评 推出(1)式用到了指数的性质：因为 $\delta_p(2)\mid n$，$\delta_p(2)\mid(p-1)$，故 $\delta_p(2)\mid(n,p-1)$，从而(1)成立.

本题在幂次中出现最大公因数的处理方法经常被用到. 在理解指数的概念与性质后，这种简洁表述就显得非常自然了.

例 5 设 p 为素数. 证明：存在素数 q，使得对任意 $n\in\mathbf{Z}$，都有

$$q\nmid(n^p-p).$$

证明 注意到

$$\frac{p^p-1}{p-1}=1+p+\cdots+p^{p-1}\equiv 1+p \pmod{p^2},$$

从而，数 $\frac{p^p-1}{p-1}$ 有一个素因子 q，满足：

$$q\not\equiv 1 \pmod{p^2}.$$

下面证明：这个 q 是一个符合要求的素因子.

事实上，若存在 $n\in\mathbf{Z}$，使得 $n^p\equiv p \pmod q$，则

$$n^{p^2}\equiv p^p\equiv 1 \pmod q,$$

而由费马小定理，知 $n^{q-1}\equiv 1 \pmod q$，所以，

$$n^{(p^2,q-1)}\equiv 1 \pmod q.$$

由于 $q\not\equiv 1 \pmod{p^2}$，故 $(p^2,q-1)\mid p$，因此

$$n^p\equiv 1 \pmod q,$$

进而

$$p\equiv n^p\equiv 1 \pmod q.$$

这表明

$$0\equiv\frac{p^{p}-1}{p-1}=1+p+\cdots+p^{p-1}\equiv\underbrace{1+1+\cdots+1}_{p\text{个}1}\equiv p\ (\mathrm{mod}\ q),$$

要求 $q\mid 1$,矛盾.

命题获证.

点评　这是 2003 年 IMO 的第 6 题,寻找到这个恰当的素因子 q 是很困难的.

例 6　称满足 $\sigma(n)=3n$ 的正整数 n 为"好数",这里 $\sigma(n)$ 表示正整数 n 的所有正因数之和. 证明:没有一个"好数"的平方根是一个无平方因子数.

证明　若存在一个 $n\in\mathbf{N}^*$,$n=p_1^2p_2^2\cdots p_k^2$,$p_1<p_2<\cdots<p_k$ 为素数,使得 n 为"好数",则

$$\sigma(n)=\prod_{i=1}^{k}(p_i^2+p_i+1)=3\prod_{i=1}^{k}p_i^2. \tag{2}$$

记 $T=\{p_1,p_2,\cdots,p_k\}$,若 $p_1=3$,则

$$13(=3^2+3+1)\in T,$$

而 $13^2+13+1=3\times61$,故 $61\in T$. 依次计算

$$61^2+61+1=3\times13\times97,$$

$$97^2+97+1=3\times3169,$$

可知 $97,3169\in T$.

现在,数 13,61,97,3169 都是满足 $p\equiv1(\mathrm{mod}\ 3)$的素数,而对这样的素数 p,有

$$p^2+p+1\equiv1+1+1\equiv0(\mathrm{mod}\ 3),$$

从而(2)式左边是 3^4 的倍数. 这要求(2)式右边也是 3^4 的倍数,矛盾. 所以,$p_1\neq3$. 而 $p_1=2$ 导致(2)式左边为奇数,但右边为偶数,因此$p_1\neq2$. 于是,$p_1>3$.

注意到,当 $p\equiv1(\mathrm{mod}\ 3)$时,$p^2+p+1\equiv0(\mathrm{mod}\ 3)$,而当 $p\equiv$

$2 \pmod 3$时，

$$p^2+p+1\equiv 2^2+2+1\equiv 1 \pmod 3.$$

从而对比(2)式两边，可知 T 中恰有一个元素$\equiv 1 \pmod 3$，记此数为 q. 由于 $q^2+q+1>3q$，而 T 中只有 $q\equiv 1 \pmod 3$，所以结合(2)式，知 q^2+q+1 有一个素因子 $r\equiv 2 \pmod 3$. 这时，

$$q^2+q+1\equiv 0 \pmod r \Rightarrow q^3\equiv 1 \pmod r.$$

又由费马小定理，有 $q^{r-1}\equiv 1 \pmod r$，结合上式可得

$$q^{(r-1,3)}\equiv 1 \pmod r.$$

而 $r\equiv 2 \pmod 3$，故 $(r-1,3)=1$. 即有 $q\equiv 1 \pmod r$，导致

$$0\equiv q^2+q+1\equiv 1+1+1\equiv 3 \pmod r,$$

矛盾.

所以，不存在一个"好数"，其平方根为无平方因子数.

例 7 是否存在满足下述三个条件的正整数 a,b,c？

(1) a,b,c 两两互素；

(2) a,b,c 都大于 1；

(3) $a\mid(2^b+1)$，$b\mid(2^c+1)$，$c\mid(2^a+1)$.

解 不存在满足条件的正整数 a,b,c.

我们用 $\pi(n)$表示正整数 n 的最小素因子，先建立下述引理：若 p 为素数，$p\mid(2^y+1)$，且 $p<\pi(y)$，则 $p=3$.

事实上，由 $p\mid(2^y+1)$，知 p 为奇素数. 利用费马小定理可知 $2^{p-1}\equiv 1 \pmod p$. 又

$$2^y\equiv -1 \pmod p \Rightarrow 2^{2y}\equiv 1 \pmod p,$$

所以 $2^{(p-1,2y)}\equiv 1 \pmod p$. 结合 $p<\pi(y)$，知$(p-1,y)=1$，故$(p-1,2y)=2$. 因此

$$2^2\equiv 1 \pmod p,$$

故 $p=3$. 引理获证.

回到原题. 若存在满足条件的 a,b,c，则由(3)知 a,b,c 都为奇数，结合(1)，(2)知 $\pi(a)$，$\pi(b)$，$\pi(c)$两两不同.

不妨设 $\pi(a)<\pi(b)$，$\pi(c)$，在引理中取

$$(p, y)=(\pi(a), b),$$

可知$\pi(a)=3$. 于是，可设 $a=3a_0$，$a_0\in\mathbf{N}^*$.

注意到若 $3\mid a_0$，则 $9\mid a$，进而 $9\mid(2^b+1)$，于是 $2^{2b}\equiv1 \pmod 9$. 结合 $\delta_9(2)=6$，可知 $6\mid 2b$，导致 $3\mid b$，与 $(a,b)=1$ 矛盾. 所以，$3\nmid a_0$. 进一步，有 $3\nmid a_0bc$.

记 $q=\pi(a_0bc)$，则 $q\leqslant\min\{\pi(b),\pi(c)\}$. 如果 $q\mid a_0$，那么 $q\mid a$，此时结合 $(a,b)=1$ 可知 $q<\pi(b)$. 这样，在引理中令 $(p,y)=(q,b)$，导致 $q=3$，矛盾. 类似地，若 $q\mid b$，可知 $q<\pi(c)$，在引理中令 $(p,y)=(q,c)$，导致 $q=3$，矛盾. 所以，只能是 $q\mid c$. 因此，$q<\pi(a_0)$.

现在由(3)知 $2^a\equiv-1 \pmod q$，故 $2^{2a}\equiv1 \pmod q$. 结合费马小定理的结论，可得 $2^{(2a,q-1)}\equiv1 \pmod q$. 注意到，$q<\pi(a_0)$，故 $(q-1,a_0)=1$. 所以，

$$(2a, q-1)\leqslant(6, q-1)\leqslant6.$$

这表明：$q\mid(2^6-1)$，于是 $q=7$. 但这导致

$$-1\equiv2^a=(2^3)^{a_0}\equiv1 \pmod 7,$$

矛盾.

所以，满足条件的 a,b,c 不存在.

例 8 设 p 为素数，m,n 都是大于 1 的正整数，并且

$$n\mid(m^{p(n-1)}-1).$$

证明：$(m^{n-1}-1,n)>1$.

证明 用反证法. 设 $(m^{n-1}-1,n)=1$，并设 $n=p_1^{\alpha_1}p_2^{\alpha_2}\cdots p_k^{\alpha_k}$，这里 $p_1<p_2<\cdots<p_k$ 为素数，$\alpha_i\in\mathbf{N}^*$，$1\leqslant i\leqslant k$. 进一步，设 $p^\beta\mid(n-1)$，但

$$p^{\beta+1}\nmid(n-1)，这里\ \beta\in\mathbf{N}.$$

下面来导出矛盾.

由条件，$m^{p(n-1)}\equiv1 \pmod{p_i}$，记 $\delta_i=\delta_{p_i}(m)$，$1\leqslant i\leqslant k$. 则

$$\delta_i\mid p(n-1).$$

又由 $(m^{n-1}-1,n)=1$，知 $p_i\nmid(m^{n-1}-1)$，故

$$\delta_i\nmid(n-1).$$

因此，$p\mid\delta_i$. 进一步，我们还能得到 $p^{\beta+1}\mid\delta_i$.

事实上，若 $p^{\beta+1}\nmid\delta_i$，则可设 $p^\gamma\parallel\delta_i$，这里 $1\leqslant\gamma\leqslant\beta$. 于是，由 β 的定义可知 $p^\gamma\mid(n-1)$. 再由 $\delta_i\mid p(n-1)$，知 $\left.\frac{\delta_i}{p^\gamma}\right|p(n-1)$. 结合 $\left(p,\frac{\delta_i}{p^\gamma}\right)=1$，知 $\left.\frac{\delta_i}{p^\gamma}\right|(n-1)$. 再由 $\left(p^\gamma,\frac{\delta_i}{p^\gamma}\right)=1$，可得 $\delta_i=p^\gamma\cdot\frac{\delta_i}{p^\gamma}$ 为 $n-1$ 的因数，矛盾. 所以，$p^{\beta+1}\mid\delta_i$.

现在用费马小定理，$m^{p_i-1}\equiv1(\bmod p_i)$，故 $\delta_i\mid(p_i-1)$，因此，

$$p_i\equiv1(\bmod p^{\beta+1}),1\leqslant i\leqslant k.$$

导致

$$n=p_1^{\alpha_1}p_2^{\alpha_2}\cdots p_k^{\alpha_k}\equiv1\ (\bmod p^{\beta+1}),$$

与 β 的定义矛盾.

所以，命题成立.

3.2 原根的概念与性质

知识桥

设 $m\in\mathbf{N}^*$，$a\in\mathbf{Z}$. 若 $(a,m)=1$，且 $\delta_m(a)=\varphi(m)$，则称 a 为模 m 的原根.

是否对每一个正整数 m，模 m 的原根都存在呢？这是这一节首先要解决的问题. 为此我们需要更深层次地讨论指数的一些性质.

性质 1 设 $m\in\mathbf{N}^*$，$a,b\in\mathbf{Z}$，$(a,m)=(b,m)=1$，则

$$\delta_m(ab)=\delta_m(a)\delta_m(b)$$

的充要条件是 $(\delta_m(a),\delta_m(b))=1$.

证明 必要性 由 $a^{\delta_m(a)}\equiv1 \pmod m$ 及 $b^{\delta_m(b)}\equiv1 \pmod m$，可知

$$(ab)^{[\delta_m(a),\delta_m(b)]}\equiv1 \pmod m,$$

所以，$\delta_m(ab)\mid[\delta_m(a),\delta_m(b)]$. 由于 $\delta_m(ab)=\delta_m(a)\delta_m(b)$，故

$$\delta_m(a)\delta_m(b)\mid[\delta_m(a),\delta_m(b)],$$

故 $(\delta_m(a),\delta_m(b))=1$.

充分性 由 $(ab)^{\delta_m(ab)}\equiv1 \pmod m$，可知

$$1\equiv(ab)^{\delta_m(ab)\delta_m(b)}\equiv a^{\delta_m(ab)\delta_m(b)} \pmod m,$$

故 $\delta_m(a)\mid\delta_m(ab)\delta_m(b)$. 结合 $(\delta_m(a),\delta_m(b))=1$，就有

$$\delta_m(a)\mid\delta_m(ab).$$

同理可证：$\delta_m(b)\mid\delta_m(ab)$. 所以，

$$\delta_m(a)\delta_m(b)\mid\delta_m(ab).$$

另一方面，$(ab)^{\delta_m(a)\delta_m(b)}\equiv(a^{\delta_m(a)})^{\delta_m(b)}\cdot(b^{\delta_m(b)})^{\delta_m(a)}\equiv1 \pmod m$，故 $\delta_m(ab)\mid\delta_m(a)\delta_m(b)$.

综上可知，充分性获证.

性质 2 设 $k\in\mathbf{N}$，$m\in\mathbf{N}^*$，$a\in\mathbf{Z}$，$(a,m)=1$，则

$$\delta_m(a^k)=\frac{\delta_m(a)}{(\delta_m(a),k)}.$$

证明 注意到，$(a^k)^{\delta_m(a^k)}\equiv 1(\bmod m)$，故

$$\delta_m(a)\mid k\delta_m(a^k),$$

于是

$$\left.\frac{\delta_m(a)}{(\delta_m(a),k)}\right|\delta_m(a^k).$$

另一方面，由 $a^{\delta_m(a)}\equiv 1(\bmod m)$，可知

$$(a^k)^{\frac{\delta_m(a)}{(\delta_m(a),k)}}=(a^{\delta_m(a)})^{\frac{k}{(\delta_m(a),k)}}\equiv 1\ (\bmod m),$$

故 $\delta_m(a^k)\left|\frac{\delta_m(a)}{(\delta_m(a),k)}\right.$.

命题获证.

为建立原根存在的充要条件，我们依次导出下面的一些定理.

定理1 设 $m\notin\{1,2,4\}$，且不存在奇素数 p 及 $\alpha\in\mathbf{N}^*$，使得 $m\in\{p^\alpha,2p^\alpha\}$. 则对任意 $a\in\mathbf{Z}$，$(a,m)=1$，都有 $\delta_m(a)<\varphi(m)$，此时模 m 的原根不存在.

证明 若 $m=2^\alpha$，$\alpha\in\mathbf{N}^*$，$\alpha\geqslant 3$，则对任意奇数 a，设 $a=2k+1$，则

$$\begin{aligned}a^{2^{\alpha-2}}&=(2k+1)^{2^{\alpha-2}}\equiv 1+2^{\alpha-2}\cdot(2k)+C_{2^{\alpha-2}}^2(2k)^2\\&=1+2^{\alpha-1}\cdot k+2^{\alpha-1}\cdot(2^{\alpha-2}-1)k^2\\&=1+2^{\alpha-1}(k+(2^{\alpha-2}-1)k^2)\\&\equiv 1\ (\bmod 2^\alpha),\end{aligned}$$

最后一步用到 k 与 $(2^{\alpha-2}-1)k^2$ 同奇偶，从而其和为偶数. 这时，命题成立.

若 m 不是 2 的幂，且 m 为符合条件的正整数，则可设 $m=rt$，这里 $2<r<t$ 且 $(r,t)=1$. 这时，若 $(a,m)=1$，由欧拉定理可知

$$a^{\varphi(r)}\equiv 1\ (\bmod r),\ a^{\varphi(t)}\equiv 1\ (\bmod t).$$

注意到当 $n>2$ 时，$\varphi(n)$ 为偶数，所以

$$a^{\frac{1}{2}\varphi(r)\varphi(t)}\equiv 1(\bmod rt),$$

进而

$$\delta_m(a) \leqslant \frac{1}{2}\varphi(r)\varphi(t) = \frac{1}{2}\varphi(rt) = \frac{1}{2}\varphi(m) < \varphi(m).$$

命题获证.

定理 2 设 p 为奇素数,则模 p 的原根存在.

证明 先建立一个引理:设 a,b 是与 p 互素的两个整数,则存在 $c \in \mathbf{Z}$,使得 $\delta_p(c) = [\delta_p(a), \delta_p(b)]$.

事实上,记 $\delta_p(a) = r, \delta_p(b) = t$,并设 $r = dx$,这里 $d = (r,t)$,则 $[\delta_p(a), \delta_p(b)] = xt$.

由本节性质 2,知

$$\delta_p(a^d) = \frac{\delta_p(a)}{(\delta_p(a), d)} = \frac{r}{(r,d)} = x.$$

而 $\delta_p(b) = t, (x,t) = 1$,由性质 1 即有 $\delta_p(a^d b) = xt$. 引理获证.

回到原命题. 利用上述引理,结合数学归纳法,可知存在 $g \in \mathbf{Z}$,使得

$$\delta_p(g) = [\delta_p(1), \delta_p(2), \cdots, \delta_p(p-1)].$$

这表明,$\delta_p(j) \mid \delta_p(g), j = 1, 2, \cdots, p-1$. 所以,$j = 1, 2, \cdots, p-1$ 都是同余方程

$$x^{\delta_p(g)} \equiv 1 \pmod p$$

的根. 由拉格朗日定理,可知 $\delta_p(g) \geqslant p-1$.

另一方面,由费马小定理知

$$g^{p-1} \equiv 1 \pmod p,$$

故应有 $\delta_p(g) \mid (p-1)$.

综上可知,$\delta_p(g) = p-1$,即 g 为模 p 的原根.

定理 3 设 p 为奇素数,$\alpha \in \mathbf{N}^*$,则模 p^α 的原根存在.

证明 一个基本的思想是"平移".

先证明:存在模 p 的原根 g,使得

$$g^{p-1} \not\equiv 1 \pmod{p^2}. \tag{1}$$

事实上,任取模 p 的原根 g,若 g 不满足(1),我们说 $g+p$ 是满足(1)的模 p 的一个原根.

首先,利用二项式定理及 g 为模 p 的原根,可知 $g+p$ 是模 p 的一个原根.

其次,我们有

$$(g+p)^{p-1}\equiv g^{p-1}+p(p-1)g^{p-2}$$
$$\equiv 1-pg^{p-2}\not\equiv 1 \pmod{p^2}.$$

所以,存在模 p 的原根满足(1).

再证明:若 g 为模 p 的满足(1)的原根,则对任意 $\alpha\in\mathbf{N}^*$,g 是模 p^α 的原根.

首先,我们有下面的结论:对任意 $\beta\in\mathbf{N}^*$,都可设

$$g^{\varphi(p^\beta)}=1+p^\beta\cdot k_\beta, \tag{2}$$

这里 $p\nmid k_\beta$. 事实上,当 $\beta=1$ 时,由 g 的选择可知(2)成立. 现设(2)对 β 成立,则

$$g^{\varphi(p^{\beta+1})}=(g^{\varphi(p^\beta)})^p=(1+p^\beta\cdot k_\beta)^p$$
$$\equiv 1+p^{\beta+1}\cdot k_\beta \pmod{p^{\beta+2}},$$

结合 $p\nmid k_\beta$,可知(2)对 $\beta+1$ 成立. 所以,(2)对 $\beta\in\mathbf{N}^*$ 都成立.

其次,记 $\delta=\delta_{p^\alpha}(g)$,则由欧拉定理,可知 $\delta\mid p^{\alpha-1}(p-1)$. 而由 g 为模 p 的原根,及 $g^\delta\equiv 1\pmod{p^\alpha}$(当然,更有 $g^\delta\equiv 1\pmod p$),可知 $(p-1)\mid\delta$. 所以可设 $\delta=p^{\beta-1}(p-1)$,这里 $1\leqslant\beta\leqslant\alpha$.

现在利用(2),可知

$$g^{\varphi(p^\beta)}\not\equiv 1\pmod{p^{\beta+1}},\text{即 } g^\delta\not\equiv 1\pmod{p^{\beta+1}}.$$

结合 $g^\delta\equiv 1\pmod{p^\alpha}$,可知 $\beta\geqslant\alpha$.

综上可知,$\beta=\alpha$,即

$$\delta_{p^\alpha}(g)=p^{\alpha-1}(p-1)=\varphi(p^\alpha),$$

从而,g 是模 p^α 的原根.

定理 4 设 p 为奇素数,$\alpha\in\mathbf{N}^*$,则模 $2p^\alpha$ 的原根存在.

证明 设 g 是模 p^α 的原根,则 $g+p^\alpha$ 也是模 p^α 的原根. 在 g 和 $g+p^\alpha$ 中有一个为奇数,设这个奇数为 $\tilde{g}$,则 $(\tilde{g},2p^\alpha)=1$. 于是,由欧拉定理可知 $\delta_{2p^\alpha}(\tilde{g})\mid\varphi(2p^\alpha)$.

而 $(\tilde{g})^{\delta_{2p^\alpha}(\tilde{g})}\equiv 1\pmod{2p^\alpha}$,故

$$(\widetilde{g})^{\delta_{2p^\alpha}(\widetilde{g})} \equiv 1 \pmod{p^\alpha}.$$

利用 $\widetilde{g}$ 为模 p^α 的原根，故 $\varphi(p^\alpha) \mid \delta_{2p^\alpha}(\widetilde{g})$. 结合 $\varphi(p^\alpha)=\varphi(2p^\alpha)$，即可知 $\widetilde{g}$ 是模 $2p^\alpha$ 的原根.

如果认真分析一下模 p 的原根 g，可知 $g, g+p, \cdots, g+(p-1)p$ 都是模 p 的原根，并且这 p 个原根中只有一个不满足条件(1). 因此，必有一个模 p 的奇原根 g 满足(1)，从而这个 g 是所有 p^α 和 $2p^\alpha$（α 为任意正整数）的原根.

应该注意到，定理 4 的证明中取模 p^α 的奇原根 $\widetilde{g}$ 非常重要，因为要保证 $(\widetilde{g}, 2p^\alpha)=1$.

上面的定理 1 至定理 4 完整地给出了原根存在的充要条件，这些定理的证明本身就具有代表性和启发性，因此，在这里给出它们的证明. 相比较而言，定理 2 在数学竞赛解题中用得较多.

训练营

例 1 设 p 为奇素数. 证明：对 $j \in \{0,1,2,\cdots,p-2\}$，都有

$$\sum_{x=0}^{p-1} x^j \equiv 0 \pmod{p},$$

这里认为 $0^0=1$.

证明 当 $j=0$ 时，命题显然成立.

考察 $j \in \{1,2,\cdots,p-2\}$ 的情形. 取模 p 的原根 g，则当 x 遍经模 p 的完系时，gx 也遍经模 p 的完系，故

$$\sum_{x=0}^{p-1} x^j \equiv \sum_{x=0}^{p-1} (gx)^j \pmod{p},$$

即 $p \,\Big|\, (g^j-1) \sum\limits_{x=0}^{p-1} x^j$. 而 g 为模 p 的原根，故 $1 \leqslant j \leqslant p-2$ 时，都有

$$p \nmid (g^j-1),$$

所以，$p \,\Big|\, \sum\limits_{x=0}^{p-1} x^j$.

命题获证.

例 2 设 p 为一个给定的奇素数. 求所有满足下述条件的函数 f: $\mathbf{Z}\to\mathbf{Z}$.

(1) 对任意 $m,n\in\mathbf{Z}$,若 $m\equiv n \pmod p$,则 $f(m)=f(n)$;

(2) 对任意 $m,n\in\mathbf{Z}$,都有 $f(mn)=f(m)f(n)$.

解 满足条件的函数只有如下 4 个:

① $f(x)=1$;

② $f(x)=0$;

③ $f(x)=\begin{cases}0, & p\mid x,\\ 1, & p\nmid x;\end{cases}$

④ $f(x)=\begin{cases}0, & p\mid x,\\ 1, & x\text{ 为模 }p\text{ 的二次剩余},\\ -1, & x\text{ 为模 }p\text{ 的二次非剩余}.\end{cases}$

一方面,容易验证上述 4 个函数符合题中的要求.

另一方面,设 f 是一个满足条件的函数,则由条件(2)可知 $f(0)^2=f(0)$,故 $f(0)=0$ 或 $f(0)=1$.

若 $f(0)=1$,则在条件(2)中取 $m=0$,就有 $f(0)=f(0)f(n)$,故 $f(n)=1$,此时就是①;

若 $f(0)=0$,则由条件(1)知,当 $x\equiv 0 \pmod p$ 时,有 $f(x)=0$.

现在讨论 $x\not\equiv 0 \pmod p$ 的情形. 这时设 g 为模 p 的一个原根,则 $g,g^2,\cdots,g^{p-1}$ 构成模 p 的一个简化剩余系(这是原根的一个简单性质,请读者自己证明),故存在 $t\in\{1,2,\cdots,p-1\}$,使得

$$x\equiv g^t \pmod p,$$

从而由条件(2)知 $f(x)=f(g)^t$. 这表明函数 f 由 $f(g)$ 的值确定.

进一步,由费马小定理知 $g^p\equiv g \pmod p$,结合条件(1),(2)可知 $f(g)^p=f(g)$,从而 $f(g)=0$,$f(g)^{\frac{p-1}{2}}=1$ 或者 $f(g)^{\frac{p-1}{2}}=-1$.

依此可得到另外 3 个函数.

例 3 设 p 为给定的奇素数,称满足下述条件的正整数 m 为

“好数”：

(1) $m\in\{1,2,\cdots,p-1\}$；

(2) 存在 $n\in\mathbf{N}^*$，使得 $m^n\equiv-1\pmod p$.

求“好数”的个数.

解

取模 p 的原根 g，则 $g^{\frac{p-1}{2}}\equiv-1\pmod p$.（因为 $\delta_p(g)=p-1$，而 $g^{p-1}\equiv1\pmod p$，且 $g,g^2,\cdots,g^{p-1}$ 构成模 p 的一个简系.）

现在对 $m\in\{g,g^2,\cdots,g^{p-1}\}$，设 $m=g^k$，结合“好数”的定义可得：m 为“好数”的充要条件是存在 $n\in\mathbf{N}^*$，使得

$$kn=\frac{p-1}{2}\cdot q,$$

这里 q 为正奇数. 这等价于 k 的素因数分解式中 2 的幂次不大于 $\frac{p-1}{2}$ 中 2 的幂次.

再设 $\frac{p-1}{2}=2^{\alpha}\cdot u$，$\alpha\in\mathbf{N}^*$，$u$ 为奇数，则当且仅当 $k\notin\{2^{\alpha+1},2^{\alpha+1}\cdot 2,\cdots,2^{\alpha+1}\cdot u\}$ 时，$m=g^k$ 符合要求.

综上可知，“好数”共有 $p-1-u$ 个，这里 u 是 $p-1$ 的最大奇因数.

例 4 设 p 是一个奇素数，m 是 $p-1$ 的一个正倍数. 证明：

$$\sum_{0\leqslant l\leqslant\frac{m}{p-1}}\mathrm{C}_m^{(p-1)l}\equiv2+p(1+m)\pmod{p^2}.$$

证明

记 $r=\frac{m}{p-1}$，则

$$S_r=\sum_{0\leqslant l\leqslant\frac{m}{p-1}}\mathrm{C}_m^{(p-1)l}=\sum_{i=0}^{r}\mathrm{C}_{r(p-1)}^{i(p-1)}.$$

取模 p 的原根 g，令 $h=g^p$，则由欧拉定理可知

$$h^{p-1}=g^{p(p-1)}=g^{\varphi(p^2)}\equiv1\pmod{p^2}.$$

注意到对任意 $k\in\mathbf{N}^*$，都有

$$(h^k-1)\sum_{j=1}^{p-2}h^{jk}=h^{k(p-1)}-1\equiv0\pmod{p^2},$$

所以若 $h^k\not\equiv 1 \pmod p$，则

$$\sum_{j=1}^{p-2} h^{jk}\equiv 0 \pmod{p^2}.$$

而 $h=g^p\equiv g \pmod p$（费马小定理），故 $h^k\equiv g^k \pmod p$，因此，$h^k\equiv 1 \pmod p$ 的充要条件是 $(p-1)\mid k$.

这样，我们有

$$\sum_{j=0}^{p-2} h^{jk}\equiv\begin{cases}0 \pmod{p^2}, & (p-1)\nmid k,\\ p-1 \pmod{p^2}, & (p-1)\mid k.\end{cases} \tag{3}$$

由原根的性质，可知对 $j\in\{0,1,2,\cdots,p-2\}$，当且仅当 $j=\frac{p-1}{2}$ 时，才有 $h^j\equiv g^j\equiv -1 \pmod p$. 对其余的 j，都有 $h^j\not\equiv -1 \pmod p$，这时由费马小定理，可设

$$(1+h^j)^{p-1}=1+pa_j, \tag{4}$$

这里 $a_j\in\mathbf{N}^*$.

现在，利用二项式定理展开可知

$$\begin{aligned}\sum_{j=0}^{p-2}(1+h^j)^{r(p-1)} &= \sum_{j=0}^{p-2}\sum_{k=0}^{r(p-1)} C_{r(p-1)}^{k}\cdot h^{jk}\\ &= \sum_{k=0}^{r(p-1)} C_{r(p-1)}^{k}\sum_{j=0}^{p-2} h^{jk}\\ &\equiv (p-1)S_r \pmod{p^2}\quad (\text{这里用到}(3)).\end{aligned}$$

另一方面，由(4)可知

$$\begin{aligned}(p-1)S_r &\equiv \sum_{j=0}^{p-2}(1+h^j)^{r(p-1)}\\ &\equiv \sum_{0\leqslant j\leqslant p-2,\, j\neq\frac{p-1}{2}}(1+pa_j)^r\\ &\equiv p-2+prA \pmod{p^2},\end{aligned}$$

这里

$$A=\sum_{j=0}^{p-2} a_j\left(\text{其中 } a_{\frac{p-1}{2}}=0\right).$$

由于 A 是一个与 r 无关的数，利用 $S_1=2$，可知 $A\equiv -1 \pmod p$，从而

$$(p-1)S_r\equiv p-2-pr \pmod{p^2}.$$

上式两边乘以$-(p+1)$,就可得

$$S_r\equiv-(p+1)(p-2-pr)\equiv2+p+pr\ (\bmod p^2).$$

结合$m=r(p-1)\equiv-r(\bmod p)$,就有

$$S_r\equiv2+p(1+m)(\bmod p^2).$$

命题获证.

演习场

习题三

1. 设 p 为素数，$a\in\mathbf{N}^*$. 证明：若 $\delta_p(a)=3$，则
$$\delta_p(a+1)=6.$$

2. 设 n 为给定的正整数，求最小的正整数 m，使得
$$2^m\equiv 1 \pmod{5^n}.$$

3. 设 p 为奇素数，且 $p\equiv 2\pmod 3$. 记集合
$$S=\{y^2-x^2-1 \mid x,y\in\mathbf{Z},0\leqslant x,y\leqslant p-1\}.$$
证明：S 中至多有 $p-1$ 个元素是 p 的倍数.

4. 设 $n,b_0\in\mathbf{N}^*$，$n\geqslant 2$，$2\leqslant b_0\leqslant 2n-1$. 数列 $\{b_i\}$ 定义如下：
$$b_{i+1}=\begin{cases}2b_i-1, & b_i\leqslant n,\\ 2b_i-2n, & b_i>n,\end{cases}\quad i=0,1,2,\cdots.$$
用 $p(b_0,n)$ 表示满足 $b_p=b_0$ 的最小下标 p.

(1) 对 $k\in\mathbf{N}^*$，求 $p(2,2^k)$ 和 $p(2,2^k+1)$ 的值；

(2) 证明：对任意 n 和 b_0，都有 $p(b_0,n)\mid p(2,n)$.

5. 求所有的两位数 $n=\overline{ab}$（这里 $a\geqslant 1$，$a,b\in\{0,1,2,\cdots,9\}$），使得对任意 $x\in\mathbf{Z}$，都有 $n\mid(x^a-x^b)$.

6. 设 $m\in\mathbf{N}^*$. 证明：若
$$(2^{m+1}+1)\mid(3^{2^m}+1),$$
则 $2^{m+1}+1$ 是一个素数.

7. 求所有的素数数组 (p,q,r)，使得
$$p\mid(q^r+1),\ q\mid(r^p+1),\ r\mid(p^q+1).$$

8. 设 p 为素数. 证明：集合 $\{pn+1\mid n\in\mathbf{N}^*\}$ 中存在无穷多个素数.

9. 证明：满足 3.1 节例 5 条件的素数 q 有无穷多个.

10. 设 p 为素数. 证明：若存在 $n\in\mathbf{N}^*$，使得
$$p\parallel(2^n-1),$$
则 $p\parallel(2^{p-1}-1)$.

11. 求所有的素数对 (p,q)，使得

$$pq \mid (5^p-2^p)(5^q-2^q).$$

12. 求所有的素数对(p,q)，使得

$$pq \mid (2^p+2^q).$$

13. 设 n 是大于 1 的奇数. 证明：对任意 $m\in \mathbf{N}^*$，都有

$$n \nmid (m^{n-1}+1).$$

14. 设 n 是大于 1 的整数. 证明：下述命题等价.

(1) 对任意 $a\in \mathbf{N}^*$，都有 $n\mid (a^n-a)$；

(2) 对 n 的任意素因子 p，都有 $p^2\nmid n$，且$(p-1)\mid (n-1)$.

15. 考虑已分解好素因数的正整数

$$n=p_1^{\alpha_1}p_2^{\alpha_2}\cdots p_k^{\alpha_k},$$

这里 $p_1<p_2<\cdots<p_k$ 都为素数，$\alpha_i\in \mathbf{N}^*$，$i=1,2,\cdots,k$，m 是一个正整数. 证明：下述命题等价.

(1) 同余方程 $x^m\equiv a(\bmod n)$对任意 $a\in \mathbf{N}^*$ 有解；

(2) $\alpha_1=\alpha_2=\cdots=\alpha_k=1$，且对 $1\leqslant i\leqslant k$，都有$(m,p_i-1)=1$.

16. 设 p 为素数. 证明：存在 $p-1$ 个整数 $a_1,a_2,\cdots,a_{p-1}$，使得数

$$a_i+a_j(1\leqslant i\leqslant j\leqslant p-1)$$

对模 $\varphi(p^2)$两两不同余.

17. 设 p 为一个奇素数，$f(x_1,x_2,\cdots,x_n)$是一个次数小于 n 的 n 元整系数多项式. 证明：满足下述条件

(1) $0\leqslant x_i\leqslant p-1$，$i=1,2,\cdots,n$；

(2) $f(x_1,x_2,\cdots,x_n)\equiv 0\ (\bmod p)$

的整数组$(x_1,x_2,\cdots,x_n)$的组数是 p 的倍数.

18. 设 p 为素数，且 $p\equiv 1(\bmod 12)$. 求满足：

(1) $a,b,c,d\in\{0,1,2,\cdots,p-1\}$；

(2) $a^2+b^2\equiv c^3+d^3(\bmod p)$

的数组(a,b,c,d)的组数.

19. 斐波那契数列$\{F_n\}$定义如下：

$$F_1=F_2=1,F_{n+2}=F_{n+1}+F_n,n=1,2,\cdots.$$

证明：对任意素数 p，数 F_{p-1}是数列$\{F_n\}$中第一个能被 p 整除的数的充要条件是：存在模 p 的原根 r，使得

$$(r+1)(r+2)\equiv 1(\bmod p).$$

第四讲 不定方程

不定方程是数论中一个古老的分支. 早在 1700 多年前,古希腊数学家丢番图(Diophantus)就对不定方程作过许多研究,因而英文著作中大都将不定方程称为**丢番图方程**.

未知数个数大于方程个数,且取整数值的方程(或方程组)称为不定方程(或不定方程组). 判断其是否有解,及有解时求出所有解的过程即为解不定方程(组).

4.1 一次不定方程(组)

知识桥

形如 $ax+by=c(a,b,c\in\mathbf{Z},ab\neq 0)$ 的方程称为二元一次不定方程.

定理 1 不定方程

$$ax+by=c \tag{1}$$

有整数解的充要条件是 $(a,b)\mid c$.

证明 必要性是显然的. 下面证明充分性.

设 $(a,b)=d,a=a_1d,b=b_1d,c=c_1d$,于是(1)式为

$$a_1x+b_1y=c_1,\ (a_1,b_1)=1.$$

因 $(a_1,b_1)=1$,由贝祖定理知,存在整数 x_0',y_0',使得

$$a_1x_0'+b_1y_0'=1,$$

所以

$$a_1(c_1x_0')+b_1(c_1y_0')=c_1.$$

从而 $x_0=c_1x_0',y_0=c_1y_0'$ 就是(1)的整数解.

定理 2 设 x_0, y_0 是方程 $ax+by=c$ 的一组整数解，则此方程的一切整数解可表示为

$$\begin{cases} x=x_0+\dfrac{b}{(a,b)}t, \\ y=y_0-\dfrac{a}{(a,b)}t, \end{cases} t\in\mathbf{Z}. \tag{2}$$

证明 因 x_0, y_0 是一组解，所以 $ax_0+by_0=c$. 因此

$$a\left(x_0+\frac{b}{(a,b)}t\right)+b\left(y_0-\frac{a}{(a,b)}t\right)=ax_0+by_0=c,$$

这表明 $x=x_0+\dfrac{b}{(a,b)}t, y=y_0-\dfrac{a}{(a,b)}t$ 是方程的解.

设 x', y' 是方程的任一整数解，则有

$$ax'+by'=c.$$

把它与原方程相减，得

$$a(x'-x_0)=-b(y'-y_0),$$

所以

$$\frac{a}{(a,b)}\,\Big|\,(y'-y_0).$$

令 $y'-y_0=-\dfrac{a}{(a,b)}t$，得 $x'-x_0=\dfrac{b}{(a,b)}t$. 所以

$$x'=x_0+\frac{b}{(a,b)}t,\ y'=y_0-\frac{a}{(a,b)}t.$$

因此 x', y' 可表示为(2)的形式，从而命题得证.

这两个定理同时给出了求解二元一次不定方程的整数解的一般方法.

对于多元一次不定方程

$$a_1x_1+a_2x_2+\cdots+a_nx_n=c\ (n\geqslant 3)$$

有类似的结论，即有整数解的充要条件是 $(a_1, a_2, \cdots, a_n)\mid c$. 这里 $a_i, c\in\mathbf{Z}$，且 $a_1a_2\cdots a_n\neq 0$.

训练营

例 1 将属于$[0,1]$之间分母不超过 99 的最简分数从小到大排

列，求与$\frac{17}{76}$相邻的两个数.

解

设 $x,y\in\mathbf{N}^*$，$(x,y)=1$，且$\frac{x}{y}$是上述排列中$\frac{17}{76}$左边的数，则

$$\frac{17}{76}-\frac{x}{y}=\frac{17y-76x}{76y}>0.$$

注意到 $17y-16x$ 为整数，所以 $17y-76x\geqslant 1$.

下面先求不定方程

$$17y-76x=1 \tag{3}$$

满足 $1\leqslant y\leqslant 99$ 的正整数解(x,y).

我们可以利用下面的方法来求(3)的一个特解：

$$y=4x+\frac{8x+1}{17}\in\mathbf{Z},$$

试算可知$(x,y)=(2,9)$是一个特解. 所以(3)的全部整数解为

$$\begin{cases}x=2+17t,\\ y=9+76t,\end{cases}\quad t\in\mathbf{Z}.$$

满足(3)的正整数解中，$(x,y)=(19,85)$是符合 $1\leqslant y\leqslant 99$ 且 y 最大的解，而此时 $y=85>\frac{99}{2}$，所以与$\frac{17}{76}$相邻的两个数中左边那个是$\frac{19}{85}$.

类似可知，所求的右边那个数为$\frac{15}{67}$.

点评 对一次不定方程求解可以用辗转相除法、同余及试算等方法来寻找其特解.

例 2 求方程 $3x+7y+16z=40$ 的全部整数解.

解

由于$(3,7)=1$，故方程有解.

令 $3x+7y=t$，这可以看做二元一次不定方程，它的通解是

$$x=-2t+7u,\ y=t-3u.$$

另一方面，$t+16z=40$ 的通解为

$$t=40-16v,\ z=v.$$

所以，原方程所有的解为

$$x=-80+32v+7u,\ y=40-16v-3u,\ z=v,$$

其中 u,v 是任意整数.

点评 引入变量，转化为求解二元一次不定方程，是解多元一次不定方程的基本思路.

一般而言，一个 $n(\geqslant 2)$ 元一次不定方程有解时，其解中的自由变量有 $n-1$ 个.

例 3 设 $a,b,c\in\mathbf{N}^*$，$(a,b)=1$. 证明：当 $c>ab-a-b$ 时，方程

$$ax+by=c \tag{4}$$

有非负整数解；而当 $c=ab-a-b$ 时，方程(4)没有非负整数解.

证明 由于 $(a,b)=1$，故方程 $ax+by=c$ 有整数解，设其解为

$$x=x_0+bt,\ y=y_0-at\ (t\text{ 是整数}).$$

取适当的 t，使得 $0\leqslant x\leqslant b-1$（只需在 x_0 上加上或减去若干个 b，即可得到这样的 t），则当 $c>ab-a-b$ 时，有

$$\begin{aligned}by&=c-ax>ab-a-b-ax\\&\geqslant ab-a-b-a(b-1)=-b,\end{aligned}$$

于是 $y>-1$，故 $y\geqslant 0$ 也是非负整数.

当 $c=ab-a-b$ 时，若(4)有非负整数解 (x,y)，则

$$ax+by=ab-a-b\Rightarrow ab=a(x+1)+b(y+1).$$

由于 $(a,b)=1$，所以

$$a\mid(y+1),\ b\mid(x+1),$$

于是有

$$a\leqslant y+1,\ b\leqslant x+1.$$

所以

$$ab=a(x+1)+b(y+1)\geqslant ab+ab=2ab,$$

矛盾. 命题获证.

点评 此题亦可换一种提法：求最小的 $c_0\in\mathbf{N}^*$，使得对任意的 $c>c_0$，方程(4)有非负整数解. 这时答案为 $c_0=ab-a-b$.

上面的例子说明对非负整数 c 而言，只有当 $c\in[0,ab-a-b]$ 时，方程(4)才有可能没有非负整数解. 那么有多少个非负整数 c 使得(4)没有非负整数解呢？

例 4 设 a，$b\in\mathbf{N}^*$. 证明：在区间 $[0,ab-a-b]$ 中，恰有 $\frac{1}{2}(a-1)\cdot(b-1)$ 个整数 c 不能表示为 $ax+by$ 的形式，这里 x，y 都为非负整数.

证明 记

$$I=\{n\mid 0\leqslant n\leqslant ab-a-b,n\in\mathbf{Z}\},A=ab-a-b,$$

并称能写成 $ax+by(x,y\geqslant 0,x,y\in\mathbf{Z})$ 的数为可表示的，否则为不可表示的.

显然，I 中共有

$$ab-a-b+1=(a-1)(b-1)$$

个整数，从而仅需证明可表示的数的个数等于不可表示的数的个数，即证明：对任意的 $n\in I$，n 与 $A-n$ 中仅有一个是可表示的.

首先，n 与 $A-n$ 不能都是可表示的. 否则，$A=n+(A-n)$ 也是可表示的，与例 3 的结论矛盾.

其次，若 n 是不可表示的，则 $A-n$ 是可表示的. 因为若 n 是不可表示的，则适合

$$n=ax+by$$

的整数 x，y 中恰有一个是负的. 不妨设 $x<0$，$y>0$. 这时我们可以选择适当的 $t\in\mathbf{Z}$，使得 $y-at\in[0,a)$，$x+bt<0$（否则 n 是可表示的）. 这说明，存在 $x<0$，$0\leqslant y<a$，使得 $n=ax+by$. 所以

$$\begin{aligned}A-n&=ab-a-b-ax-by\\&=a(-x-1)+b(a-1-y),\end{aligned}$$

显然 $-x-1\geqslant 0$，$a-1-y\geqslant 0$，于是 $A-n$ 是可表示的.

综上所述,知命题成立.

例 5 对怎样的 $n\in \mathbf{N}^*$, $n\geqslant 5$,可以对一个正 n 边形的顶点进行染色,使得所用的颜色数不超过 6,而且任意连续 5 个顶点的颜色各不相同?

解 设颜色为 a,b,c,d,e,f. 定义数列 A: a,b,c,d,e 及数列 B: a,b,c,d,e,f.

如果存在非负整数 x,y,使得 $n=5x+6y$,那么对正 n 边形的顶点先依次染出 y 个数列 B,然后紧跟 x 个数列 A,则该 n 边形任意连续 5 个点各不同色.

利用例 3 的结论可知,当 $n\geqslant 5\times 6-(5+6)+1=20$ 时,不定方程 $n=5x+6y$ 总有非负整数解. 在 $5\leqslant n\leqslant 19$ 时,直接计算可知仅当 $n\in\{7,8,9,13,14,19\}$ 时,不定方程 $n=5x+6y$ 没有非负整数解.

另一方面,对 $n\in\{7,8,9,13,14,19\}$,都存在 $k\in \mathbf{N}^*$,使得 $6k<n<6(k+1)$. 因此,必有一种颜色的点出现 $k+1$ 次. 而这 $k+1$ 个同色点两两之间至少相隔 4 个点,所以,应有

$$n\geqslant 5(k+1).$$

现在,

当 $n\in\{7,8,9\}$ 时,$k=1$,要求 $n\geqslant 10$,矛盾.

当 $n\in\{13,14\}$ 时,$k=2$,要求 $n\geqslant 15$,矛盾.

当 $n=19$ 时,$k=3$,要求 $n\geqslant 20$,亦矛盾.

综上可知,当 $n\geqslant 5$ 时,除集合 $\{7,8,9,13,14,19\}$ 中的数外,其余的正整数均符合要求.

例 6 设 a,b,c 是正整数,$(a,b,c)=1$,又设 $(a,b)=d$. 证明:当

$$n>\frac{ab}{d}+cd-a-b-c$$

时,方程 $ax+by+cz=n$ 有非负整数解 (x,y,z).

证明 由 $(a,b,c)=1$,知 $(c,d)=1$,方程

$$cz+dt=n$$

有整数解.类似于例 3 的证明,我们可以使 $cz+dt=n$ 的解中,$0\leqslant z<d$.这样,当 $n>\frac{ab}{d}+cd-a-b-c$ 时,

$$t=\frac{n-cz}{d}\geqslant\frac{n-c(d-1)}{d}>\frac{ab}{d^2}-\frac{a}{d}-\frac{b}{d}.$$

设 $a=da_1$,$b=db_1$,则

$$(a_1,b_1)=1,t>a_1b_1-a_1-b_1.$$

由例 3 可知,方程 $a_1x+b_1y=t$ 有非负整数解.

综合以上两点,容易得到方程 $ax+by+cz=n$ 在 $n>\frac{ab}{d}+cd-a-b-c$ 时,有非负整数解.

例 7 设 $p_1,p_2,\cdots,p_n$ 是 $n(\geqslant 2)$ 个两两互素的正整数,记

$$\pi_i=\frac{p_1p_2\cdots p_n}{p_i},i=1,2,\cdots,n.$$

求最大的正整数 m,使得不定方程

$$\pi_1x_1+\pi_2x_2+\cdots+\pi_nx_n=m \tag{5}$$

没有非负整数解.

解

记 $M=(n-1)p_1p_2\cdots p_n-\sum_{i=1}^{n}\pi_i$,我们证明所求最大正整数为 M.

事实上,若存在非负整数 $x_1,x_2,\cdots,x_n$,使得

$$\pi_1x_1+\pi_2x_2+\cdots+\pi_nx_n=M, \tag{6}$$

对(6)式两边取模 p_i,则

$$\pi_ix_i\equiv M\equiv-\pi_i \pmod{p_i},$$

即 $p_i\mid(x_i+1)\pi_i$,$1\leqslant i\leqslant n$.

利用 $p_1,p_2,\cdots,p_n$ 两两互素及 π_i 的定义,可知 $(p_i,\pi_i)=1$,所以,$p_i\mid(x_i+1)$.而 $x_i+1\in\mathbf{N}^*$,因此 $x_i+1\geqslant p_i$,即 $x_i\geqslant p_i-1$.这表明应有(由(6)式)

$$M=\sum_{i=1}^{n} x_i\pi_i \geqslant \sum_{i=1}^{n}(p_i-1)\pi_i = np_1p_2\cdots p_n-\sum_{i=1}^{n}\pi_i,$$

与 M 的定义矛盾.

另一方面,若 $m>M$,我们证明(5)有非负整数解.

注意到,$(\pi_1,\pi_2,\cdots,\pi_n)=1$,故(5)有整数解$(x_1,x_2,\cdots,x_n)$. 与例 3 类似,由于$(x_1\pm p_1,\cdots,x_i\pm p_i,\cdots,x_n+yp_n)$,$y$ 是某个整数也是(5)的解,因此,可以假设 $0\leqslant x_i\leqslant p_i-1$,$i=1,2,\cdots,n-1$. 这时

$$M<m=\sum_{i=1}^{n} x_i\pi_i \leqslant \sum_{i=1}^{n-1}(p_i-1)\pi_i + x_n\pi_n.$$

结合 M 的定义,可得

$$x_n\pi_n > -\pi_n,$$

即$(x_n+1)\pi_n>0$. 因此,$x_n>-1$,得 $x_n\geqslant 0$. 所以,$m>M$ 时,(5)有非负整数解.

综上可知,所求最大正整数为

$$M=p_1p_2\cdots p_n\left((n-1)-\sum_{i=1}^{n}\frac{1}{p_i}\right).$$

点评 一般地,设 $a_1,a_2,\cdots,a_n\in\mathbf{N}^*$,$(a_1,a_2,\cdots,a_n)=1$,则存在最大的正整数 m,使得不定方程

$$a_1x_1+a_2x_2+\cdots+a_nx_n=m$$

没有非负整数解.

遗憾的是,当 $n\geqslant 3$ 时,人们还没有找到那个最大的正整数,本例的结论只是这个一般性问题的一个特殊情况.

例 8 方程组

$$\begin{cases} a_{11}x_1+a_{12}x_2+\cdots+a_{1q}x_q=0,\\ a_{21}x_1+a_{22}x_2+\cdots+a_{2q}x_q=0,\\ \cdots\\ a_{p1}x_1+a_{p2}x_2+\cdots+a_{pq}x_q=0 \end{cases}$$

中，$q=2p$，$a_{ij}\in\{-1,0,1\}(1\leqslant i\leqslant p,1\leqslant j\leqslant q)$. 证明：这个方程组必有满足下列条件的整数解$(x_1,x_2,\cdots,x_q)$：

(1) $x_1,x_2,\cdots,x_q$ 不全为 0；

(2) 对所有的 $j(1\leqslant j\leqslant q)$，$|x_j|\leqslant q$.

证明 这是一个解的存在性问题，考虑运用抽屉原则来证明. 设

$$b_i=a_{i1}y_1+a_{i2}y_2+\cdots+a_{iq}y_q,\ i=1,2,\cdots,p,$$

其中 $y_i\in\mathbf{Z}$，$0\leqslant y_i\leqslant q$，$i=1,2,\cdots,q$.

考虑到每个 y_i 有 $q+1$ 种选择，从而$(y_1,y_2,\cdots,y_q)$有$(q+1)^q$ 个，且两两不同，相应的$(b_1,b_2,\cdots,b_p)$也就有$(q+1)^q$ 个.

另一方面，换一个角度来计算$(b_1,b_2,\cdots,b_p)$的不同种数. 设 r_i 为 $a_{i1},a_{i2},\cdots,a_{iq}$ 中$+1$ 的个数，则其中-1 的个数不超过 $q-r_i$ 个. 于是

$$(r_i-q)q\leqslant b_i\leqslant r_iq.$$

这样，b_i 至多能取

$$r_iq-(r_i-q)q+1=q^2+1$$

个不同的值. 从而$(b_1,b_2,\cdots,b_p)$至多有$(q^2+1)^p$ 种(且互不相同).

由 $q=2p$，知

$$(q+1)^q=(q+1)^{2p}=(q^2+2q+1)^p>(q^2+1)^p.$$

根据抽屉原则，存在

$$(y_1',y_2',\cdots,y_q')\neq(y_1'',y_2'',\cdots,y_q''),$$

它们产生的$(b_1,b_2,\cdots,b_p)$是相同的. 令

$$x_j=y_j'-y_j''\ (j=1,2,\cdots,q),$$

则 $x_1,x_2,\cdots,x_q$ 不全为零，并且

$$|x_j|=|y_j'-y_j''|\leqslant q,$$

其中 $j=1,2,\cdots,q$. 进一步，对所有的 $i(1\leqslant i\leqslant p)$，有

$$\begin{aligned}&a_{i1}x_1+a_{i2}x_2+\cdots+a_{iq}x_q\\=&a_{i1}(y_1'-y_1'')+a_{i2}(y_2'-y_2'')+\cdots+a_{iq}(y_q'-y_q'')\\=&\sum_{k=1}^{q}a_{ik}y_k'-\sum_{k=1}^{q}a_{ik}y_k''\\=&b_i-b_i=0.\end{aligned}$$

于是，x_1，x_2，…，x_q 就是满足要求的解.

点评 此例借助不定方程组的表述方式，本质上是一个组合问题，它用到著名的"计数证明"的方法.

4.2 勾股方程

知识桥

二次以上的不定方程没有统一的方法求出其通解，我们只就其中一些特殊的二次不定方程作一些讨论.

勾股方程是由勾股定理引出的一个不定方程，它是指

$$x^2+y^2=z^2. \tag{1}$$

注意到，若整数组(x,y,z)是(1)的解，则$(\pm x,\pm y,\pm z)$也是(1)的解，因此，我们只需讨论(1)的正整数解. 而(1)的正整数解对应到一个直角三角形的三边长，所以，我们称(1)的正整数解为勾股数.

对于方程(1)，如果$(x,y)=d$，则$d^2\mid z^2$，即$d\mid z$. 这样可以在(1)的两边约去d. 所以讨论(1)的解时，仅需对$(x,y)=1$进行讨论. 容易证明，此时x,y,z实际上是两两互素的. 这种两两互素的勾股数(x,y,z)，称为(1)的**本原解**或**本原勾股数**.

为讨论方程(1)的全部本原解，我们先看一个关于勾股数的性质.

训练营

例1 设(x,y,z)是方程(1)的任意一组正整数解，证明：$60\mid xyz$.

证明 因为$60=3\times4\times5$，且3,4,5两两互素，故只要证明xyz能分别被3,4,5整除即可.

易知$x^2,y^2,z^2\equiv0,1 \pmod 3$. 对方程(1)两边取mod 3，如果$x^2$，$y^2$都$\equiv1 \pmod 3$，则

$$2\equiv0\text{ 或 }1 \pmod 3,$$

矛盾. 所以x^2,y^2中必有一个，不妨设为x^2，满足

$$x^2\equiv0 \pmod 3,$$

即 $3|x^2$，故 $3|x$，$3|xyz$.

类似地，对方程(1)两边取 mod 5. 由于 $x^2,y^2,z^2\equiv 0,\pm 1 \pmod 5$，如果它们都不是 5 的倍数，那么

$$(1)\text{的左边}\equiv 0,\pm 2 \pmod 5,\text{右边}\equiv \pm 1 \pmod 5,$$

矛盾. 所以 $5|x^2y^2z^2$，即 $5|xyz$.

由方程(1)知，x,y,z 中至少有一个是偶数，如果有两个偶数，则 $4|xyz$. 否则，恰有一个是偶数. 此时，z 不能为偶数(否则对(1)取 mod 4，将有 $2\equiv 0 \pmod 4$，矛盾). 于是 x,y 一奇一偶. 不妨设 $2|y$. 此时对(1)取 mod 8，将有

$$1+y^2\equiv 1 \pmod 8,$$

于是，$8|y^2$，从而 $4|y$. 故 $4|xyz$.

综上所述可知，命题成立.

知识桥

利用上述例子，可知方程(1)的本原解中，x,y 必为一奇一偶，不妨设 $2|y$. 这时，(1)的全部本原解可以从下面的定理中获得.

定理 不定方程(1)满足

$$(x,z)=1,\ x>0,\ y>0,\ z>0,\ 2|y \tag{2}$$

的全部整数解 (x,y,z) 可表示成

$$x=a^2-b^2,\ y=2ab,\ z=a^2+b^2, \tag{3}$$

其中 a,b 为满足 $a>b>0$，a,b 一奇一偶，且 $(a,b)=1$ 的任意整数.

证明 定理包含两部分内容. 其一，当 a,b 满足条件时，由(3)给出的 (x,y,z) 是(1)的解且满足(2)；其二，对于(1)的任一组满足(2)的解 (x,y,z)，一定可以找到满足题意的 a,b，使得 x,y,z 可以表示成(3)的形式.

注意到：

$$(a^2-b^2)^2+(2ab)^2=(a^2+b^2)^2,$$

知(3)给出的 (x,y,z) 是(1)的解. 下面验证它们满足(2).

$x,y,z>0$ 及 $2|y$ 是显然的. 若 $(x,z)=d$，则 $d|x$，$d|z$，即

$$d\mid(a^2-b^2),\ d\mid(a^2+b^2).$$

从而 $d\mid 2a^2, d\mid 2b^2$，故 $d\mid 2(a^2,b^2)$. 由 $(a,b)=1$，知 $(a^2,b^2)=1$，从而 $d\mid 2$. 但 a,b 一奇一偶，故 x 为奇数，所以 $d=1$.

另一方面，设 (x,y,z) 是(1)的任意一组满足(2)的整数解. 因 y 为偶数，故 x，z 为奇数，且 $(x,z)=1$. 此时 $\frac{z-x}{2}$，$\frac{z+x}{2}$ 都是整数，并且有

$$\left(\frac{z-x}{2},\frac{z+x}{2}\right)=\left(\frac{z-x}{2}+\frac{z+x}{2},\frac{z+x}{2}\right)=\left(z,\frac{z+x}{2}\right)$$
$$=(z,z+x)=(z,x)=1.$$

由(1)得 $\frac{z-x}{2}\cdot\frac{z+x}{2}=\left(\frac{y}{2}\right)^2$，所以 $\frac{z-x}{2}$，$\frac{z+x}{2}$ 都是完全平方数，即存在整数 $a>b>0$，使得

$$\frac{z+x}{2}=a^2,\ \frac{z-x}{2}=b^2,\ \frac{y}{2}=ab.$$

这时显然有 $x=a^2-b^2, y=2ab, z=a^2+b^2$. 又由于 z 是奇数，故 a，b 一奇一偶，并且

$$(a^2,b^2)=\left(\frac{z-x}{2},\frac{z+x}{2}\right)=1,$$

故 $(a,b)=1$. 证毕.

由此定理不难得到方程(1)的全部正整数解.

下面我们来看看勾股数的一些应用.

训练营

例 2 证明：对于每个正整数 n，存在 n 个(互不全等的)直角三角形，它们的周长相等.

证明 由定理不难得到，存在无穷多个互不相似的直角三角形(容易证明任意两个本原解确定的三角形不相似). 从中任取 n 个，设边长为 a_k,b_k,c_k $(0<a_k<b_k<c_k, k=1,2,\cdots,n)$. 令

$$s_k=a_k+b_k+c_k,\ s=s_1s_2\cdots s_n.$$

取

$$x_k=\frac{a_k}{s_k}\cdot s,\ y_k=\frac{b_k}{s_k}\cdot s,\ z_k=\frac{c_k}{s_k}\cdot s\ (k=1,2,\cdots,n),$$

则 x_k,y_k,z_k 都是正整数，且对 $k=1,2,\cdots,n$，显然有

$$x_k^2+y_k^2=z_k^2,\ x_k+y_k+z_k=s,$$

故这 n 个直角三角形(x_k,y_k,z_k)的周长相等.

另一方面，由于我们所取的直角三角形互不相似，因此我们所作出的 n 个直角三角形互不全等. 证毕.

例 3 对每一个正整数 n，问：有多少个本原直角三角形，使得其面积(数值)等于周长的 n 倍?

解 设本原直角三角形的三边长为 x,y,z，则 x,y 一奇一偶，不妨设 $2\mid y$. 由定理知存在 $u,v\in\mathbf{N}^*$，$(u,v)=1$，u,v 一奇一偶，使

$$x=u^2-v^2,\ y=2uv,\ z=u^2+v^2.$$

由条件应有 $\frac{1}{2}xy=n(x+y+z)$，即

$$uv(u^2-v^2)=n(2u^2+2uv),$$

故

$$v(u-v)=2n. \tag{4}$$

设 n 的标准分解式为 $n=2^r p_1^{\alpha_1}p_2^{\alpha_2}\cdots p_k^{\alpha_k}$，其中 $p_1,p_2,\cdots,p_k$ 为 n 的奇素因子.

由于 u,v 一奇一偶，故 $u-v$ 为奇数. 由(4)知 v 为偶数. 另外，

$$(u,v)=1,$$

所以$(u-v,v)=1$，由(4)可知

$$2^{r+1}\mid v.$$

设 $v=2^{r+1}A$，$u-v=B$，则由(4)及上述讨论知，$p_i^{\alpha_i}\mid A$，$p_i\mid A$ 与 $p_i^{\alpha_i}\mid B$，$p_i\mid B$ 中只能有一种情况出现，而且一定有一种情况出现(其中 $i=1,2,\cdots,k$). 故 v 与 $u-v$ 的取值情况有且只有 2^k 种.

综上所述，满足条件的直角三角形有且只有 2^k 个，其中 k 是 n 的奇素因子的个数.

点评 由此题立即得到面积为周长的 2 的幂次倍的本原直角三角形的个数均只有一个. 当 $n=1,2$ 时，它们是 $(5,12,13)$，$(9,40,41)$.

例 4 证明：存在无穷多个正整数的三元数组 (a,b,c)，使得 a^2+b^2，a^2+c^2，b^2+c^2 都是完全平方数.

证明 我们利用勾股数来构造. 任取一组勾股数 (x,y,z)（不必是本原的）. 令

$$a=x|4y^2-z^2|,\ b=y|4x^2-z^2|,\ c=4xyz,$$

则有

$$\begin{aligned} a^2+b^2 &= x^2(3y^2-x^2)^2+y^2(3x^2-y^2)^2 \\ &= x^6+3x^2y^4+3x^4y^2+y^6 \\ &= (x^2+y^2)^3=(z^3)^2, \\ a^2+c^2 &= x^2(4y^2+z^2)^2, \\ b^2+c^2 &= y^2(4x^2+z^2)^2. \end{aligned}$$

由于勾股数有无穷多组，从而符合条件的三元数组有无穷多组.

特别地，当 $x=3,y=4,z=5$ 时，得出 $a=117,b=44,c=240$，并且

$$117^2+44^2=125^2,117^2+240^2=267^2,44^2+240^2=244^2.$$

点评 此例的几何意义是明显的，即存在无穷多个棱长都是整数且有 3 条自同一顶点引出的棱两两垂直的四面体. 但关于长方体的类似命题是否成立现在还是一个谜，即不知是否存在正整数 x,y,z，使得 x^2+y^2，y^2+z^2，z^2+x^2，$x^2+y^2+z^2$ 都是完全平方数.

勾股方程是一个非常有名的不定方程,由它引出的费马最后定理(又称费马大定理)困扰人类长达 358 年之久,这里我们只讨论下面的方程.

例 5 证明:不定方程 $x^4+y^4=z^2$ 没有使得 $xyz\neq 0$ 的整数解.

证明 若方程有一组使 $xyz\neq 0$ 的解,不妨设 $x,y,z\in\mathbf{N}^*$,且 $(x,y)=1$. 进一步还不妨设 y 为偶数(易知 x,y 一奇一偶),并设 z 是方程的所有正整数解中使 z 最小的正整数. 于是,存在 $m,n\in\mathbf{N}^*$,$(m,n)=1$ 且 m,n 一奇一偶,$m>n$,使得

$$x^2=m^2-n^2,\ y^2=2mn,\ z=m^2+n^2.$$

由 x 为奇数,知 m 为奇数,n 为偶数. 于是,存在 $p,q\in\mathbf{N}^*$,使得 $p>q$,$(p,q)=1$ 且 p,q 一奇一偶,满足

$$x=p^2-q^2,\ n=2pq,\ m=p^2+q^2.$$

这样,$y^2=4pq(p^2+q^2)$. 由 $(p,q)=1$,易知

$$(p,p^2+q^2)=(q,p^2+q^2)=1,$$

即 $(pq,p^2+q^2)=1$. 从而存在 $r,s\in\mathbf{N}^*$,使得

$$p=r^2,\ q=s^2,\ p^2+q^2=z_1^2,\ (r,s)=1,$$

所以,(r,s,z_1) 是原方程的正整数解. 但 $z_1<z$,与 z 的最小性矛盾.

所以,原方程没有使 $xyz\neq 0$ 的整数解.

点评 这里采用的证明方法称为"无穷递降法",它是最小数原理的一个推论,其逻辑结构如下:对关于正整数 n 的命题 $p(n)$,如果从 $p(n)$ 成立都能推出对某个小于 n 的正整数 m 有 $p(m)$ 成立,那么对一切正整数 n,都有 $p(n)$ 不成立.

运用无穷递降法处理问题的表述形式经常采用本例中给出的写法,它在处理许多数论问题时经常用到.

下面通过几个例子,让我们一起来熟悉无穷递降法的功效.

例 6 设正整数 a,b 满足 $ab>1$. 求代数式

$$f(a,b)=\frac{a^2+ab+b^2}{ab-1}$$

所能取到的所有正整数的值.

解 设 $a,b\in\mathbf{N}^*$ 满足 $ab>1$,且使得

$$f(a,b)=\frac{a^2+ab+b^2}{ab-1}=k\in\mathbf{N}^*,$$

同时满足:$a\geqslant b$ 并且 b 是其中最小的正整数.

依此可知,关于 x 的一元二次方程

$$x^2+bx+b^2-k(bx-1)=0$$

即

$$x^2+(1-k)bx+b^2+k=0\tag{5}$$

有一个解为 a. 设其另一个解为 $\overline{a}$,则由韦达定理可知

$$\overline{a}=(k-1)b-a\in\mathbf{Z}.$$

又 $a\cdot\overline{a}=b^2+k>0$,故 $\overline{a}\in\mathbf{N}^*$.

利用 $\overline{a}$ 是(5)的解,可知 $f(\overline{a},b)=k$,又 f 关于 a,b 对称,因此,$f(b,\overline{a})=k$. 结合 $\overline{a},b\in\mathbf{N}^*$ 及 b 的最小性,我们有

$$\overline{a}=\frac{b^2+k}{a}\geqslant b,$$

这表明

$$\frac{a+b+b^3}{ab-1}\geqslant b.\tag{6}$$

如果 $a=b$,那么 $k=\dfrac{3a^2}{a^2-1}=3+\dfrac{3}{a^2-1}$,故

$$(a^2-1)\mid 3,$$

这表明 $a^2-1=1$ 或 3,解得 $a=2$,从而 $b=2$,$k=4$.

如果 $a>b$,我们对 b 的值予以分类讨论.

(1) 若 $b\geqslant 4$,则

$$\begin{aligned}&(ab-1)b-(a+b+b^3)=a(b^2-1)-(b^3+2b)\\&\geqslant(b+1)(b^2-1)-(b^3+2b)=b^2-3b-1\\&=(b-2)(b-1)-3>0.\end{aligned}$$

这与(6)式矛盾,不符合要求.

(2) 若 $b=3$，则

$$(ab-1)b-(a+b+b^3)=3(3a-1)-(a+3+27)$$
$$=8a-33.$$

此时，如果 $a\geqslant 5$，那么 $8a-33>0$，与(6)式矛盾. 因此，$a=4$，导致 $k=\frac{37}{11}$，不符合条件.

(3) 若 $b=2$，则 $k=\frac{a^2+2a+4}{2a-1}\in\mathbf{N}^*$，故

$$\frac{4a^2+8a+16}{2a-1}\in\mathbf{N}^*,$$

即

$$2a+5+\frac{21}{2a-1}\in\mathbf{N}^*.$$

所以，$(2a-1)\mid 21$，于是 $a\in\{1,2,4,11\}$，结合 $a>b$，知 $a\in\{4,11\}$，得到 $k\in\{4,7\}$.

(4) 若 $b=1$，则

$$k=\frac{a^2+a+1}{a-1}=a+2+\frac{3}{a-1}\in\mathbf{N}^*,$$

从而 $(a-1)\mid 3$，故 $a\in\{2,4\}$，得 $k=7$.

综上可知，$f(a,b)$ 所能取到的正整数为 4 或 7.

例 7 正整数 a,b,c 满足：

$$0<a^2+b^2-abc\leqslant c+1.$$

证明：数 a^2+b^2-abc 是一个完全平方数.

证明 设 a,b,c 是满足条件的正整数，记

$$a^2+b^2-abc=t, \tag{7}$$

并设 a,b 是(7)式中固定 c,t 时，使得 $a+b$ 最小的正整数.

由对称性，不妨设 $a\geqslant b$. 由于 a 为一元二次方程

$$x^2-bcx+b^2-t=0 \tag{8}$$

的一个正整数解，设 $\bar{a}$ 是(8)的另一个解，则由韦达定理可知

$$\bar{a}=bc-a\in\mathbf{Z}.$$

如果 t 不是一个完全平方数,则

$$a\cdot\overline{a}=b^2-t\neq 0,$$

从而$\overline{a}\neq 0$.

现在若$\overline{a}\in\mathbf{N}^*$,则在固定 c,t 时,$(\overline{a},b)$与$(b,\overline{a})$都符合(7)式. 由 $a+b$ 的最小性,应有

$$\overline{a}+b\geqslant a+b\Rightarrow\overline{a}\geqslant a,$$

即$\dfrac{b^2-t}{a}\geqslant a$,导致 $b^2-t\geqslant a^2$,与 $a\geqslant b$ 矛盾. 所以$\overline{a}\notin\mathbf{N}^*$. 结合$\overline{a}\neq 0$,可知 $\overline{a}\leqslant -1$,从而

$$\begin{cases}bc-a\leqslant -1,\\ b^2-t\leqslant -a.\end{cases}$$

进而,$t\geqslant b^2+a\geqslant b^2+bc+1>c+1$,与 $0<t\leqslant c+1$ 矛盾.

所以,$t=a^2+b^2-abc$ 是一个完全平方数.

例 8 设 c 为正整数,且 c 可以表示为 3 个有理数的平方和. 证明: c 可以表示为 3 个整数的平方和.

证明 先对问题作一个转化.

记 $f(x,y,z,w)=nx^2-y^2-z^2-w^2$,这里 $n\in\mathbf{N}^*$,$x,y,z,w\in\mathbf{Z}$. 则命题可以转化为:若 $f(x,y,z,w)=0$ 有使得 $x\neq 0$ 的整数解(x,y,z,w),则 $f(x,y,z,w)=0$ 有满足 $x=1$ 的整数解(x,y,z,w).

现设(x,y,z,w)是 $f(x,y,z,w)=0$ 中使得$|x|$最小的整数解(这里$|x|>0$).

若$|x|=1$,则命题已成立.

下面讨论$|x|>1$ 的情形. 为此,设

$$y=q_1x+r_1,\ z=q_2x+r_2,\ w=q_3x+r_3,$$

其中 $q_i,r_i\in\mathbf{Z}$,且$|r_i|\leqslant\dfrac{|x|}{2}$,$i=1,2,3$. 这是将 y,z,w 对 x 作带余除法后,取绝对值最小剩余得到的.

现在考察数组

$$(x',y',z',w')=\lambda(x,y,z,w)+\mu(1,q_1,q_2,q_3),$$

其中 $\lambda,\mu\in\mathbf{Z}$,λ,μ 待定(目的是使 $f(x',y',z',w')=0$),则

$$\begin{aligned}f(x',y',z',w')&=n(\lambda x+\mu)^2-(\lambda y+\mu q_1)^2-(\lambda z+\mu q_2)^2\\&\quad-(\lambda w+\mu q_3)^2\\&=2\lambda\mu(nx-yq_1-zq_2-wq_3)\\&\quad+\mu^2(n-q_1^2-q_2^2-q_3^2),\end{aligned}$$

这里用到 $nx^2-y^2-z^2-w^2=0$.

于是,我们取

$$\lambda=n-q_1^2-q_2^2-q_3^2,\mu=-2(nx-yq_1-zq_2-wq_3),$$

就有 $f(x',y',z',w')=0$. 此时,

$$\begin{aligned}x'&=\lambda x+\mu=x(n-q_1^2-q_2^2-q_3^2)-2(nx-yq_1-zq_2-wq_3)\\&=\frac{1}{x}(-x^2q_1-x^2q_2^2-x^2q_3^2-nx^2+2xyq_1+2xzq_2+2xwq_3)\\&=\frac{1}{x}(-(xq_1-y)^2-(xq_2-z)^2-(xq_3-w)^2\\&\quad+y^2+z^2+w^2-nx^2)\\&=\frac{1}{x}(-r_1^2-r_2^2-r_3^2).\end{aligned}$$

因此,

$$\begin{aligned}|x'|&=\frac{1}{|x|}(r_1^2+r_2^2+r_3^2)\leqslant\left(\frac{3}{4}|x|^2\right)\cdot\frac{1}{|x|}\\&=\frac{3}{4}|x|<|x|.\end{aligned}$$

如果 $r_1=r_2=r_3=0$,那么 $\left(1,\frac{y}{x},\frac{z}{x},\frac{w}{x}\right)$ 是 $f=0$ 的整数解;如果 r_1,r_2,r_3 不全为零,那么 $0<|x'|<|x|$,与 (x,y,z,w) 的取法中 $|x|$ 最小矛盾.

从而,$f(x,y,z,w)=0$ 有使 $x\neq0$ 的整数解时,总有一个使 $x=1$ 的整数解.

命题获证.

4.3 佩尔方程

知识桥

所谓**佩尔(Pell)方程**就是指形如

$$x^2-Dy^2=1 \tag{1}$$

的二元二次不定方程,其中 D 是整数.

有许多数论问题都可归结到佩尔方程的求解,佩尔方程解的性质是我们讨论一些数论问题的工具,在数学竞赛中经常要用到.

容易证明,当 $D<0$ 时,或者当 $D>0$ 但 D 是一个平方数时,方程(1)只有平凡解(x,y). 因此我们仅考虑 $D>0$ 且 D 不是平方数的情形.

定义 如果方程(1)有正整数解,设 $x_0(x_0>0)$,$y_0(y_0>0)$是方程(1)的所有正整数解中使 $x_0+\sqrt{D}y_0$ 最小的一组解,则称(x_0,y_0)是方程(1)的**最小解**(或**基本解**).

训练营

例 1 设(x_0,y_0)是方程(1)的最小解. 证明:对(1)的任一组正整数解(x,y),必有 $x_0\leqslant x$,$y_0\leqslant y$.

证明 先证明 $x_0\leqslant x$. 若 $x_0>x$,则由

$$x_0^2=Dy_0^2+1, x^2=Dy^2+1,$$

可得

$$Dy_0^2+1>Dy^2+1,$$

即 $y_0>y$,于是

$$x+y\sqrt{D}<x_0+y_0\sqrt{D}.$$

这与(x_0,y_0)是最小解矛盾.同理可证 $y_0\leqslant y$.

知识桥

定理1 方程(1)有无穷多组正整数解,其全部解可由它的基本解(x_0,y_0)依如下形式表示:

$$x+y\sqrt{D}=(x_0+y_0\sqrt{D})^n,$$

这里 n 为任意正整数,$x,y\in\mathbf{N}^*$.

定理的证明用到有理逼近的思想,需要应用如下的一些引理.

引理1 设 $\alpha(\alpha>1)$为无理数,则对任意的 $q>1,q\in\mathbf{N}^*$,存在正整数 x,y,使

$$|x-y\alpha|<\frac{1}{q}\ (0<y\leqslant q).\tag{2}$$

证明 注意到 $0,\{\alpha\},\{2\alpha\},\cdots,\{q\alpha\}$这 $q+1$ 个数都是区间$[0,1)$内的实数(这里$\{x\}=x-[x]$,表示 x 的小数部分),于是,由抽屉原则知,存在 $0\leqslant i<j\leqslant q$,使得$|\{i\alpha\}-\{j\alpha\}|<\frac{1}{q}$,即

$$|([j\alpha]-[i\alpha])-(j-i)\alpha|<\frac{1}{q}.$$

于是,取 $x=[j\alpha]-[i\alpha],y=j-i$,可知(2)成立.

推论1 设 $\alpha(\alpha>1)$为无理数,则存在无穷多对正整数(x,y),使得

$$|x-y\alpha|<\frac{1}{y}.\tag{3}$$

证明 由(2)知,存在 $x_1,y_1\in\mathbf{N}^*$,使(3)成立.取 $q_1>1$,使$\frac{1}{q_1}<|x_1-y_1\alpha|<\frac{1}{y_1}$(注意 α 为无理数,$|x_1-y_1\alpha|\neq0$,故这样的 q_1 存在).

利用引理1可知,存在 $x_2,y_2\in\mathbf{N}^*$,使得

$$|x_2-y_2\alpha|<\frac{1}{q_1}\leqslant\frac{1}{y_2}.$$

再取 $q_2>1$,使

$$\frac{1}{q_2}<|x_2-y_2\alpha|,$$

利用引理 1,依此类推,可知推论 1 成立.

引理 2 设 $D\in\mathbf{N}^*$,D 不是完全平方数(于是,$\sqrt{D}(>1)$为无理数),则存在无穷多对正整数 x,y,使得

$$|x^2-Dy^2|<1+2\sqrt{D}.$$

证明 由推论 1 可知(取其中的 $\alpha=\sqrt{D}$),存在无穷多对正整数 (x,y),使得 $|x-y\sqrt{D}|<\frac{1}{y}$,于是

$$\begin{aligned}|x^2-Dy^2|&=|x-y\sqrt{D}|\cdot|x+y\sqrt{D}|\\&<\frac{1}{y}|x+y\sqrt{D}|\leqslant\frac{1}{y}(|x-y\sqrt{D}|+2y\sqrt{D})\\&<\frac{1}{y^2}+2\sqrt{D}\leqslant 1+2\sqrt{D}.\end{aligned}$$

推论 2 设 $D\in\mathbf{N}^*$,D 不是完全平方数,则存在 $k\in\mathbf{Z}$,$0<|k|<1+2\sqrt{D}$,使得不定方程

$$x^2-Dy^2=k \tag{4}$$

有无穷多组正整数解 (x,y).

只需注意到:绝对值小于 $1+2\sqrt{D}$的整数只有有限个,结合引理 2 即得这一推论的证明.

下面来证明定理 1.

首先证明:方程(1)至少有一组正整数解 (x,y).

由推论 2 可知,存在满足方程(4)的两组正整数解

$$(x_1,y_1)\neq(x_2,y_2),$$

使得

$$x_1\equiv x_2\pmod{|k|},\quad y_1\equiv y_2\pmod{|k|}.$$

于是有

$$(x_1^2-Dy_1^2)(x_2^2-Dy_2^2)=(x_1x_2-Dy_1y_2)^2-D(x_1y_2-x_2y_1)^2=k^2.$$

注意到

$$x_1x_2-Dy_1y_2\equiv x_1^2-Dy_1^2=k\equiv 0(\bmod |k|),$$

$$x_1y_2-x_2y_1\equiv x_2y_2-x_2y_2\equiv 0(\bmod |k|),$$

所以，可设

$$|x_1x_2-Dy_1y_2|=X\cdot|k|,\ |x_1y_2-x_2y_1|=Y\cdot|k|,$$

这里 $X\geqslant 0, Y\geqslant 0$，于是 $X^2-DY^2=1$.

下面证明：$Y>0$(从而 $X>0$). 若 $Y=0$，即 $x_1y_2=x_2y_1$，设

$$\frac{x_1}{x_2}=\frac{y_1}{y_2}=t,$$

利用(4)式，得

$$k=x_1^2-Dy_1^2=t^2(x_2^2-Dy_2^2)=t^2k.$$

故 $t^2=1$，导致 $t=1$，$(x_1,y_1)=(x_2,y_2)$，矛盾.

所以，(1)有一组正整数解.

其次，设 (x_0,y_0) 是(1)的基本解，并设 $\varepsilon=x_0+y_0\sqrt{D}$，则满足

$$x+y\sqrt{D}=\varepsilon^n$$

的 (x,y) 是(1)的正整数解，这里 n 为任意正整数.

事实上，记 $\bar{\varepsilon}=x_0-y_0\sqrt{D}$，则由 $x+y\sqrt{D}=\varepsilon^n$，利用二项式定理可知 $x-y\sqrt{D}=\bar{\varepsilon}^n$. 于是

$$x^2-Dy^2=\varepsilon^n\cdot\bar{\varepsilon}^n=(x_0^2-Dy_0^2)^n=1.$$

注意到 $\varepsilon>1$，从而由 $x+y\sqrt{D}=\varepsilon^n$ 决定的正整数解 (x,y) 有无穷多组，这样，我们完成了定理 1 的前半部分的证明.

最后，设 (x,y) 为(1)的正整数解，我们证明：存在 $n\in\mathbf{N}^*$，使得

$$x+y\sqrt{D}=\varepsilon^n.$$

采用反证法. 若否，由 $x+y\sqrt{D}>x_0+y_0\sqrt{D}$，可知存在 $n\in\mathbf{N}^*$，使得 $\varepsilon^n<x+y\sqrt{D}<\varepsilon^{n+1}$. 于是

$$1<(x+y\sqrt{D})\bar{\varepsilon}^n<\varepsilon. \tag{5}$$

设 $(x+y\sqrt{D})\bar{\varepsilon}^n=u+v\sqrt{D}$，$u,v\in\mathbf{Z}$. 注意到，$(u,v)$ 是(1)的整数解.

由 $u+v\sqrt{D}>1$，可知

$$0<u-v\sqrt{D}=\frac{1}{u+v\sqrt{D}}<1,$$

于是 $2u>1$,故 $u>0$. 又

$$2v\sqrt{D}=(u+v\sqrt{D})-(u-v\sqrt{D})>1-1=0,$$

故 $v>0$. 这表明 (u,v) 是(1)的正整数解,但(5)中 ε 是基本解,而 $u+v\sqrt{D}<\varepsilon$,这是一个矛盾.

定理 1 证毕.

定理 1 的结论告诉我们,佩尔方程 $x^2-Dy^2=1$ 在 $D\in\mathbf{N}^*$ 且 D 不是完全平方数时,有无穷多组正整数解,且它们都可以用基本解表示. 但是,对具体的数 D,除了一些特殊的值以外,还没有找到寻找(2)的基本解的较好方法. 一般采用实验的方法,令 $y=1,2,3,\cdots$,直到 $1+Dy^2$ 是一个完全平方数. 这一方法,在 D 取某些值的时候,会导致不能忍受的冗长计算,或许这正是理论与实践的矛盾所在.

此外,方程(1)的全部解也可以用如下形式表示:

$$\begin{cases} x_n=\dfrac{1}{2}\left((x_0+y_0\sqrt{D})^n+(x_0-y_0\sqrt{D})^n\right), \\ y_n=\dfrac{1}{2\sqrt{D}}\left((x_0+y_0\sqrt{D})^n-(x_0-y_0\sqrt{D})^n\right). \end{cases}$$

其中 (x_0,y_0) 为(1)的最小解.

形如 $x^2-Dy^2=-1$ 的方程也叫**佩尔方程**(第Ⅱ型的佩尔方程),这种形式的佩尔方程与 $x^2-Dy^2=1$ 型的佩尔方程比较,要复杂得多. 这里不加证明地给出下述定理:

定理 2 设 $D\in\mathbf{N}^*$,D 不是完全平方数. 如果方程

$$x^2-Dy^2=-1 \tag{6}$$

有正整数解,则它有无穷多组正整数解.

如果(6)有正整数解,设 $a^2-Db^2=-1$ 是(6)的正整数解中使 $x+y\sqrt{D}$ 最小的解(这里 (a,b) 称为(6)的基本解),则(6)的全部正整数解可由

$$x+y\sqrt{D}=(a+b\sqrt{D})^{2n+1}$$

表示,这里 n 为任意正整数,并且

$$\varepsilon=x_0+y_0\sqrt{D}=(a+b\sqrt{D})^2,$$

其中(x_0,y_0)为(1)的基本解.

关于方程(6),定理2并没有指出当D取何值时方程有正整数解.对一般的D,断定(6)是否有解是一个较困难的问题.

下面我们通过一些例子来讨论处理与佩尔方程有关的问题的一些方法与思想.

训练营

例2 求所有是完全平方数的三角形数,即求由

$$\frac{n(n+1)}{2}=k^2 \tag{7}$$

的所有正整数解(n,k)确定的数$\frac{n(n+1)}{2}$.

解 将方程(7)变形为:$(2n+1)^2-2(2k)^2=1$,考虑佩尔方程

$$x^2-2y^2=1 \tag{8}$$

的全部正整数解.由(8)知x为奇数,对(8)两边取模4,可得y为偶数.令

$$n=\frac{x-1}{2},\ k=\frac{y}{2}.$$

当(x,y)遍经(8)的所有正整数解时,由上式确定的(n,k)就是满足(7)的全部正整数对.

我们不难建立(n,k)的递推公式如下:

$$\begin{cases}n_m=6n_{m-1}-n_{m-2}+2,\\ k_m=6k_{m-1}-k_{m-2}.\end{cases}$$

由$(x_1,y_1)=(3,2)$,$(x_2,y_2)=(17,12)$,可得

$$(n_1,k_1)=(1,1),\ (n_2,k_2)=(8,6).$$

由上面的递推公式即可确定满足条件的所有正整数对(n,k)及数$\frac{n(n+1)}{2}$.

例3 设$k>1$是给定的整数.证明:有无穷多个整数n,使得$kn+1$及$(k+1)n+1$都是完全平方数.

证明 设 $kn+1$ 与 $(k+1)n+1$ 都是完全平方数. 令

$$kn+1=u^2,\ (k+1)n+1=v^2.$$

消去 n,得

$$(k+1)u^2-kv^2=1. \tag{9}$$

注意到,对(9)的任一正整数解 (u,v),取 $n=u^2-v^2$,则容易得到 $kn+1$ 与 $(k+1)n+1$ 都是平方数,从而问题转化为证明(9)有无穷多组正整数解. 作代换

$$\begin{cases}x=(k+1)u-kv,\\ y=v-u,\end{cases} \tag{10}$$

则由(9)可得

$$x^2-k(k+1)y^2=(k+1)u^2-kv^2=1,$$

这是一个佩尔方程,其中 $D=k(k+1)$ 不是一个完全平方数,它有无穷多组正整数解. 由(10)解得

$$\begin{cases}u=x+ky,\\ v=x+(k+1)y.\end{cases}$$

从而方程(9)有无穷多组正整数解. 证毕.

点评 一般地,一个双曲线(或椭圆)型的二元二次不定方程 $ax^2+bxy+cy^2+dx+ey+f=0$ 可以经平移、旋转变换后归结为求解 $x^2-d'y^2=c'$,其中 d',c' 是整数. 这是为什么研究佩尔方程的一个出发点.

例 4 求所有的正整数 $m(>1)$,使得数 m^3 可以表示为 m 个连续正整数的平方和.

解 设 m 是一个符合要求的正整数,则存在 $k\in\mathbf{N}$,使得

$$m^3=(k+1)^2+(k+2)^2+\cdots+(k+m)^2. \tag{11}$$

(11)式等价于

$$k^2+(m+1)k+\frac{1}{6}(m+1)(2m+1)-m^2=0.$$

解上述关于 k 的一元二次方程，得

$$k=-\frac{1}{2}(m+1)\pm\frac{1}{6}t, \tag{12}$$

这里 $t=\sqrt{33m^2+3}$.

容易证明，当且仅当 $t\in\mathbf{N}^*$ 时，

$$k=-\frac{1}{2}(m+1)+\frac{1}{6}t\in\mathbf{N}.$$

因此，转为求不定方程

$$t^2-33m^2=3 \tag{13}$$

的全部正整数解. 为此，我们先给出

$$x^2-33y^2=1 \tag{14}$$

的全部解.

直接计算可知(14)的基本解 $(x_0,y_0)=(23,4)$，所以(14)的所有正整数解 (x_n,y_n) 由下式确定：

$$x_n+y_n\sqrt{33}=(23+4\sqrt{33})^n.$$

注意到，$(t_0,m_0)=(6,1)$ 是(13)的一组正整数解，因此，对于(14)的任意一组正整数解 (x,y)，满足

$$t+m\sqrt{33}=(6+\sqrt{33})\cdot(x+y\sqrt{33}) \tag{15}$$

的正整数对 (t,m) 是(13)的正整数解.

事实上，由(15)知

$$t-m\sqrt{33}=(6-\sqrt{33})(x-y\sqrt{33}),$$

从而

$$\begin{aligned}t^2-33m^2&=(6-\sqrt{33})(6+\sqrt{33})(x-y\sqrt{33})(x+y\sqrt{33})\\&=3(x^2-33y^2)=3.\end{aligned}$$

另一方面，我们证明：由(15)确定的正整数对 (t,m) 是(13)的所有正整数解.

设 (t,m) 是(13)的正整数解，则 $3\mid t^2$，故 $3\mid t$. 依此结合(13)，可知

$$(x,y)=\left(2t-11m,\frac{6m-t}{3}\right)\text{(此关系式由(15)反解得到)}$$

是一对正整数,并且

$$\begin{aligned}x^2-33y^2&=(2t-11m)^2-33\left(\frac{6m-t}{3}\right)^2\\&=\frac{1}{3}(3(2t-11m)^2-11(6m-t)^2)\\&=\frac{1}{3}(t^2-33m^2)=1.\end{aligned}$$

从而 x,y 是(13)的正整数解,并且

$$t=6x+33y,m=x+6y$$

与(15)对应的(t,m)与(x,y)之间的关系一致.

综上可知,所有符合要求的正整数 m 构成的集合为$\{m_n|m_n=x_n+6y_n$,其中 $x_n,y_n\in\mathbf{N}^*$,由 $x_n+y_n\sqrt{33}=(23+4\sqrt{33})^n,n\in\mathbf{N}^*$ 确定$\}$.

点评 此例的解法给出了将方程 $x^2-Dy^2=C$ 转为求解 $x^2-Dy^2=1$ 的一个方法,即利用前者的一个特解(事实上应取它的基本解)与后者的正整数解作乘积来得到.

例 5 给定正实数 ε,如果存在 $a,b\in\mathbf{N}^*$,使得

$$a\leqslant b<(1+\varepsilon)a,\text{且 }n=ab,$$

我们称正整数 n 是一个"ε-平方数".证明:存在无穷多个正整数 n,使得连续 6 个正整数 $n,n+1,\cdots,n+5$ 都是"ε-平方数".

证明 我们的出发点是寻找无穷多个 $x\in\mathbf{N}^*$,使得

$$x^2,x^2-1,x^2-2,\cdots,x^2-5\tag{16}$$

都是"ε-平方数".

注意到,当 x 充分大时,x^2,x^2-1,x^2-4 都是"ε-平方数",因此,重点放在三个数 x^2-2,x^2-3,x^2-5 上.

取 $x=t^2+t-2$，则

$$\begin{aligned}x^2-5&=(t^2+t)^2-4(t^2+t)-1\\&=(t^2+t)^2-(2t+1)^2\\&=(t^2-t+1)(t^2+3t+1).\\x^2-2&=(t^2-2)^2+2t(t^2-2)+t^2-2\\&=(t^2-2)(t^2+2t-1).\end{aligned}$$

所以，当 $t\in\mathbf{N}^*$，且 t 充分大时，数 x^2-2 和 x^2-5 也是"ε-平方数".

现在来寻找 t，使得 x^2-3 也是"ε-平方数". 一个简洁的取法是寻找 $k\in\mathbf{N}^*$，使得

$$(x-k)\mid(x^2-3),$$

这等价于 $(x-k)\mid(k^2-3)$. 如果我们取 $x-k=\frac{1}{2}(k^2-3)$（当然，这时需要 k 为奇数），即

$$x=\frac{k^2-3}{2}+k,$$

那么 k 充分大时，x^2-3 也是"ε-平方数".

最后，我们来讨论 t 与 k 的相容性，要证明：存在无穷多对正整数 (t,k)，使得

$$k+\frac{k^2-3}{2}=t^2+t-2,$$

这等价于（上式两边乘以 4），

$$(2t+1)^2-2(k+1)^2=1. \tag{17}$$

由佩尔方程解的性质，可知 $x^2-2y^2=1$ 有无穷多个正整数解，可由 $x_m+y_m\sqrt{2}=(3+2\sqrt{2})^m$，$m\in\mathbf{N}^*$ 确定. 这些解满足 $x^2=2y^2+1$ 为奇数，故 x 为奇数，进而 $2y^2+1\equiv1\pmod 8$，知 y 为偶数. 因此，由

$$(2t+1,k+1)=(x_m,y_m)$$

定义的 t 为正整数，k 为正奇数. 故(17)有无穷多个正整数解，使得 t 和 k（相应于我们所取的 x）是相容的.

综上可知，命题成立.

点评 此例给出了一种利用佩尔方程的解来完成构造的方法. 许多与整数有关的数列问题在本质上也需用到佩尔方程解的性质,用上这些性质后就能体会出解答中思路的自然性.

例 6 证明:不定方程

$$5^a-3^b=2 \tag{18}$$

仅有的正整数解是 $a=b=1$.

证明 显然,当 a,b 中有一个为 1 时,另一个也为 1. 现在设 (a,b) 是满足(18)的解,$a>1,b>1$.

同余是处理指数型不定方程的常用方法. 对(18)取模 4,得

$$1^a-(-1)^b\equiv 2 \pmod 4,$$

故 b 为奇数. 再对(18)取模 3,得

$$(-1)^a\equiv 2 \pmod 3,$$

表明 a 也是奇数. 令

$$u=3^b+1, v=3^{\frac{b-1}{2}}\cdot 5^{\frac{a-1}{2}},$$

则有

$$\begin{aligned}15v^2&=3^b\cdot 5^a=3^b(3^b+2)\\&=(3^b+1)^2-1=u^2-1,\end{aligned}$$

这说明 $x=u,y=v$ 是佩尔方程 $x^2-15y^2=1$ 的一组正整数解. 此佩尔方程的最小解是 $x_1=4,y_1=1$,所以

$$y_{n+1}=8y_n-y_{n-1} \quad (n\geqslant 2),$$

其中 $y_1=1,y_2=x_1y_1+y_1x_1=8$.

我们证明 $\{y_n\}$ 中不可能有形如 $3^\alpha\cdot 5^\beta$(α,β 是正整数)的项,从而导致矛盾.

对 $\{y_n\}$ 的每一项取模 3,即得 1,2,0,1,2,0,1,2,0,…. 从而 $3\mid a_n$ 的充要条件是 $3\mid n$.

对$\{y_n\}$的每一项取模 7,即得 1,1,0,−1,−1,0,1,1,0,….也有$7|a_n$的充要条件是$3|n$.

这样,$3|a_n$的充要条件是$7|a_n$,于是含有因数 3 而不含因数 7 的数$3^{\alpha}\cdot 5^{\beta}$不能是$\{y_n\}$中的项.这个矛盾表明方程(18)仅有一组正整数解:

$$a=b=1.$$

例 7 求满足方程

$$3^m=2n^2+1 \tag{19}$$

的所有正整数对(m,n).

解 容易验证,$(m,n)=(1,1),(2,2)$和$(5,11)$满足(19).下面证明:这些数对即是所有符合条件的数对.

情形一 m为偶数,此时问题转为求佩尔方程

$$x^2-2y^2=1 \tag{20}$$

的解中使x为 3 的幂次的正整数解.

由于(20)的基本解为$(x_0,y_0)=(3,2)$,故其全部正整数解(x_k,y_k)由

$$x_k+y_k\sqrt{2}=(3+2\sqrt{2})^k,k\in\mathbf{N}^*$$

给出,于是,

$$x_k-y_k\sqrt{2}=(3-2\sqrt{2})^k,$$

解得

$$x_k=\frac{1}{2}\left((3+2\sqrt{2})^k+(3-2\sqrt{2})^k\right).$$

利用二项式定理展开,可知对任意$t\in\mathbf{N}^*$,有

$$x_{2t}=3^{2t}+\mathrm{C}_{2t}^{2}\cdot 3^{2t-2}\cdot 8+\cdots+\mathrm{C}_{2t}^{2t-2}\cdot 3^2\cdot 8^{t-1}+8^t$$

不是 3 的倍数,当然,更不能为 3 的幂次.

$$\begin{aligned}x_{2t+1}&=3^{2t+1}+\mathrm{C}_{2t+1}^{2}\cdot 3^{2t-1}\cdot 8+\cdots+\mathrm{C}_{2t+1}^{2t-2}\cdot 3^3\cdot 8^{t-1}\\&\quad+\mathrm{C}_{2t+1}^{2t}\cdot 3\cdot 8^t\\&=\mathrm{C}_{2t+1}^{1}\cdot 3\cdot 8^t+\mathrm{C}_{2t+1}^{3}\cdot 3^3\cdot 8^{t-1}+\cdots+\mathrm{C}_{2t+1}^{2t+1}\cdot 3^{2t+1}.\end{aligned} \tag{21}$$

下面考察(21)中的项

$$T_l = C_{2t+1}^{2l+1} \cdot 3^{2l+1} \cdot 8^{t-l}$$

的素因数分解式中 3 的幂次. 记 $v_3(2t+1)=\alpha$，由于对 $1\leqslant l\leqslant t$，有

$$v_3((2l+1)!) = \sum_{i=1}^{+\infty}\left[\frac{2l+1}{3^i}\right] \leqslant \sum_{i=1}^{+\infty}\frac{2l+1}{3^i} = \frac{1}{2}(2l+1) < l,$$

从而

$$v_3(T_l) \geqslant \alpha+(2l+1)-l = \alpha+l+1 \geqslant \alpha+2,$$

而 $v_3(T_0)=\alpha+1$，这表明(21)式右边除第一项的素因数分解式中 3 的幂次为 $\alpha+1$ 外，其余项都至少为 $\alpha+2$. 故 $3^{\alpha+1} \mid x_{2t+1}$，但 $3^{\alpha+2} \nmid x_{2t+1}$.

所以，m 为偶数时，仅有一组解 $(m,n)=(2,2)$.

情形二　m 为奇数，此时问题转为求佩尔方程

$$3x^2-2y^2=1 \tag{22}$$

的解中使 x 为 3 的幂次的解.

将(22)两边乘以 3，可将问题转为求佩尔方程

$$x^2-6y^2=3 \tag{23}$$

的解中使 x 为 3 的幂次的解.

利用类似例 4 的处理，可求得(23)的全部正整数解 (x_k, y_k)，它由下式确定：

$$x_k+y_k\sqrt{6}=(3+\sqrt{6})(5+2\sqrt{6})^{k-1},\ k\in\mathbf{N}^*.$$

进而，可得

$$x_k=\frac{1}{2}\left((3+\sqrt{6})(5+2\sqrt{6})^{k-1}+(3-\sqrt{6})(5-2\sqrt{6})^{k-1}\right).$$

利用 $5\pm2\sqrt{6}=\frac{1}{3}(3\pm\sqrt{6})^2$，可得

$$x_k=\frac{1}{2\cdot3^{2(k-1)}}\left((3+\sqrt{6})^{2k-1}+(3-\sqrt{6})^{2k-1}\right).$$

现在来求使

$$A_k=\frac{1}{2}\left((3+\sqrt{6})^{2k-1}+(3-\sqrt{6})^{2k-1}\right)$$

为 3 的幂次的所有正整数 k.

注意到，

$$\begin{aligned}A_k &= 3^{2k-1}+C_{2k-1}^2\cdot3^{2k-3}\cdot6+\cdots+C_{2k-1}^{2k-2}\cdot3\cdot6^{k-1}\\ &= 3^{2k-1}+C_{2k-1}^2\cdot3^{2k-2}\cdot2+\cdots+C_{2k-1}^{2k-2}\cdot3^k\cdot2^{k-1}\end{aligned}$$

$$=C_{2k-1}^{1}\cdot 3^{k}\cdot 2^{k-1}+C_{2k-1}^{3}\cdot 3^{k-1}\cdot 2^{k-2}+\cdots+C_{2k-1}^{2k-1}\cdot 3^{2k-1}. \quad (24)$$

对(24)式右边采用对(21)式类似的分析方法，依 $3\mid(2k-1)$ 和 $3\nmid(2k-1)$ 分类讨论，可知 $k\geqslant 3$ 时，A_k 不是 3 的幂次(详细过程请读者给出). 因此，$k=1$ 或 2，对应的 $(m,n)=(1,1)$ 和 $(5,11)$.

4.4　不定方程的常用解法

知识桥

对于高次不定方程,没有一个统一的方法来求解,甚至有些不定方程我们还无法判别它是否有解.另一方面,对一个不定方程又可能有几种不同的处理方法来求解.这种特性揭示了不定方程求解的“个性化”特征.这一节所列出的几种常用的初等方法也都有其局限性,许多问题的处理需要综合起来运用.

方法 1　代数式变形

把代数工具与数论知识结合起来是处理不定方程的基本思想之一,这里更多地会涉及因式分解、配方等.

将方程的一边化为常数,作素因数分解.另一边含未知数的代数式也因式分解,考察各个因式的取值情况.可将方程分解为若干个方程(组),再进行求解.这种方法称为**不定方程求解的因式分解法**.

将已知方程变形为一边是平方和的形式,另一边是常数,从而求得方程的整数解或判断方程无解的方法常称为**配方法**.

训练营

例 1　求不定方程 $\frac{1}{2}(x+y)(y+z)(z+x)+(x+y+z)^3=1-xyz$ 的整数解.

解　作代换,设 $x+y=u, y+z=v, z+x=w$,则原方程变形为

$$4uvw+(u+v+w)^3=8-(u+v-w)(u-v+w)(-u+v+w).$$

展开后,合并同类项,得

$$4(u^2v+v^2w+w^2u+uv^2+vw^2+wu^2)+8uvw=8,$$

即

$$u^2v+v^2w+w^2u+uv^2+vw^2+wu^2+2uvw=2.$$

对上式左边进行因式分解，得

$$(u+v)(v+w)(w+u)=2,$$

于是$(u+v,v+w,w+u)=(1,1,2),(-1,-1,2),(-2,-1,1)$及其对称的情形. 分别求解，可得

$$(u,v,w)=(1,0,1),(1,-2,1),(-1,0,2),$$

进而$(x,y,z)=(1,0,0),(2,-1,-1)$.

综上所述，结合对称性，可知原方程的整数解为

$$(x,y,z)=(1,0,0),(0,1,0),(0,0,1),(2,-1,-1),$$
$$(-1,2,-1),(-1,-1,2),$$

共 6 组解.

例 2 求方程 $x^2+x=y^4+y^3+y^2+y$ 的整数解.

解 同上例，对方程两边同乘以 4，并对左边进行配方：

$$(2x+1)^2=4(y^4+y^3+y^2+y)+1. \tag{1}$$

下面对(1)式右端进行估计. 由于

$$\begin{aligned}4(y^4+y^3+y^2+y)+1&=(2y^2+y+1)^2-y^2+2y\\&=(2y^2+y)^2+3y^2+4y+1,\end{aligned}$$

从而当 $y>2$ 或 $y<-1$ 时，有

$$(2y^2+y)^2<(2x+1)^2<(2y^2+y+1)^2.$$

由于 $2y^2+y$，$2y^2+y+1$ 是两个连续的整数，它们的平方之间不会含有完全平方数，故上式不成立.

因此只需考虑当$-1\leqslant y\leqslant 2$ 时方程的解，这是平凡的. 容易得到原方程的全部整数解是

$$(x,y)=(0,-1),(-1,-1),(0,0),(-1,0),(-6,2),(5,2).$$

例 3 证明：不定方程

$$x^2+y^2+z^2+3(x+y+z)+5=0$$

没有有理数解.

证明 将方程两边乘以4,配平方,得

$$(2x+3)^2+(2y+3)^2+(2z+3)^2=7.$$

此方程有有理数解的充要条件是:下述方程

$$a^2+b^2+c^2=7m^2 \tag{2}$$

有整数解(a,b,c,m),并且其中$m\in\mathbf{N}^*$.

如果(2)有整数解(a,b,c,m),$m\in\mathbf{N}^*$,我们设m是所有这样的解中最小的正整数.

若m为偶数,则

$$a^2+b^2+c^2\equiv 0 \pmod 4.$$

注意到,完全平方数$\equiv 0$或$1 \pmod 4$,故a,b,c都为偶数. 这表明$\left(\frac{a}{2},\frac{b}{2},\frac{c}{2},\frac{m}{2}\right)$也是(2)的满足条件的解,与$m$的最小性矛盾.

若m为奇数,则

$$a^2+b^2+c^2=7m^2\equiv 7 \pmod 8.$$

但是,完全平方数$\equiv 0$或$1 \pmod 4$,从而由$a^2+b^2+c^2\equiv 3 \pmod 4$,可知$a,b,c$都是奇数,这导致

$$a^2+b^2+c^2\equiv 3 \pmod 8,$$

矛盾.

所以,没有满足(2)的整数解,从而原方程没有有理数解.

例4 求所有的正整数数组(a,b,c,d),使得

$$\begin{cases} bd>ad+bc, & (3)\\ (9ac+bd)(ad+bc)=a^2d^2+10abcd+b^2c^2. & (4)\end{cases}$$

解 设(a,b,c,d)是一组满足条件的正整数数组,则由(3)可知$b>a$,$d>\frac{bc}{b-a}$.

考察下面的二次函数

$$f(x)=(9ac+bx)(ax+bc)-a^2x^2-10abcx-b^2c^2$$

$$=a(b-a)x^2+c(9a-b)(a-b)x+bc^2(9a-b),$$

其二次项系数 $a(b-a)>0$，且 $f(d)=0$.

注意到，函数 $f(x)$ 的判别式为

$$\Delta=-(9a-b)(b-3a)^2c^2,$$

因此，若 $b<9a$ 且 $b\neq 3a$，则 $\Delta<0$，此时对任意 $x\in\mathbf{R}$，都有 $f(x)>0$，与 $f(d)=0$ 矛盾.

若 $b\geqslant 9a$，则二次函数 $f(x)$ 的对称轴为 $x=\dfrac{c(9a-b)}{2a}<0$，从而，$f(x)$ 在 $[0,+\infty)$ 上单调递增. 结合 $d>\dfrac{bc}{b-a}>0$，得

$$f(d)>f\left(\frac{bc}{b-a}\right)=\frac{ab^2c^2}{b-a}>0,$$

与 $f(d)=0$ 亦矛盾.

所以，只能是 $b=3a$. 此时 $\Delta=0$，故 $f(d)=0$ 是函数 $f(x)$ 的最小值，从而 $d=\dfrac{c(9a-b)}{2a}$，即 $d=3c$.

直接验证，可知当 $a,c\in\mathbf{N}^*$ 时，数组 $(a,3a,c,3c)$ 是符合要求的正整数数组，它们就是要求的答案.

知识桥

方法 2 不等式估计

不等式是数学中的重要工具之一，在处理不定方程时也大有用武之地.

训练营

例 5 求所有的整数数组 (a,b,c,x,y,z)，使得

$$\begin{cases}a+b+c=xyz,\\ x+y+z=abc,\end{cases}$$

这里 $a\geqslant b\geqslant c\geqslant 1$，$x\geqslant y\geqslant z\geqslant 1$.

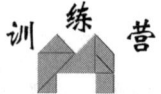

解 由对称性，我们只需考虑 $x\geqslant a$ 的情形. 这时，$xyz=a+b+c\leqslant 3a\leqslant 3x$，故 $yz\leqslant 3$. 于是，$(y,z)=(1,1),(2,1),(3,1)$.

当 $(y,z)=(1,1)$ 时，$a+b+c=x$ 且 $x+2=abc$，于是 $abc=a+b+c+2$. 如果 $c\geqslant 2$，则

$$a+b+c+2\leqslant 3a+2\leqslant 4a\leqslant abc,$$

等号当且仅当 $a=b=c=2$ 时成立.

如果 $c=1$，则有 $ab=a+b+3$，即

$$(a-1)(b-1)=4,$$

得 $(a,b)=(5,2)$ 或 $(3,3)$.

当 $(y,z)=(2,1)$ 时，

$$2abc=2x+6=a+b+c+6,$$

与上述类似讨论可知 $c=1$，进而 $(2a-1)(2b-1)=15$，得 $(a,b)=(3,2)$.

当 $(y,z)=(3,1)$ 时，

$$3abc=3x+12=a+b+c+12,$$

讨论可知，没有使 $x\geqslant a$ 的解.

综上所述，可知 $(a,b,c,x,y,z)=(2,2,2,6,1,1),(5,2,1,8,1,1),(3,3,1,7,1,1),(3,2,1,3,2,1),(6,1,1,2,2,2),(8,1,1,5,2,1)$ 和 $(7,1,1,3,3,1)$.

例 6 求所有的整数对 (m,n)，使得

$$\begin{cases}2m\equiv -1 \pmod n,\\ n^2\equiv -2 \pmod m.\end{cases}$$

解 这个题目形式上为整除性的问题，但在本质上是不定方程求解的问题.

利用条件 $n\mid(2m+1)$，$m\mid(n^2+2)$，可知 n,m 都是奇数. 而若 (m,n) 符合要求，则 $(m,-n)$ 也符合，因此，我们不妨设 n 为正奇数.

现在设 $2m+1=an$，$n^2+2=bm$，则 a,b 也都为奇数. 从两式中消去 n，可得

$$a^2bm=a^2(n^2+2)=(an)^2+2a^2=(2m+1)^2+2a^2,$$

也就是

$$2a^2+1=m(a^2b-4m-4). \tag{5}$$

如果 $a=\pm1$，那么 $m(b-4m-4)=3$，于是，$(m,b-4m-4)=(\pm1,\pm3)$ 或 $(\pm3,\pm1)$，分别可得到的全部解为 $(m,n,a,b)=(3,\pm7,\pm1,17)$，$(1,\pm3,\pm1,11)$，$(-1,\mp1,\pm1,-3)$ 或 $(-3,\mp5,\pm1,-9)$.

类似地对 $a=\pm3$ 讨论，所得的(5)的解为 $(m,n,a,b)=(19,\pm13,\pm3,9)$ 或 $(1,\pm1,\pm3,3)$.

另一方面，消去 m，可得

$$2n^2+4=2bm=abn-b. \tag{6}$$

记 $k=ab-2n$，则 k 为奇数. 这时由(6)可知 $n=\frac{1}{k}(b+4)$，再回代入(6)式，可得

$$\frac{2(b+4)^2}{k^2}+4=\frac{ab(b+4)}{k}-b$$

$$\Rightarrow ka=\frac{1}{b(b+4)}(2(b+4)^2+4k^2+bk^2)=2+\frac{k^2+8}{b}. \tag{7}$$

如果 $k=\pm1$，那么由(7)知，$\pm a=2+\frac{9}{b}$. 有三种解，它们是 $(m,n,a,b)=(17,\pm7,\pm5,3)$，$(27,\pm5,\pm1,1)$ 或 $(-11,\pm3,\mp7,-1)$. 类似讨论 $k=\pm3,\pm5$ 的情形，可得的新解分别为 $(m,n,a,b)=(-3,\pm1,\mp5,-1)$ 和 $(3,\pm1,\pm7,-1)$.

现在讨论 $|a|\geqslant5$ 且 $|k|\geqslant7$ 的情形. 这时，由(7)知 $b=\frac{k^2+8}{ak-2}$，结合 $n=\frac{1}{k}(b+4)$ 可知 $n=\frac{k+4a}{ak-2}$，利用 n 为奇数，我们应有

$$|ak-2|\leqslant|k+4a|. \tag{8}$$

如果 a,k 异号，那么

$$\begin{aligned}|ak-2|&=|ak|+2>\max\{|k|,|4a|\}\\&>\max\{|k|-4|a|,4|a|-k\}=|k+4a|,\end{aligned}$$

与(8)矛盾.

如果 a,k 同号，那么

$$|ak-2|=|ak|-2=4|a|+|k|+(|a|-1)(|k|-1)-6$$
$$\geqslant 4|a|+|k|+4\times 6-6>4|a|+|k|=|k+4a|,$$

亦与(8)矛盾.

综上可知,满足条件的整数对$(m,n)=(27,\pm 5),(19,\pm 13),(17,\pm 7),(3,\pm 1),(3,\pm 7),(1,\pm 1),(1,\pm 3),(-1,\pm 1),(-3,\pm 1),(-3,\pm 5)$或$(-11,\pm 3)$.

点评 此题在得到(6)式后也可用判别式(视为 n 的一元二次方程)$\Delta=a^2b^2-8(b+4)$来处理,此时 Δ 应为完全平方数,它可设为$(ab+t)^2$,这里 t 的范围可以利用不等式估计给出.

知识桥

方法 3　同余法

如果不定方程 $F(x_1,x_2,\cdots,x_n)=0$ 有整数解,则对任意的 $m\in\mathbf{N}^*$,其整数解$(x_1,x_2,\cdots,x_n)$均满足

$$F(x_1,x_2,\cdots,x_n)\equiv 0 \pmod{m}.$$

运用这一条件,同余可以作为不定方程是否有整数解的一块试金石,在处理指数中带未知数的不定方程时经常用到.

训练营

例 7　求最小的正整数 n,使得不定方程

$$x_1^4+x_2^4+\cdots+x_n^4=1599 \tag{9}$$

有整数解$(x_1,x_2,\cdots,x_n)$.

解　注意到,对任意 $x\in\mathbf{Z}$,若 x 为偶数,则 $x^4\equiv 0\pmod{16}$;若 x 为奇

数,则 $x^2\equiv1\pmod 8$,此时有 $x^4\equiv1\pmod{16}$.

上述讨论表明,$x_i^4\equiv0$ 或 $1\pmod{16}$,从而对 $x_1^4+x_2^4+\cdots+x_n^4$ 取模 16 所得的余数介于 0 与 n 之间.因此,在 $n\leqslant14$ 时,(9)式不能成立(因为 $1599\equiv15\pmod{16}$).

注意到,$5^4+12\times3^4+1^4+1^4=1599$,所以当 $n=15$ 时,(9)有整数解 $(5,\underbrace{3,\cdots,3}_{12个},1,1)$.

综上所述可知,所求的最小正整数 $n=15$.

例 8 求所有的非负整数数组 (m,n,p,q),使得 $0<p<q$,$(p,q)=1$,且

$$(1+3^m)^p=(1+3^n)^q. \tag{10}$$

解 若 $p>1$,由 $(p,q)=1$,可设 $q=ps+r$,$0<r<p$,$r,s\in\mathbf{N}^*$.结合(10)还有 $1+3^m=c^q$,$1+3^n=c^p$,这里 c 为某个正整数,$c>1$.于是,$(c^p-1)\mid(c^q-1)$,而

$$c^q-1=c^{ps+r}-1=(c^p)^s\cdot c^r-1\equiv1^s\cdot c^r-1\pmod{c^p-1},$$

故

$$(c^p-1)\mid(c^r-1).$$

这在 $r<p$ 及 $c>1$ 时不能成立,所以 $p=1$,(10)式变为

$$1+3^m=(1+3^n)^q. \tag{11}$$

注意到,$q>p=1$,故 $q\geqslant2$,这时(11)的右边 $\equiv0\pmod 4$,故

$$3^m\equiv-1\pmod 4,$$

从而,m 为奇数,此时

$$1+3^m=(1+3)(1-3+3^2-\cdots+3^{m-1})=4\cdot A,$$

这里 $A=1-3+3^2-\cdots+3^{m-1}$ 是 m 个奇数之和,故 A 为奇数,从而 $(4,A)=1$.这要求 4 与 A 都是 q 次方数,依此可得 $q=2$,进而可求得

$$(m,n,p,q)=(1,0,1,2),$$

容易验证它符合要求.

例 9 求不定方程 $1+5^x=2^y+2^z\cdot5^t$ 的正整数解 (x,y,z,t).

解 设(x,y,z,t)是原方程的正整数解. 对原方程两边取模 5,就有$2^y\equiv1\pmod 5$. 由于 2 是模 5 的原根,故 $4\mid y$. 这时,对方程两边取模 4,可知 $2^z\equiv2\pmod 4$,所以 $z=1$.

我们设 $y=4r$,得

$$5^x-2\cdot5^t=16^r-1. \tag{12}$$

对(12)式两边取模 3,应有$(-1)^x-(-1)^{t+1}\equiv0\pmod 3$,故

$$x\equiv t+1\pmod 2.$$

进一步,对两边取模 8,得 $5^x\equiv2\cdot5^t-1\equiv1\pmod 8$(这里用到$5^t\equiv$ 5 或 $1\pmod 8$). 于是 x 为偶数,t 为奇数.

注意到,若 $t=1$,则 $5^x=16^r+9$. 设 $x=2m$,就有

$$(5^m-3)(5^m+3)=16^r.$$

由于$(5^m-3,5^m+3)=(5^m-3,6)=2$,于是,只能是

$$5^m-3=2,\ 5^m+3=2^{4r-1},$$

从而 $m=1,r=1$. 若 $t>1$,则 $5^3\mid(5^x-2\cdot5^t)$,进而 $5^3\mid(16^r-1)$. 由二项式定理,展开 $16^r-1=(15+1)^r-1$,可知 $5\mid r$. 于是,可设 $r=5k$,就有

$$16^r-1=16^{5k}-1\equiv(5^5)^k-1\equiv(5\times3^2)^k-1\equiv0 \pmod{11}.$$

这要求 $11\mid(5^x-2\cdot5^t)$,故 $11\mid(5^{x-t}-2)$. 但是,对任意的 $m\in\mathbf{N}^*$,均有 $5^n\equiv5,3,4,9$ 或 $1\pmod{11}$,不可能出现

$$5^{x-t}\equiv2\pmod{11}$$

的情形,矛盾.

综上所述,方程有唯一解

$$(x,y,z,t)=(2,4,1,1).$$

例 10 证明:不定方程

$$x^2+5=y^3 \tag{13}$$

没有整数解.

证明 若(13)有整数解(x,y),对(13)两边取模 4,可得 $y^3\equiv1$ 或 $2\pmod 4$,于是 y 为奇数(因为 y 为偶数时,$y^3\equiv0\pmod 4$). 可设

$y=2k+1$，代入(13)，得

$$x^2=8k^3+12k^2+6k-4, \tag{14}$$

可知 x 为偶数. 设 $x=2t$，则由(14)式可得

$$2t^2=4k^3+6k^2+3k-2,$$

这表明 k 为偶数，并有

$$2(t^2+1)=k(4k^2+6k+3). \tag{15}$$

注意到，k 为偶数时，$4k^2+6k+3\equiv3\pmod 4$，所以，存在素数

$$p\equiv3\pmod 4,$$

使得 $p\mid(4k^2+6k+3)$. 利用(15)可知，$p\mid(t^2+1)$. 这表明 -1 是模 p 的二次剩余. 但由欧拉判别法可知，$p\equiv3\pmod 4$时，

$$(-1)^{\frac{p-1}{2}}\equiv-1\pmod p,$$

故 -1 不是模 p 的二次剩余. 矛盾.

综上可知，(15)没有整数解.

知识桥

方法4 构造法

一些不定方程的全部解难以求出，但有时我们可以利用恒等式或其他方法来提供方程的一些解，依此说明不定方程有解或有无穷多组解，这时如何构造就显得很重要了.

训练营

例11 证明：方程 $x^2+y^5=z^3$ 有无穷多组满足 $xyz\neq0$ 的整数解.

证明 取 $x=2^{15k+10}$，$y=2^{6k+4}$，$z=2^{10k+7}$，$k\in\mathbf{N}$，则这样的 x,y,z 满足 $x^2+y^5=z^3$，所以方程有无穷多组满足 $xyz\neq0$ 的整数解.

另证 先求方程的一组特解，易知 $x=10$，$y=3$，$z=7$ 是方程 $x^2+y^5=z^3$ 的一组解. 因而

$$x=10a^{15k},y=3a^{6k},z=7a^{10k}(a,k\in\mathbf{N})$$

是方程的解.

点评 这里给出的两种构造解的方法都具有一定的典型性.尽管都是直接构造,但在出发点不同时得到的是不同类型的解.

例 12 求所有的整数 a,使方程

$$x^2+axy+y^2=1 \tag{16}$$

有无穷多组整数解 (x,y),并证明你的结论.

解 当 $a=0$ 时,方程为 $x^2+y^2=1$,仅有 4 组解.

若 $a\neq0$,则 (x,y) 为方程(16)的解的充要条件是:$(x,-y)$ 为方程 $x^2-axy+y^2=1$ 的解.所以,只需讨论 $a<0$,且方程(16)有无穷多组非负整数解 (x,y) 的情形.

如果 $a=-1$,则(16)为 $x^2-xy+y^2=1$,两边乘以 4,再配方得 $(2x-y)^2+3y^2=4$,仅有两组非负整数解.

如果 $a<-1$,注意到 $(-a,1)$ 为(16)的一组正整数解.一般地,设 (x,y) 为(16)的正整数解,且 $x>y$,则 $(x,-ax+y)$ 也是(16)的解(这一个解,在视(16)为关于 y 的一元二次方程时,利用韦达定理可得).当然,$(-ax+y,x)$(满足 $-ax+y>x>y$)也是(16)的正整数解.依此递推,可知这时(16)有无穷多组正整数解.

综上所述,当 $|a|>1$ 时,方程(16)有无穷多组整数解,而 $|a|\leqslant1$ 时,(16)仅有有限组整数解.

点评 这里采用的递推构造的方法在数论中很常见.

例 13 设(x,y,z)是不定方程

$$xy=z^2+1 \tag{17}$$

的正整数解. 证明:存在整数 a,b,c,d,使得

$$x=a^2+b^2,\ y=c^2+d^2,\ z=ac+bd, \tag{18}$$

这里的 a,b,c,d 满足:$|ad-bc|=1$.

证明 对 z 用归纳法来予以证明.

当 $z=1$ 时,$xy=2$,可知$(x,y)=(1,2)$或$(2,1)$. 此时,$(x,y,z)=(1,2,1)$或$(2,1,1)$. 分别令

$$(a,b,c,d)=(1,0,1,1),(1,1,0,1),$$

即可知命题当 $z=1$ 时成立.

现在设(x_0,y_0,z_0)是(17)的正整数解,并且对(17)的满足 $z<z_0$ 的任意正整数解(x,y,z),符合要求的整数 a,b,c,d 都存在. 这里 $z_0>1$.

下面证明:存在 $a,b,c,d\in\mathbf{Z}$,使得

$$x_0=a^2+b^2,y_0=c^2+d^2,z_0=ac+bd,$$

这里$|ad-bc|=1$.

事实上,对这组正整数解(x_0,y_0,z_0),$z_0>1$,不妨设 $x_0\leqslant y_0$,我们来考察数组

$$(x_1,y_1,z_1)=(x_0,x_0+y_0-2z_0,z_0-x_0).$$

此时 $x_1=x_0>0$,$y_1=x_0+y_0-2z_0\geqslant 2\sqrt{x_0y_0}-2z_0=2\sqrt{z_0^2+1}-2z_0>0$. 而对 z_1 而言,我们有 $x_0^2\leqslant x_0y_0=z_0^2+1$,故 $x_0\leqslant\sqrt{z_0^2+1}$. 于是,$x_0\leqslant z_0$. 若 $x_0=z_0$,则 $z_0\mid(z_0^2+1)$导致 $z_0\mid 1$,$z_0=1$,矛盾. 所以,亦有 $z_1=z_0-x_0>0$,即 x_1,y_1,z_1 都是正整数.

进一步,

$$\begin{aligned}x_1y_1&=x_0(x_0+y_0-2z_0)=x_0^2+x_0y_0-2z_0x_0\\&=x_0^2+z_0^2+1-2x_0z_0\\&=(z_0-x_0)^2+1=z_1^2+1.\end{aligned}$$

由归纳假设,可知存在 $p,q,m,n\in\mathbf{Z}$,使得

$$(x_1,y_1,z_1)=(p^2+q^2,m^2+n^2,pm+qn),$$

这里$|pn-qm|=1$.

现在令$(a,b,c,d)=(p,q,p+m,q+n)$，就有

$$x_0=x_1=p^2+q^2=a^2+b^2,$$

$$y_0=y_1+x_1+2z_1=p^2+q^2+m^2+n^2+2(pm+qn)$$
$$=(p+m)^2+(q+n)^2=c^2+d^2,$$

$$z_0=x_1+z_1=p^2+q^2+pm+qn=p(p+m)+q(q+n)$$
$$=ac+bd.$$

最后，

$$|ad-bc|=|p(q+n)-q(p+m)|=|pn-qm|=1.$$

因此，命题成立.

点评 容易验证，若满足(18)，且$|ad-bc|=1$，则$xy=(a^2+b^2)(c^2+d^2)=(ac+bd)^2+(ad-bc)^2=z^2+1$. 所以，(17)的全部正整数解由(18)确定.

这里采用的构造方法本质上是一种倒推，因此采用第二数学归纳法的表达方式.

知识桥

除了上面所列的一些方法外，在前面几节我们也已经介绍过一些处理思路和方法，例如：无穷递降、有理逼近等等. 不同的问题采用不同的方法是解不定方程的一个明显特征，需要通过一些实战去把握.

演习场

习题四

1. 求不定方程 $x+y=x^2-xy+y^2$ 的所有整数解.

2. 设 $n\in\mathbf{N}^*$，a_n 是不定方程 $x^2-y^2=10^2\cdot 30^{2n}$ 的正整数解 (x,y) 的组数. 证明：a_n 不是完全平方数.

3. 求所有的整数对 (a,b)，使得方程组

$$\begin{cases}x^2+2ax-3a-1=0,\\ y^2-2by+x=0\end{cases}$$

恰有三组不同的实数解 (x,y).

4. 求不定方程 $5x^2-14y^2=11z^2$ 的所有整数解.

5. 求所有的整数对 (x,y)，使得 $x^3=y^3+2y^2+1$.

6. 求不定方程 $x^2(y-1)+y^2(x-1)=1$ 的整数解.

7. 设 a,b,c,d 都是素数，满足：$a>3b>6c>12d$，并且

$$a^2-b^2+c^2-d^2=1749.$$

求 $a^2+b^2+c^2+d^2$ 的值.

8. 正整数 a,b,c 和 x,y,z 满足：$|x-a|\leqslant 1$，$|y-b|\leqslant 1$，

$$a^2+b^2=c^2,\ x^2+y^2=z^2.$$

证明：集合 $\{a,b\}$ 与 $\{x,y\}$ 相同.

9. 如果存在一个以正整数 a,b,c 为边长的三角形，并且长为 c 的边所对角等于 $120°$，则数组 (a,b,c) 称为拟勾股数组. 证明：若 (a,b,c) 是一组拟勾股数组，则 c 有一个大于 5 的素因子.

10. 求所有的正整数数组 (x,y,z)，使得 y 为素数，3 和 y 都不是 z 的因数，并且 $x^3-y^3=z^2$.

11. 求不定方程 $x^5+y^5=(x+y)^3$ 的整数解.

12. 求不定方程 $x^6+x^3y=y^3+2y^2$ 的整数解.

13. 求所有的正整数对 (x,y)，使得 $x^{x+y}=y^{y-x}$.

14. 证明：不定方程 $x^2=y^5-4$ 没有整数解.

15. 证明：不定方程

$$x^2+y^2+z^2+u^2+v^2=xyzuv-65$$

有无穷多组正整数解.

16. 证明:存在无穷多个 $n\in\mathbf{N}^*$,使得前 n 个正整数的平方平均$\left(即\left(\frac{1^2+2^2+\cdots+n^2}{n}\right)^{\frac{1}{2}}\right)$是一个正整数.

17. 证明:存在无穷多组整数(x,y,z,t),使得 $x^3+y^3+z^3+t^3=1999$.

18. 证明:存在无穷多个由三个连续正整数组成的数组,其中每一个数都是两个正整数的平方和.又问:是否存在这样的四元数组呢?

19. 证明:若 p 为素数,且 $p\equiv3\pmod 4$,则对任意 $n\in\mathbf{N}^*$,不存在正整数对(x,y),使得 $x^2+y^2=p^n$.

20. 证明:对任意 $n\in\mathbf{N}^*$,不定方程 $x^2+y^2=z^n$ 有无穷多组正整数解(x,y,z).

21. 证明:对任意 $m\in\mathbf{Z}$,存在无穷多个 $n\in\mathbf{N}^*$,使得数$[n\sqrt{m^2+1}]$是一个完全平方数.

22. 证明:存在无穷多个 $n\in\mathbf{N}^*$,使得存在正整数 a,b,c,d,满足:

(1) $(a,b,c,d)=1,\{a,b\}\neq\{c,d\}$;

(2) $n=a^3+b^3=c^3+d^3$.

23. 设 p 为给定的素数,$p\equiv3\pmod 4$.证明:不定方程

$$(p+2)x^2-(p+1)y^2+px+(p+2)y=1$$

有无穷多组正整数解(x,y),且对每一组正整数解(x,y),都有 $p\mid x$.

24. 证明:不定方程 $x^4-y^4=z^2$ 没有使得 $xyz\neq0$ 的整数解.

25. 求不定方程 $8x^4+1=y^2$ 的整数解.

26. 求满足下述方程组的所有整数组(x,y,z):

$$\begin{cases}x+1=8y^2,\\x^2+1=2z^2.\end{cases}$$

27. 正整数 a,b,c 满足:$a^2+b^2=c^2$.证明:$c-a$ 与 $c+a$ 不能同时是某个直角三角形的两边长.

28. 证明:不定方程

$$x^2y^2=z^2(z^2-x^2-y^2)$$

没有正整数解.

29. 是否存在正整数 m,使得不定方程

$$\frac{1}{x}+\frac{1}{y}+\frac{1}{z}+\frac{1}{xyz}=\frac{m}{x+y+z}$$

有无穷多组正整数解(x,y,z)？

30. 求所有的$n\in\mathbf{N}^*$，使得存在$x,y,z\in\mathbf{N}^*$，满足：

$$n=\frac{(x+y+z)^2}{xyz}.$$

31. 设m,n是两个同奇偶的正整数，且

$$(m^2-n^2+1)\mid(n^2-1).$$

证明：m^2-n^2+1是一个完全平方数.

32. 设$\alpha,\beta,\gamma\in\mathbf{N}^*$，且$(1+\alpha\beta)(1+\beta\gamma)(1+\gamma\alpha)$是一个完全平方数. 证明：$1+\alpha\beta,1+\beta\gamma,1+\gamma\alpha$都是完全平方数.

33. 设p为素数，$p\equiv1\pmod 4$. 证明：不定方程

$$x^2-py^2\equiv-1\pmod 4$$

有整数解.

34. 证明：不定方程$x^2-34y^2=-1$没有整数解.

35. 求满足下述条件的正整数组(a,b,x,y)：

$$(a+b)^x=a^y+b^y.$$

36. 求所有的正整数组(a,m,n)，使得

$$(a^m+1)\mid(a+1)^n.$$

第五讲 专题讨论

这一讲就一些数学竞赛中出现的常见问题分专题予以讨论，涉及一些相关知识与对前几讲结论的一些应用.

5.1 数的进位制

知识桥

实数在不同进位制的表示下具有不同的表现形式.一些数学问题在常见的十进制表示下其本质隐藏得很好，转化为其他进位制来处理时就要方便很多.

一般而言，设 r 是一个不小于 2 的正整数，则任意一个正实数在 r 进制下可以唯一地表示为如下形式：

$$a=a_nr^n+a_{n-1}r^{n-1}+\cdots+a_0+b_0r^{-1}+b_1r^{-2}+\cdots, \tag{1}$$

其中 $a_i,b_j\in\mathbf{Z}$，且 $0\leqslant a_i,b_j\leqslant r-1$，$0\leqslant i\leqslant n$，$j=0,1,2,\cdots$，并且不存在正整数 m，使得对任意的 $j\geqslant m$，均有 $b_j=r-1$.依常规，将(1)表示的 a 记为

$$a=(a_na_{n-1}\cdots a_0.b_0b_1b_2\cdots)_r.$$

实数 a 的上述表示称为 a 的 r **进制表示**.

在 r 进制表示下，对数作四则运算时，遵循“逢 r 进一”的原则.不同进位制之间的转换可以通过十进制作为桥梁相互表出.

将 r 进制数转换为十进制表示，依(1)式展开即可得到；而将十进制数转换为 r 进制表示，则需对其整数部分和小数部分分别处理，采用“除以 r 取余”及“乘以 r 取整”的方法.

例如，把十进制数 82.54 转换为五进制，可依如下方法进行：

$$
\begin{array}{r|l}
5 & 82 \\ \hline
5 & 16 \quad \cdots 2 \\ \hline
5 & 3 \quad \cdots 1 \\ \hline
 & 0 \quad \cdots 3
\end{array}
\qquad\qquad
\begin{array}{r}
0.54 \\
\times \quad\ 5 \\ \hline
\boxed{2}.70 \\
\times \quad\ 5 \\ \hline
\boxed{3}.50 \\
\times \quad\ 5 \\ \hline
\boxed{2}.50 \\
\vdots
\end{array}
$$

所以，$(82)_{10}=(312)_5$，$(0.54)_{10}=(0.23\dot{2})_5$. 因此

$$(82.54)_{10}=(312.23\dot{2})_5.$$

应该注意到：任何有理数在任何进位制表示下都是有限小数或无限循环小数；而任何无理数在任何进位制表示下都是无限不循环小数. 有理数与无理数的本质差别不会因为不同进位制下的表示而改变.

训练营

例 1 求使 2^n-1 能被 7 整除的所有正整数 n.

解 由于 $2^n=(1\underbrace{00\cdots0}_{n个})_2$，所以 $2^n-1=(\underbrace{11\cdots1}_{n个})_2$. 而 $7=(111)_2$，因此，欲使 $7\mid(2^n-1)$，即 $(111)_2\mid(\underbrace{11\cdots1}_{n个})_2$，则 n 必须是 3 的倍数.

例 2 设 $x>1$，记 $a_n=[x^n]$，$n=1,2,\cdots$，这里 $[y]$ 表示不超过实数 y 的最大整数. 记

$$S=0.a_1a_2a_3\cdots,$$

它是一个十进制小数，表示将正整数 $a_1,a_2,\cdots$ 的十进制表示在小数点后依次写出.

问：是否存在 $x(>1)$，使得 S 是一个有理数？

解 不存在使 S 为有理数的实数 $x(>1)$.

我们的出发点是证明：对任意 $x(>1)$ 和 $m\in\mathbf{N}^*$，存在 $n\in\mathbf{N}^*$，使

$[x^n]$在十进制表示下出现连续 m 个零. (2)

如果上述结论成立,那么 S 的十进制表示中有任意有限长度的由零组成的块. 这样,若 S 为有理数,则它的循环节中的数字必全部为零,导致 S 是一个有限小数,矛盾. 从而,S 不能为有理数.

现在对任意 $x(>1)$ 和 $m\in\mathbf{N}^*$,存在 $\varepsilon>0$,使得 $10^{\varepsilon}\in[1,1+10^{-m}]$. 令 $\alpha=\log_{10}x$,则 $\alpha>0$. 对此 $\alpha,\varepsilon(>0)$,我们说:存在 $n\in\mathbf{N}^*$,使得

$$[n\alpha]\geqslant m \text{ 且 } \{n\alpha\}\in[0,\varepsilon)(\text{这里}\{y\}=y-[y]). \quad (3)$$

利用(3)的结论,对此 $n\in\mathbf{N}^*$,有

$$10^k\leqslant x^n=10^{n\alpha}=10^{k+\{n\alpha\}}<10^{k+\varepsilon}\leqslant 10^k+10^{k-m},$$

这里 $k=[n\alpha]$.

这表明,十进制表示下,$[x^n]$的首位为 1,接下去连续 m 位都为零. 从而(2)成立.

最后,来证明(3). 若 α 为有理数,则取 n 为 α 的分母的倍数,就有 $\{n\alpha\}=0$. 因而满足(3)的 $n\in\mathbf{N}^*$ 存在.

若 α 为无理数,我们先证明:对任意 $\varepsilon\in(0,1)$,存在 $n\in\mathbf{N}^*$,使得

$$\{-n\alpha\}\in(1-\varepsilon,1). \quad (4)$$

此时,利用$\{x\}+\{-x\}$在 $x\notin\mathbf{Z}$ 时的值等于 1,就有$\{n\alpha\}\in(0,\varepsilon)$.

事实上,对$-\alpha$ 用 4.3 节中引理 1 的证明方法,可知存在 $r\in\mathbf{N}^*$,使得$\{-r\alpha\}\in(0,\varepsilon)$或$(1-\varepsilon,1)$. 若为后者,则取 $n=r$ 即可;若为前者,设 $q\in\mathbf{N}^*$,满足 $q\{-r\alpha\}<1<(q+1)\{-r\alpha\}$,则取 $n=qr$ 即可. 因此,(4)成立.

下面我们利用(4)的结论,证明:存在无穷多个 $n\in\mathbf{N}^*$,使得

$$\{n\alpha\}\in(0,\varepsilon),$$

从而存在使(3)成立的正整数 n.

由(4)知,存在 $n_1\in\mathbf{N}^*$,使得$\{n_1\alpha\}\in(0,\varepsilon)$. 对此 n_1,再由(4)知,存在 n_2,使得

$$\{n_2\alpha\}\in(0,\{n_1\alpha\})\subseteq(0,\varepsilon).$$

依此递推,即可知存在无穷多个这样的 $n\in\mathbf{N}^*$.

综上可知,问题的结论是:对任意 $x>1$,数 S 都是无理数.

例 3 证明:至多只有有限个正整数,它们不能表示为若干个不同正整数的平方和.

证明 取一个正整数 x,使得 x 和 $2x$ 都能表示为两个不同正整数的平方和(为什么要找这样的正整数可从后面的表示中找到原因).然后对一个充分大的正整数 p,设

$$p\equiv r(\bmod 4x),\ 0\leqslant r\leqslant 4x-1,$$

我们将 p 表示为 r 个奇数与若干个偶数的平方和.

下面给出具体的过程.

令 $x=29$,则 $x=2^2+5^2$,$2x=3^2+7^2$.对满足:$p>(2x+1)^2+(4x+1)^2+\cdots+(2(4x-2)x+1)^2$ 的正整数 p,设

$$p\equiv r(\bmod 4x),\ 0\leqslant r\leqslant 4x-1,$$

我们可得

$$p=(2x+1)^2+(4x+1)^2+\cdots+(2(r-1)x+1)^2+4xq, \tag{5}$$

则 $q\in\mathbf{N}^*$.

现在写出 q 的二进制表示(偶次项与奇次项分开来写):

$$q=(2^{2a}+2^{2a+2}+\cdots+2^{2b})+(2^{2c+1}+2^{2c+3}+\cdots+2^{2d+1}),$$

这里 $0\leqslant a<\cdots<b$;$0\leqslant c<\cdots<d$.则

$$\begin{aligned}4xq&=(2^{2a+2}+2^{2a+4}+\cdots+2^{2b+2})x\\&\quad+(2^{2c+2}+2^{2c+4}+\cdots+2^{2d+2})(2x)\\&=(2\times 2^{a+1})^2+(2\times 2^{a+2})^2+\cdots+(2\times 2^{b+1})^2\\&\quad+(5\times 2^{a+1})^2+(5\times 2^{a+2})^2+\cdots+(5\times 2^{b+1})^2\\&\quad+(3\times 2^{c+1})^2+(3\times 2^{c+2})^2+\cdots+(3\times 2^{d+1})^2\\&\quad+(7\times 2^{c+1})^2+(7\times 2^{c+2})^2+\cdots+(7\times 2^{d+1})^2,\end{aligned}$$

是若干个不同偶数的平方和.

结合(5)式即可知,充分大的正整数都可以表示为若干个不同正整数的平方和.

例 4 设实数 A,B 的十进制表示为:

$A=0.a_1a_2\cdots a_k>0$,$B=0.b_1b_2\cdots b_k>0$(这里 a_k,b_k 可以为 0).

设 S 为满足

$$0.c_1c_2\cdots c_k<A,0.c_kc_{k-1}\cdots c_1<B \tag{6}$$

的数 $0.c_1c_2\cdots c_k$ 的个数(同样，c_k，c_1 可以为 0，即将 $0.c_1c_2\cdots c_r(c_r\neq 0)$ 与 $0.c_1c_2\cdots c_r0\cdots 0$ 视为等同)．证明：

$$|S-10^kAB|\leqslant 9k.$$

证明 数 $0.c_1c_2\cdots c_k$ 满足(6)的充要条件是：存在 $t\in\{1,2,\cdots,k\}$，使

$$0.c_1c_2\cdots c_{t-1}=0.a_1a_2\cdots a_{t-1},c_t<a_t,$$
$$0.c_kc_{k-1}\cdots c_{t+1}<0.b_1b_2\cdots b_{k-t};$$

或者

$$0.c_1c_2\cdots c_{t-1}=0.a_1a_2\cdots a_{t-1},c_t<a_t,$$
$$0.c_kc_{k-1}\cdots c_{t+1}=0.b_1b_2\cdots b_{k-t},$$
$$0.c_kc_{k-1}\cdots c_1<0.b_1b_2\cdots b_k.$$

对后一种情形，只有 c_t 可变化，其至多有 a_t 个变化，其余数位都是确定的．对前一种情形，恰有 $a_t\times\overline{b_1b_2\cdots b_{k-t}}$ 个符合要求的 $0.c_1c_2\cdots c_k$．所以，我们有

$$\begin{aligned}S&\leqslant\sum_{t=1}^{k}(a_t\times\overline{b_1b_2\cdots b_{k-t}}+a_t)\\&\leqslant 9k+\sum_{t=1}^{k}a_t\times\overline{b_1b_2\cdots b_{k-t}},\end{aligned}$$

并且 $S\geqslant\sum\limits_{t=1}^{k}a_t\times\overline{b_1b_2\cdots b_{k-t}}$．所以，只需估计 $\sum\limits_{t=1}^{k}a_t\times\overline{b_1b_2\cdots b_{k-t}}$ 的值．

注意到，

$$\begin{aligned}\sum_{t=1}^{k}a_t\times\overline{b_1b_2\cdots b_{k-t}}&=\sum_{t=1}^{k}a_t\times 10^{k-t}\times(B-0.00\cdots 0b_{k-t+1}b_{k-t+2}\cdots b_k)\\&=10^kAB-\sum_{t=1}^{k}a_t\times 0.b_{k-t+1}b_{k-t+2}\cdots b_k,\end{aligned}$$

而

$$0\leqslant\sum_{t=1}^{k}a_t\times 0.b_{k-t+1}b_{k-t+2}\cdots b_k<9k,$$

所以，我们有

$$10^kAB-9k\leqslant S\leqslant 10^kAB+9k.$$

命题获证.

例 5 数列$\{a_n\}$定义如下：若 n 在二进制表示下，数码 1 出现偶数次，则 $a_n=0$；否则，$a_n=1$. 证明：不存在 $k,m\in\mathbf{N}^*$，使得对任意 $0\leqslant j\leqslant m-1$，都有

$$a_{k+j}=a_{k+m+j}=a_{k+2m+j}. \tag{7}$$

证明

由条件，可知
$$\begin{cases}a_{2n}\equiv a_n \pmod 2,\\ a_{2n+1}\equiv a_{2n}+1\equiv a_n+1 \pmod 2.\end{cases} \tag{8}$$

假设存在 $k,m\in\mathbf{N}^*$，使得对任意 $0\leqslant j\leqslant m-1$，都有(7)成立，并设 $k+m$ 最小.

情形一 m 为偶数，设 $m=2t,t\in\mathbf{N}^*$.

如果 k 为偶数，在(7)中取 $j=0,2,4,\cdots,2t$，则 $0\leqslant\frac{j}{2}\leqslant t$，且

$$a_{k+j}=a_{k+m+j}=a_{k+2m+j}.$$

由(8)知，$a_{\frac{k}{2}+\frac{j}{2}}=a_{\frac{k}{2}+t+\frac{j}{2}}=a_{\frac{k}{2}+2t+\frac{j}{2}}$. 于是$\left(\frac{k}{2},\frac{m}{2}\right)$也使(7)对 $0\leqslant j\leqslant\frac{m}{2}-1$ 都成立，与 $k+m$ 最小矛盾.

如果 k 为奇数，取 $j=1,3,\cdots,2t-1$，同上讨论可知

$$a_{\frac{k+1}{2}+2t+\frac{j-1}{2}}=a_{\frac{k+1}{2}+t+\frac{j-1}{2}}=a_{\frac{k+1}{2}+\frac{j-1}{2}},$$

这说明$\left(\frac{k+1}{2},\frac{m}{2}\right)$也使(7)对 $0\leqslant j\leqslant\frac{m}{2}-1$ 成立，与 $k+m$ 最小矛盾.

情形二 m 为奇数. 当 $m=1$ 时，要求 $a_k=a_{k+1}=a_{k+2}$，这时若 k 为偶数，设 $k=2n$，则

$$a_{2n}=a_{2n+1}\equiv a_{2n}+1 \pmod 2,$$

与(8)矛盾；若 k 为奇数，设 $k=2n+1$，则

$$a_{2n+2}=a_{2n+3}\equiv a_{2n+2}+1 \pmod 2,$$

亦与(8)矛盾.

当 $m\geqslant 3$ 时，在(7)中令 $j=0,1,2$，可得

$$\begin{cases}a_k=a_{k+m}=a_{k+2m}, & (9)\\ a_{k+1}=a_{k+m+1}=a_{k+2m+1}, & (10)\\ a_{k+2}=a_{k+m+2}=a_{k+2m+2}. & (11)\end{cases}$$

(1) 如果 k 为偶数,设 $k=2n, m=2l+1$,则 $a_{k+1}\equiv a_k+1 \pmod 2$ $\Rightarrow a_{k+1}\neq a_k$,同理 $a_{k+m+1}\neq a_{k+m+2}$. 这样,结合(9),(10),(11),可知

$$a_k=a_{k+m+2}=a_{k+2}. \tag{12}$$

若 n 为偶数,设 $n=2t$,则

$$a_{k+2}=a_{4t+2}\equiv a_{2t+1}\equiv a_{2t}+1\equiv a_{4t}+1$$
$$\equiv a_k+1 \pmod 2\text{(这些式子都由(8)得到)},$$

与 $a_k=a_{k+2}$ 矛盾;

若 n 为奇数,则结合 m 为奇数,知

$$k+2m\equiv 0 \pmod 4,$$

同前讨论,知 $a_{k+2m}\neq a_{k+2m+2}$,结合(9),(11),(12)可得矛盾.

(2) 如果 k 为奇数,结合 m 为奇数,同上讨论,可知 $a_{k+m}\neq a_{k+m+1}$, $a_{k+1}\neq a_{k+2}$,对比(9),(10),(11),知 $a_k=a_{k+m}=a_{k+2}$. 分别就 $k\equiv 1 \pmod 4$ 和 $k\equiv 3 \pmod 4$ 作与上类似的讨论,可得矛盾.

综上可知,原命题成立.

例 6 设 $S=\{1,2,3,\cdots,2000\}$. 证明:可以对 S 中的数进行 4 种颜色的染色,使得任何 7 个成等差数列的数不同色.

证明 由于 $2000<6\times 7^3=2058$,所以 $1,2,3,\cdots,2000$ 中的每一个数均可表示为七进制中的 4 位数 $(dcba)_7$(允许首位为 0 的广义 4 位数). 记

$$A_i=\{x\in S \mid x=(dcba)_7, a\neq i, b\neq i, c\neq i\},$$

其中 $i=1,2,3,4$. 下面证明 $A_i(1\leqslant i\leqslant 4)$ 中不存在 7 个数成等差数列. 为此先证明集合

$$A=\{x\in S \mid x=(dcba)_7, a\neq 0, b\neq 0, c\neq 0\}$$

中任意 7 个数均不构成等差数列.

若不然,设 $x_1,x_2,\cdots,x_7$ 是集合 A 中的能构成等差数列的 7 个数,设公差为 $t>0$. 由于这 7 个数的末位数码不为零,因此它们都不能被 7 整除(因为数已表示成七进制),于是存在 $i,j\in\{1,2,\cdots,7\}, i<j$,使得 $7\mid(x_j-x_i)$,即 $7\mid(j-i)t$,这说明 $7\mid t$. 设 $t=7k$,令

$$x_1=d_1\cdot 7^3+c_1\cdot 7^2+b_1\cdot 7+a_1,$$

则 $x_i=d_1\cdot 7^3+c_1\cdot 7^2+b_1\cdot 7+a_1+7(i-1)k, i=2,3,\cdots,7$.

若 $7\leqslant t<49$，则 $(7,k)=1$，所以，$k,2k,\cdots,6k$ 除以 7 后的余数分别是 1,2,3,4,5,6 中的一个，因此存在 $n\in\{1,2,\cdots,6\}$，使得

$$7\mid(b_1+nk).$$

这说明 x_{n+1} 的七进制表示中从右向左第二位数码是零，这与 $x_{n+1}\in A$ 矛盾.

若 $49\leqslant t<343$，同理可证存在 x_{n+1}，它的从右向左第三位数码是零，矛盾.

若 $t\geqslant 343$，则 $x_7\geqslant 6\cdot 343>2000$，矛盾.

这就证明了 A 中任何 7 个数均不能构成等差数列. 要证明 $A_i(1\leqslant i\leqslant 4)$ 中任何 7 个数不成等差数列，只需注意到当 $\{x_1,x_2,\cdots,x_7\}\subset A_i$ 时，令

$$y_j=x_j+7^3-(7^2i+7i+i),$$

则 $y_j\in A$，从而化归为 A 中情形.

最后，证明 $A_1\cup A_2\cup A_3\cup A_4=S$.

显然，$A_1\cup A_2\cup A_3\cup A_4\subseteq S$. 另一方面，若 $x\in S$，但 $x\notin A_1\cup A_2\cup A_3\cup A_4$，那么 x 的七进制表示中，后 3 位必须同时出现 1,2,3,4，这是不可能的.

所以，对 A_1,A_2,A_3,A_4 中的数分别染以 4 种不同的颜色之一即可.

例 7 一个正 1000 边形 P 被一些对角线分割为三角形(这些对角线在形内不交). 求从这些对角线中能取出的长度两两不同的对角线条数的最小可能值.

解 所求最小可能值为 10.

为方便起见，对 P 的外接圆，我们称弦所对的劣弧的长度为“弦弧长”，并设 P 的边长所对应的“弦弧长”为 1.

一方面，我们可用所对“弦弧长”分别为 400,200,120,80,40,24,16,8,4,2 的对角线作出 P 的一个三角形分割. 方法如下：先作一个以 P 的顶点为顶点的正五边形(其边所对“弦弧长”为 200)，对该五边形用“弦弧长”为 400 的对角线作三角形分割；再将剩下的 5 块都用“弦弧

长”为 40 的对角线各分为 5 个六边形(从 P 的中间向外扩张),然后,可用“弦弧长”为 80,120 的对角线将这 5 个六边形作出三角形分割;剩下的部分都是 41 边形,共 25 个,对这 25 个凸 41 边形(依然是从 P 的内部向外扩张),可用“弦弧长”为 8 的对角线分出 25 个六边形,依次递推即可将 P 分割为三角形.

另一方面,设可用 n 种不同长度的对角线作出 P 的三角形分割,并设这 n 种对角线所对“弦弧长”为 $a_1,a_2,\cdots,a_n$,这里 $1<a_1<a_2<\cdots<a_n\leqslant 500$. 我们证明:$n\geqslant 10$.

首先,有一个三角形含 P 的中心,故存在 $1\leqslant i_1<i_2<i_3\leqslant n$,使得

$$a_{i_1}+a_{i_2}+a_{i_3}\geqslant 1000,$$

因此,$a_n\geqslant 334\left(=\left\lceil\frac{1000}{3}\right\rceil\right)$. 而对 $1\leqslant i\leqslant n$,都有 $a_i\leqslant 2a_{i-1}$(否则,所分割的部分中有不是三角形的块),这里 $a_0=1$. 这表明 $n\geqslant 9$(因为 $a_8\leqslant 2^8=256<334$).

其次,如果 $n=9$,我们设满足 $a_i<2a_{i-1}$ 的下标 i 的个数为 w. 若 $w=0$,则 $a_9=2^9=512>500$,矛盾;若 $w=2$,则 $a_9\leqslant\frac{5}{2}\cdot 2^7=320<334$,亦矛盾. 因此,$w=1$,设 k 是使 $a_i<2a_{i-1}$ 的那个唯一的下标,则 $a_9\leqslant 2^8\cdot\frac{3}{2}=384$.

由 k 的唯一性可知,$a_0,a_1,\cdots,a_{k-1}$ 在二进制表示下都恰有一位是 1. 注意到,存在 $0\leqslant i<j\leqslant k-1$,使得 $a_k=a_i+a_j$,故 $a_k,a_{k+1},\cdots,a_9$ 在二进制表示下都恰有两位是 1. 而 1000 在二进制表示下恰有六位是 1,因此,满足 $a_{i_1}+a_{i_2}+a_{i_3}=1000$ 的 a_{i_1},a_{i_2},a_{i_3} 在求和时不能出现进位,这要求 a_{i_1},a_{i_2},a_{i_3} 中有一个 $>2^9=512$,与 $a_9\leqslant 384$ 矛盾.

综上可知,所求最小可能值为 10.

5.2 高斯函数及其应用

知识桥

对任意 $x\in\mathbf{R}$，用$[x]$表示不超过 x 的最大整数，而$\{x\}=x-[x]$.

函数 $f(x)=[x]$，$x\in\mathbf{R}$ 是由大数学家高斯引入的，因此称为高斯函数，由于其本质是对实数 x 取其整数部分，故也常称之为取整函数.

由上述定义，立即可知以下结论

(1) $x=[x]+\{x\}$；

(2) $x-1<[x]\leqslant x$；

(3) $0\leqslant\{x\}<1$.

除此之外，高斯函数还有许多重要的性质.

性质 1 函数 $f(x)=[x]$是一个不减函数，即对任意 $x_1\leqslant x_2$，都有$[x_1]\leqslant[x_2]$；而函数 $f(x)=\{x\}$是一个周期函数，每个整数 n 都是其周期，即$\{n+x\}=\{x\}$.

性质 2 若 $n\in\mathbf{Z}$，$x\in\mathbf{R}$，则$[n+x]=n+[x]$，即整数都可以放到取整符号外面去.

性质 3 若 $x,y\in\mathbf{R}$，则

$$[x]+[y]\leqslant[x+y]\leqslant[x]+[y]+1.$$

证明 由结论(2)知$[x]\leqslant x$，$[y]\leqslant y$，故

$$[x]+[y]\leqslant x+y,$$

因此，$[x]+[y]\leqslant[x+y]$(这里用到高斯函数的定义).

由结论(2)还可知

$$x<[x]+1,\ y<[y]+1,$$

故 $x+y<[x]+[y]+2$，进而

$$[x+y]<[x]+[y]+2,$$

于是，有

$$[x+y]\leqslant[x]+[y]+1.$$

性质 4 若 $n\in\mathbf{N}^*$, $x>1$,则区间 $[1,x]$ 中有 $\left[\frac{x}{n}\right]$ 个整数是 n 的倍数.

性质 5 设 p 为素数, $n\in\mathbf{N}^*$,则

$$v_p(n!)=\left[\frac{n}{p}\right]+\left[\frac{n}{p^2}\right]+\cdots$$

性质 6 设函数 $f(x)$ 在区间 $[a,b]$ 上的函数值都不小于零,称坐标平面上由不等式 $y>0$, $a<x\leqslant b$ 和 $y\leqslant f(x)$ 所围成的图形为"曲边梯形区域",则该区域内整点的个数为

$$T=\sum_{a<n\leqslant b}[f(n)],$$

这里的求和式是对区间 $(a,b]$ 内的整数 n 求和.

训练营

例 1 已知 $a,b\in\mathbf{N}^*$,且 $(a,b)=1$. 证明:

$$\left[\frac{b}{a}\right]+\left[\frac{2b}{a}\right]+\cdots+\left[\frac{(a-1)b}{a}\right]=\frac{1}{2}(a-1)(b-1). \qquad (1)$$

证明 先证一个引理:设 $1\leqslant k\leqslant a-1$,且 $(a,b)=1$, $a,b\in\mathbf{N}^*$,则

$$\left[\frac{kb}{a}\right]+\left[\frac{(a-k)b}{a}\right]=b-1.$$

事实上,由 $(a,b)=1$,可知 $\frac{kb}{a},\frac{(a-k)b}{a}\notin\mathbf{Z}$,于是

$$\left[\frac{kb}{a}\right]+\left[\frac{(a-k)b}{a}\right]<\frac{kb}{a}+\frac{(a-k)b}{a}=b.$$

而由性质 3,还有

$$\left[\frac{kb}{a}\right]+\left[\frac{(a-k)b}{a}\right]\geqslant\left[\frac{kb}{a}+\frac{(a-k)b}{a}\right]-1=b-1,$$

所以,引理成立.

利用引理,如果记(1)式左边为 S,则

$$2S=\sum_{k=1}^{a-1}\left(\left[\frac{kb}{a}\right]+\left[\frac{(a-k)b}{a}\right]\right)=\sum_{k=1}^{a-1}(b-1)=(a-1)(b-1),$$

所以，$S=\frac{1}{2}(a-1)(b-1)$.

另证 如图 5-1 所示，考虑矩形 $OACB$ 中的整点. 直线 OC 的方程为 $y=\frac{b}{a}x$. 设 $1\leqslant k\leqslant a-1, k\in\mathbf{N}^*$. 过点 $D(k,0)$ 作 x 轴的垂线交 OC 于点 E，则线段 DE 上的整点个数为 $\left[\frac{kb}{a}\right]$. 记(1)式左边为 S，于是，S 表示的是 $\triangle OAC$ 内部的整点个数. 由对称性，$\triangle OAC$ 内的整点个数等于 $\triangle OBC$ 内的整点个数，又由于 $(a,b)=1$，可知线段 OC 内没有整点，所以 S 等于矩形 $OACB$ 内部的整点个数的一半. 于是 $S=\frac{1}{2}(a-1)(b-1)$.

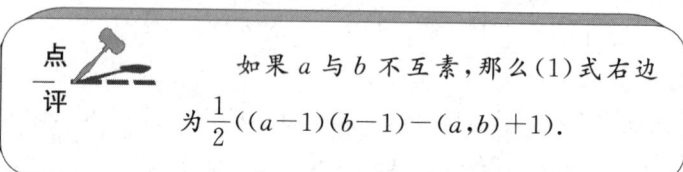

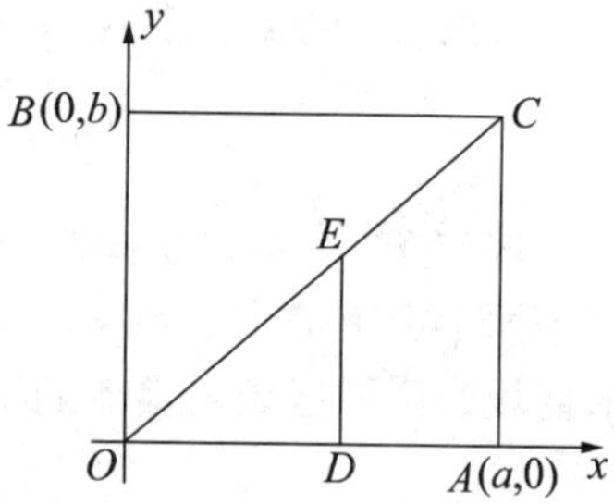

图 5-1

点评 如果 a 与 b 不互素，那么(1)式右边为 $\frac{1}{2}((a-1)(b-1)-(a,b)+1)$.

例 2 设 $n\in\mathbf{N}^*$，考虑坐标平面上由不等式 $y>0, 0<x\leqslant n, y\leqslant\sqrt{x}$ 围成的区域. 试用 n 和 $a(=[\sqrt{n}])$ 来表示该区域内的整点个数.

解 由性质 6，可知题中所求区域内的整点个数为

$$T=\sum_{k=1}^{n}[\sqrt{k}].$$

我们采用下面的方法来计算 T.

对命题 P，引入记号 $[P]$，若 P 成立，则 $[P]=1$；若 P 不成立，则 $[P]=0$. 于是，有

$$\begin{aligned}\sum_{k=1}^{n}[\sqrt{k}] &= \sum_{k=1}^{n}\sum_{j=1}^{a}[j^2\leqslant k]\\ &= \sum_{j=1}^{a}\sum_{k=1}^{n}[j^2\leqslant k]\\ &= \sum_{j=1}^{a}(n-j^2+1)\\ &=(n+1)a-\frac{1}{6}a(a+1)(2a+1).\end{aligned}$$

点评 这里关于 T 的计算中使用的方法希望读者细细体味.

例 3 设函数 $f:\mathbf{N}^*\to\mathbf{N}^*$ 的定义如下:记

$$\frac{(2n)!}{n!(n+1000)!}=\frac{A(n)}{B(n)},$$

这里 $n\in\mathbf{N}^*$,$A(n)$,$B(n)$为互素的正整数.若 $B(n)=1$,则 $f(n)=1$;若 $B(n)>1$,则 $f(n)$为 $B(n)$的最大素因子.

求证:函数 f 为有界函数,并求 f 的最大值.

证明

证题思路是寻找一个常数,使得对任意的 $n\in\mathbf{N}^*$,$\dfrac{A(n)}{B(n)}$与该常数的乘积为一个正整数,从而导出 f 为有界函数.

先证一个引理:对任意非负实数 x,y,均有

$$[2x]+[2y]\geqslant[x]+[x+y]. \tag{2}$$

事实上,设 $x=m+\alpha$,$y=n+\beta$,这里 $m,n\in\mathbf{N}$,而 $\alpha,\beta\in[0,1)$,则(2)式等价于证明

$$2m+[2\alpha]+2n+[2\beta]\geqslant m+(m+n)+[\alpha+\beta],$$

即

$$n+[2\alpha]+[2\beta]\geqslant[\alpha+\beta]. \tag{3}$$

由于$[\alpha+\beta]\leqslant1$,并且当$[\alpha+\beta]=1$时,α,β中必有一个数不小于

$\frac{1}{2}$，从而这时$[2\alpha]+[2\beta]\geqslant 1$. 所以，(3)式成立. 引理获证.

回到原题，先证明：对任意的 $n\in\mathbf{N}^*$，数$\frac{(2n)!\cdot 2000!}{n!(n+1000)!}$为正整数. 为此只需证明：对任意的素数 p，在$(2n)!\cdot 2000!$的素因数分解式中 p 的幂次不小于在$n!(n+1000)!$的素因数分解式中 p 的幂次. 利用性质5，只需证明：

$$\sum_{k=1}^{+\infty}\left(\left[\frac{2n}{p^k}\right]+\left[\frac{2000}{p^k}\right]\right)-\left(\left[\frac{n}{p^k}\right]+\left[\frac{n+1000}{p^k}\right]\right)\geqslant 0. \tag{4}$$

若令 $x=\frac{n}{p^k}$，$y=\frac{1000}{p^k}$，利用(2)式可知不等式(4)成立，所以$\frac{(2n)!\cdot 2000!}{n!(n+1000)!}\in\mathbf{N}^*$，即

$$\frac{A(n)}{B(n)}\cdot 2000!\ \in\mathbf{N}^*.$$

上述讨论表明：对任意的 $n\in\mathbf{N}^*$，均有 $f(n)\mid 2000!$. 注意到 $f(n)$为1或素数，而直接验算可知1999为素数，所以，对任意的 $n\in\mathbf{N}^*$，均有 $f(n)\leqslant 1999$. $f(n)$为有界函数.

进一步，当 $n=999$ 时，可知

$$B(n)=1999\cdot(999!),$$

这时 $f(n)=1999$. 故 $f(n)$的最大值为1999.

例4 求所有的正实数对(a,b)，使得对任意 $n\in\mathbf{N}^*$，都有

$$[a[bn]]=n-1. \tag{5}$$

解 由(5)知，对任意 $n\in\mathbf{N}^*$，都有

$$\begin{aligned} n-1 &=[a[bn]]\leqslant a[bn]\leqslant abn<a([bn]+1)\\ &<[a[bn]]+1+a\\ &=n+a. \end{aligned}$$

(5)式两边除以 n 后，再令 $n\to+\infty$，可知 $ab=1$.

如果 a,b 中有一个为有理数，那么 a,b 都为有理数，这时，设 $b=\frac{q}{p}$，其中 $p,q\in\mathbf{N}^*$，$(p,q)=1$，则 $a=\frac{p}{q}$. 此时，令 $n=p$，则

$$[a[bn]]=\left[\frac{p}{q}\cdot q\right]=p\neq n-1,$$

矛盾. 所以,a,b 都是正无理数.

进一步,由 $ab=1$,可知

$$[a[bn]]=[abn-a\{bn\}]=n+[-a\{bn\}].$$

于是,(5)式等价于

$$-1\leqslant -a\{bn\}<0. \tag{6}$$

利用5.1节例2中的结论,若 $a>1$,则对无理数 b,存在 $n\in\mathbf{N}^*$,使得 $\{nb\}>\frac{1}{a}$,这与(6)矛盾. 所以,$a<1$.

综上可知,正实数 (a,b) 应满足:$ab=1,0<a<1$,且 a,b 都是无理数.

最后,设 (a,b) 为满足上述条件的正实数对,则由 b 为无理数,可知对任意 $n\in\mathbf{N}^*$,都有 $0<\{bn\}<1$,于是,

$$-1<-a<-a\{bn\}<0,$$

这表明(6)成立. 进而 (a,b) 符合(5).

所以,满足条件的 (a,b) 构成的集合为 $\{(a,b)\mid ab=1,0<a<1,a,b$ 为无理数$\}$.

例5 设实数 $r\geqslant 1$,满足:对任意 $m,n\in\mathbf{N}^*$,若 $m\mid n$,则 $[mr]\mid[nr]$. 证明:r 是一个整数.

证明 若 $r\notin\mathbf{Z}$,结合 $r\geqslant 1$,可知存在 $a\in\mathbf{N}^*$,使得 $ar\notin\mathbf{Z}$,且 $[ar]>1$. 这时存在唯一的 $k\in\mathbf{N}^*$,使得

$$\frac{1}{k+1}\leqslant\{ar\}<\frac{1}{k}.$$

于是,

$$[(k+1)ar]=(k+1)[ar]+[(k+1)\{ar\}].$$

而 $1\leqslant(k+1)\{ar\}<\frac{k+1}{k}=1+\frac{1}{k}\leqslant 2$,所以,

$$[(k+1)ar]=(k+1)[ar]+1.$$

这样,我们令 $m=a,n=(k+1)a$,就导致 $m\mid n$,但 $[mr]\nmid[nr]$. 这与条件矛盾.

综上可知，$r\in\mathbf{Z}$.

例 6 设 m,n 为正整数，求等式

$$\sum_{i=0}^{mn-1}(-1)^{\left[\frac{i}{m}\right]+\left[\frac{i}{n}\right]}=0$$

成立的充要条件.

解 记

$$f_{m,n}(i)=\left[\frac{i}{m}\right]+\left[\frac{i}{n}\right],S(m,n)=\sum_{i=0}^{mn-1}(-1)^{f_{m,n}(i)},$$

问题等价于求 $S(m,n)=0$ 的充要条件.

情形一 m,n 都为奇数，这时 $S(m,n)$ 是奇数(mn)个奇数之和，故 $S(m,n)\neq 0$.

情形二 m,n 一奇一偶，这时对 $0\leqslant i\leqslant mn-1$，有

$$\begin{aligned}f_{m,n}(mn-i-1)&=\left[\frac{mn-i-1}{m}\right]+\left[\frac{mn-i-1}{n}\right]\\&=m+n+\left[-\frac{i+1}{m}\right]+\left[-\frac{i+1}{n}\right].\end{aligned}\tag{7}$$

现在我们需要下面的结论：当 $m\in\mathbf{N}^*$，$i\in\mathbf{N}$ 时，

$$\left[\frac{i}{m}\right]+\left[-\frac{i+1}{m}\right]=-1.\tag{8}$$

事实上，设 $\frac{i}{m}=k+\alpha$，$k\in\mathbf{N}$，$0\leqslant\alpha<1$，则 $\left[\frac{i}{m}\right]=k$，且 $0\leqslant\alpha\leqslant\frac{m-1}{m}$. 此时，

$$-\frac{i+1}{m}=-k-\alpha-\frac{1}{m}\geqslant-k-\frac{m-1}{m}-\frac{1}{m}=-k-1,$$

而且

$$-\frac{i+1}{m}=-k-\alpha-\frac{1}{m}\leqslant-k-\frac{1}{m}<-k.$$

所以，

$$\left[-\frac{i+1}{m}\right]=-(k+1).$$

依此可知(8)成立.

由(8)及(7),可知

$$\begin{aligned}f_{m,n}(mn-i-1)&=m+n-1-\left[\frac{i}{m}\right]-1-\left[\frac{i}{n}\right]\\&=m+n-2-f_{m,n}(i)\\&\equiv f_{m,n}(i)+1 \pmod 2,\end{aligned}$$

从而,对 $S(m,n)$ 作首尾配对求和(注意到项数 mn 为偶数),可知 $S(m,n)=0$.

情形三 m,n 都为偶数,设 $m=2k,n=2l$. 由于对任意 $p\in\mathbf{N}^*$, $j\in\mathbf{N}$,都有 $\left[\frac{2j}{2p}\right]=\left[\frac{2j+1}{2p}\right]$,因此,$S(m,n)$ 等于对所有的偶数 $i(=0,2,\cdots,mn-2)$ 求和后所得值的两倍,即

$$\begin{aligned}S(m,n)&=2\sum_{i=0}^{2kl-1}(-1)^{f_{m,n}(i)}=2\sum_{i=0}^{2kl-1}(-1)^{f_{k,l}(i)}\\&=2\Big(S(k,l)+\sum_{i=kl}^{2kl-1}(-1)^{f_{k,l}(i)}\Big)\\&=2\Big(S(k,l)+\sum_{i=0}^{kl-1}(-1)^{k+l}\cdot(-1)^{f_{k,l}(i)}\Big)\\&=2S(k,l)(1+(-1)^{k+l}).\end{aligned}$$

用 k,l 取代 m,n,重复上面的讨论,直至 k,l 不同为偶数,可得 $S(m,n)=0$ 的充要条件是:m,n 的素因数分解式中 2 的幂次不同.

点评 上面的例题尽管有相异的处理手法,但利用不等式去除取整符号总起着重要作用.如何恰当地解决取整符号带来的不方便是解这类问题的出发点.

例 7 求最大的实数 c,使得对任意的 $n\in\mathbf{N}^*$,均有 $\{\sqrt{2}n\}>\frac{c}{n}$.

解 注意到,对任意的 $n\in\mathbf{N}^*$,记 $k=[\sqrt{2}n]$,则

$$\{\sqrt{2}n\}=\sqrt{2}n-[\sqrt{2}n]=\sqrt{2}n-k=\frac{2n^2-k^2}{\sqrt{2}n+k}$$

$$\geqslant\frac{1}{\sqrt{2}n+k}>\frac{1}{\sqrt{2}n+\sqrt{2}n}=\frac{1}{2\sqrt{2}n}.$$

这里用到 $\sqrt{2}$ 为无理数,故 $\{\sqrt{2}n\}>0$. 从而 $2n^2-k^2>0$(当然有 $2n^2-k^2\geqslant1$),且 $k<\sqrt{2}n$. 于是,$c\geqslant\frac{1}{2\sqrt{2}}$.

另一方面,对佩尔方程 $x^2-2y^2=-1$ 的所有正整数解 (k_m, n_m),均有

$$n_m\{\sqrt{2}n_m\}=\frac{n_m}{\sqrt{2}n_m+k_m}=\frac{n_m}{\sqrt{2}n_m+\sqrt{1+2n_m^2}}\to\frac{2}{2\sqrt{2}},$$

这里基本解 $(k_1, n_1)=(1,1)$,且

$$k_m+n_m\sqrt{2}=(1+\sqrt{2})^{2m+1}.$$

上述极限在 $m\to+\infty$ 时成立,所以 $c\leqslant\frac{1}{2\sqrt{2}}$.

综上所述可知,所求的最大实数 $c=\frac{1}{2\sqrt{2}}$.

例 8 设非负整数数列 $a_1, a_2, \cdots, a_{2000}$ 满足

$$a_i+a_j\leqslant a_{i+j}\leqslant a_i+a_j+1,1\leqslant i<j\leqslant2000, i+j\leqslant2000.$$

证明:存在实数 x,使得对任意的 $n\in\{1,2,\cdots,2000\}$,均有 $a_n=[nx]$.

证明

记 $I_n=\left[\frac{a_n}{n},\frac{a_n+1}{n}\right)$,$n=1,2,\cdots,2000$. 若存在实数 $x\in\bigcap\limits_{n=1}^{2000}I_n$,则命题获证.

为此,设 $L=\max\limits_{1\leqslant n\leqslant2000}\left\{\frac{a_n}{n}\right\}$,$U=\min\limits_{1\leqslant n\leqslant2000}\left\{\frac{a_n+1}{n}\right\}$. 下面证明:对任意的 $n, m\in\{1,2,\cdots,2000\}$,均有

$$\frac{a_n}{n}<\frac{a_m+1}{m},$$

即

$$ma_n<n(a_m+1).\qquad(9)$$

注意到，若(9)式获证，则 $L<U$，从而

$$\bigcap_{n=1}^{2000} I_n=[L,U)\neq\varnothing,$$

于是，存在 $x\in\mathbf{R}$，使 $x\in\bigcap\limits_{n=1}^{2000} I_n$.

通过对 $n+m$ 归纳，用数学归纳法来证明(9)式.

当 $n=m=1$ 时，(9)式显然成立. 设 $n+m\leqslant k$ 时，(9)式成立. 对 $n+m=k+1$ 的情形，如果 $m=n$，则(9)式显然；如果 $m>n$，则由归纳假设有

$$(m-n)a_n<n(a_{m-n}+1),$$

由条件可知

$$n(a_{m-n}+a_n)\leqslant na_m,$$

于是 $ma_n<n(a_m+1)$，(9)式成立；如果 $m<n$，由归纳假设得

$$ma_{n-m}<(n-m)(a_m+1),$$

而由条件知

$$ma_n\leqslant m(a_m+a_{n-m}+1),$$

两式相加，得 $ma_n<n(a_m+1)$，亦有(9)式成立.

综上所述可知，对 $n,m\in\{1,2,\cdots,2000\}$，均有(9)式成立.

点评 此题中 2000 可以改为任意有限正整数，命题依然成立，请读者将此题与性质 3 对照.

知识桥

下面讨论用高斯函数刻画的正整数集的互补数列.

正整数数列 $\{a_n\}$ 与 $\{b_n\}$ 如果满足：

(1) 对任意的 $i,j\in\mathbf{N}^*$，$i\neq j$，均有 $a_i\neq a_j$，$b_i\neq b_j$；

(2) 对任意的 $m,n\in\mathbf{N}^*$，均有 $a_m\neq b_n$；

(3) 集合$\{a_1,a_2,\cdots\}$与$\{b_1,b_2,\cdots\}$的并集为$\mathbf{N}^*$，

则称数列$\{a_n\}$与$\{b_n\}$**互为互补数列**.

在此介绍著名的贝蒂-瑞利定理.

贝蒂-瑞利定理 设α,β为正无理数，且$\frac{1}{\alpha}+\frac{1}{\beta}=1$. 则数列$\{a_n\}$和$\{b_n\}$为互补数列，这里$a_n=[\alpha n],b_n=[\beta n],n=1,2,\cdots$.

证明 由互补数列的定义，只需证明：集合A,B构成$\mathbf{N}^*$的二分划，这里$A=\{[n\alpha]\mid n\in\mathbf{N}^*\},B=\{[n\beta]\mid n\in\mathbf{N}^*\}$. 即证：对任意的$r\in\mathbf{N}^*$，$r$恰属于$A,B$中的某一个集合.

事实上，任给$r\in\mathbf{N}^*$，取$n,m\in\mathbf{N}^*$，使$n=\frac{r}{\alpha}+\lambda,m=\frac{r}{\beta}+\mu$，这里$\lambda,\mu\in(0,1)$$\left(即令 n=\left[\frac{r}{\alpha}\right]+1,m=\left[\frac{r}{\beta}\right]+1\right)$. 于是，由$\frac{1}{\alpha}+\frac{1}{\beta}=1$，可知

$$\lambda+\mu=m+n-r\in\mathbf{Z}.$$

而$0<\lambda+\mu<2$，故$\lambda+\mu=1$，即有

$$\begin{cases}\lambda+\mu=1, & (10)\\ \lambda\left(\frac{1}{\lambda\alpha}\right)+\mu\left(\frac{1}{\mu\beta}\right)=1. & (11)\end{cases}$$

这表明$\lambda\alpha$与$\mu\beta$中恰有一个数$\in(0,1)$（事实上，由于$\lambda\alpha=n\alpha-r\notin\mathbf{N}^*$，$\mu\beta\notin\mathbf{N}^*$，故若$\lambda\alpha>1,\mu\beta>1$，则(10)与(11)矛盾）. 不妨设$\lambda\alpha\in(0,1)$，则$r+\lambda\alpha=n\alpha$，所以，$[n\alpha]=r$，故$r\in A$.

命题成立.

这个定理的证明还可以依如下三个步骤，分解为三个命题来分别处理：

(1) $a_1<a_2<\cdots,b_1<b_2<\cdots$；

(2) 对任意的$m,n\in\mathbf{N}^*$，均有$a_m\neq b_n$；

(3) 对任意的$r\in\mathbf{N}^*$，均有$r\in A\cup B$.

(1)几乎是显然的，这里只给出(2)，(3)的证明. (2)与(3)都可以用反证法证出.

对于(2)，若存在$m,n\in\mathbf{N}^*$，使得$a_m=b_n=k$，则由α,β为无理数，可知

$$k<\alpha m<k+1, k<\beta n<k+1.$$

两式分别除以 α,β 后求和，结合 $\frac{1}{\alpha}+\frac{1}{\beta}=1$，得

$$k<m+n<k+1.$$

但 m,n,k 都为正整数，上式不能成立.

对于(3)，若存在 $r\in\mathbf{N}^*$，使得 $r\notin A\cup B$，则存在 $m,n\in\mathbf{N}^*$，使得 $a_m<r<a_{m+1}$，$b_n<r<b_{n+1}$. 因此，

$$\begin{cases}[\alpha m]<r\leqslant[\alpha(m+1)]-1,\\ [\beta n]<r\leqslant[\beta(n+1)]-1.\end{cases}$$

结合 α,β 为无理数，可知

$$\begin{cases}\alpha m<r<r+1<\alpha(m+1), & (12)\\ \beta n<r<r+1<\beta(n+1). & (13)\end{cases}$$

$(12)\div\alpha+(13)\div\beta$，得

$$m+n<r<r+1<m+n+2.$$

上式在 $m,n,r\in\mathbf{N}^*$ 时不能成立. 故(3)得证.

训练营

例 9　给定 A,B,C 三列数如下：A 列为十进制数中形如 10^k 的数，其中 $k\in\mathbf{N}^*$，B 列和 C 列分别是 A 列中的数在二进制与五进制下的表示.

A	B	C
10	1010	20
100	1100100	400
1000	1111101000	13000
⋮	⋮	⋮

证明：对任意的 $n\in\mathbf{N}^*$，$n>1$，在 B 列或 C 列中恰有一个数是 n 位数.

证明　注意到，数 10^k 在二进制表示下，恰有 $[k\log_2 10]+1$ 位数，而在

五进制表示下，恰有$[k\log_5 10]+1$位数. 所以我们只需证明数列$\{[k\log_2 10]\}$与$\{[k\log_5 10]\}$是互补数列.

若$\log_2 10=\frac{q}{p}$，$p,q\in\mathbf{N}^*$，$(p,q)=1$，则$10=2^{\frac{q}{p}}$，即$10^p=2^q$，导致$5^p=2^{q-p}$，矛盾. 故$\log_2 10$为无理数. 同理可得$\log_5 10$为无理数. 由于$\log_2 10$与$\log_5 10$为两个正无理数，且它们的倒数和等于1. 利用贝蒂-瑞利定理，可知上述两个数列是互补数列.

例 10 求所有的正整数数对(m,n)，使得

$$[n\sqrt{2}]=[2+m\sqrt{2}]. \tag{14}$$

解 设(m,n)为满足(14)的正整数数对，则$n>m$.

注意到

$$\begin{aligned}[(m+3)\sqrt{2}]&=[m\sqrt{2}+3\sqrt{2}]\geqslant[m\sqrt{2}]+[3\sqrt{2}]\\&=[m\sqrt{2}+4],\end{aligned}$$

所以，$n=m+1$或$n=m+2$.

如果$n=m+1$，由于$\frac{1}{\sqrt{2}}+\frac{1}{2+\sqrt{2}}=1$，利用贝蒂-瑞利定理，可知$\{[\sqrt{2}m]\}$与$\{[(2+\sqrt{2})h]\}$为互补数列，而这时

$$[n\sqrt{2}]=[(m+1)\sqrt{2}]=[2+m\sqrt{2}]=2+[m\sqrt{2}],$$

故$[m\sqrt{2}]$与$[(m+1)\sqrt{2}]$之间恰有一个整数$[(2+\sqrt{2})h]$，即有

$$m\sqrt{2}<(2+\sqrt{2})h<(m+1)\sqrt{2},$$

故$m<(\sqrt{2}+1)h<m+1$，即

$$m=[(\sqrt{2}+1)h].$$

对上述过程逆推，可知

$$(m,n)=([(\sqrt{2}+1)h],[(\sqrt{2}+1)h]+1)$$

是(14)的解. 所以这时(14)的正整数解为

$$\begin{cases}m=[(\sqrt{2}+1)h],\\n=[(\sqrt{2}+1)h]+1,\end{cases}h\in\mathbf{N}^*.$$

如果 $n=m+2$，同上可知 $[(m+2)\sqrt{2}]=[2+m\sqrt{2}]=2+[m\sqrt{2}]$，于是 $[m\sqrt{2}]$，$[(m+1)\sqrt{2}]$ 与 $[(m+2)\sqrt{2}]$ 为连续的 3 个正整数. 所以，存在 $h\in\mathbf{N}^*$，使

$$[(2+\sqrt{2})(h+1)]-[(2+\sqrt{2})h]\geqslant 4.$$

但是，

$$[(2+\sqrt{2})(h+1)]-[(2+\sqrt{2})h]\leqslant 1+[2+\sqrt{2}]=4.$$

从而，存在 $h\in\mathbf{N}^*$，使得

$$\begin{cases}[(m-1)\sqrt{2}]<[(2+\sqrt{2})h]<[m\sqrt{2}], & (15)\\ [(2+\sqrt{2})(h+1)]=[(2+\sqrt{2})h]+4. & (16)\end{cases}$$

由(15)可知 $m=[(1+\sqrt{2})h]+1$，而(16)即 $[\sqrt{2}(h+1)]=[\sqrt{2}h+2]$. 于是，利用前一种情形的讨论（$h$ 相当于 m），可知存在 $k\in\mathbf{N}^*$，使 $h=[(1+\sqrt{2})k]$. 对上述过程逆推，可知这时(14)的正整数解为

$$\begin{cases}m=[(1+\sqrt{2})h]+1=3k+2[\sqrt{2}k],\\ n=3k+2+2[\sqrt{2}k],\end{cases} k\in\mathbf{N}^*.$$

在最后一步中，用到

$$\begin{aligned}m&=[(1+\sqrt{2})[(1+\sqrt{2})k]]+1\\ &=[(3+2\sqrt{2})k+1-(1+\sqrt{2})\alpha]\\ &=[3k+2[\sqrt{2}k]+1-(\sqrt{2}-1)\alpha]\\ &=3k+2[\sqrt{2}k],\end{aligned}$$

这里 $\alpha=\{(1+\sqrt{2})k\}=\{\sqrt{2}k\}$.

5.3 平 方 和

知识桥

将一个正整数表示为若干个正整数的平方和的问题，早在16世纪人们就开始研究了. 1621年巴赫特(Bachet)提出：每一个正整数都可以表示为4个完全平方数之和. 这个命题迟至1772年，才由拉格朗日第一个完整地给予了证明，历经151年. 当然，与历经358年方得以解决的费马大定理相比，这又是小巫见大巫了. 这一方面反映了数论问题的深奥与困难，更重要的是表现了人类面对困难所表现的执著与毅力.

希尔伯特(Hilbert)曾说过："一个数论问题不会过时，就像一件真正的艺术品不会过时一样."这一节，我们将一些有趣而又富有思想的结果展示给读者.

训练营

例1 求所有的奇素数 p，使得存在正整数 x, y，满足

$$p=x^2+y^2.$$

解 注意到，对任意的 $x, y\in \mathbf{N}^*$，均有 $x^2+y^2\equiv 0, 1$ 或 $2 \pmod 4$，而奇素数 $p\equiv 1$ 或 $3 \pmod 4$，故所求的素数 p 必须满足

$$p\equiv 1 \pmod 4.$$

下面证明：若素数 $p\equiv 1 \pmod 4$，则存在 $x, y\in \mathbf{N}^*$，使得

$$p=x^2+y^2.$$

证法1　注意到，当 $p\equiv 1 \pmod 4$ 时，$(-1)^{\frac{p-1}{2}}=1$. 利用欧拉判

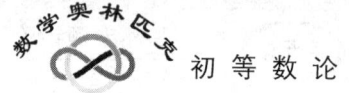

别法，可知 -1 是模 p 的二次剩余. 从而存在 $x\in\left\{1,2,\cdots,\frac{p-1}{2}\right\}$，使得

$$x^2+1\equiv 0(\text{mod } p).$$

设 $x^2+1=mp, m\in\mathbf{N}^*$，则

$$0<x^2+1\leqslant\left(\frac{p-1}{2}\right)^2+1<p^2,$$

故 $0<m<p$.

设使得不定方程

$$x^2+y^2=mp \tag{1}$$

有正整数解的最小正整数 m 为 m_0. 我们用无穷递降的思想来证明

$$m_0=1.$$

若 $m_0>1$，设 x_1, y_1 满足 $x_1^2+y_1^2=m_0p$. 选 $x_0, y_0\in\mathbf{Z}$，使得

$$x_1\equiv x_0(\text{mod } m_0), y_1\equiv y_0(\text{mod } m_0), |x_0|\leqslant\frac{m_0}{2}, |y_0|\leqslant\frac{m_0}{2}.$$

如果 $x_0=y_0=0$，则 $m_0\mid x_1$，且 $m_0\mid y_1$，这导致 $m_0^2\mid m_0p$，故 $m_0\mid p$. 但 $1<m_0<p$，矛盾. 所以 $0<x_0^2+y_0^2\leqslant\frac{m_0^2}{2}$.

由于 $x_0^2+y_0^2\equiv x_1^2+y_1^2\equiv 0(\text{mod } m_0)$，所以，可设 $x_0^2+y_0^2=m_1m_0$，这里 $m_1\in\mathbf{N}^*$，且 $1\leqslant m_1\leqslant\frac{m_0}{2}$. 从而

$$\begin{aligned} m_1m_0^2p &=(x_0^2+y_0^2)(x_1^2+y_1^2)\\ &=(x_0x_1+y_0y_1)^2+(x_1y_0-x_0y_1)^2. \end{aligned}$$

注意到 $x_0x_1+y_0y_1\equiv x_1^2+y_1^2\equiv 0(\text{mod } m_0)$，而

$$x_1y_0-x_0y_1\equiv x_1y_1-x_1y_1\equiv 0(\text{mod } m_0),$$

所以

$$m_1p=\left(\frac{x_0x_1+y_0y_1}{m_0}\right)^2+\left(\frac{x_1y_0-x_0y_1}{m_0}\right)^2.$$

于是记

$$X=\left|\frac{x_0x_1+y_0y_1}{m_0}\right|, Y=\left|\frac{x_1y_0-x_0y_1}{m_0}\right|,$$

则(X,Y)是方程 $x^2+y^2=m_1p$ 的整数解，且易知 X,Y 都是正整数. 这与 m_0 的最小性矛盾，所以 $m_0=1$. 即存在正整数 x,y，使得 $p=x^2+y^2$.

证法 2　与证法 1 类似，可知存在 $a\in\mathbf{Z}$，使得

$$a^2\equiv-1\pmod p.$$

考察形如 $as+t$ 的$([\sqrt{p}]+1)^2$ 个数，这里 $0\leqslant s\leqslant\sqrt{p}$，$0\leqslant t\leqslant\sqrt{p}$. 其中必有两个数对模 p 同余，设 $as_1+t_1\equiv as_2+t_2\pmod p$，并记

$$x=|s_1-s_2|,\ y=|t_1-t_2|,$$

则由$(a,p)=1$，可知 $x,y\in\mathbf{N}^*$，并且有 $ax\pm y\equiv0\pmod p$. 于是

$$a^2x^2\equiv y^2\pmod p,$$

即有

$$x^2+y^2\equiv0\pmod p.$$

注意到，$x=|s_1-s_2|<\sqrt{p}$，$y=|t_1-t_2|<\sqrt{p}$，可知 $x^2+y^2<2p$，所以 $x^2+y^2=p$.

点评　本例结论的两个证明分别归功于欧拉和高斯(Gauss)，两个证明都是有代表性的处理思路，是这一问题的初等证明中的典范.

例 2　证明：每一个素数都可以表示为 4 个整数的平方和.

证明　当 $p=2$ 时，有表示 $2=1^2+1^2+0^2+0^2$，因此，只需讨论 p 为奇素数的情形.

先证一个引理：设 p 为奇素数，则存在整数 $x,y\in\left\{0,1,2,\cdots,\frac{p-1}{2}\right\}$，使得 $x^2+y^2\equiv-1\pmod p$.

事实上，由 p 为奇素数，可知

$$0^2,1^2,\cdots,\left(\frac{p-1}{2}\right)^2 \tag{2}$$

这$\frac{p+1}{2}$个数对模 p 两两不同余.

同样地,下面的$\frac{p+1}{2}$个数

$$-0^2-1,-1^2-1,\cdots,-\left(\frac{p-1}{2}\right)^2-1 \tag{3}$$

对模 p 两两不同余.

由于(2),(3)中共 $p+1$ 个数,而任意 $p+1$ 个数中必有两个数对模 p 同余,依此即可知引理成立.

对于引理中的 x,y,我们设 $x^2+y^2+1=mp$,则

$$mp\leqslant\left(\frac{p-1}{2}\right)^2+\left(\frac{p-1}{2}\right)^2+1=\frac{p^2}{2}-p+\frac{3}{2}<\frac{p^2}{2},$$

故 $m<\frac{p}{2},m\in\mathbf{N}^*$.

利用上述结论,可知存在 $m\in\mathbf{N}^*,m<p$,使得不定方程

$$mp=x_1^2+x_2^2+x_3^2+x_4^2 \tag{4}$$

有整数解. 设 m_0 是使(4)有整数解的最小正整数. 我们证明:这个 $m_0=1$,从而得出要证的结论. 分下述步骤进行.

(1) $(x_1,x_2,x_3,x_4)=1$.

若否,则存在素数 $q\mid(x_1,x_2,x_3,x_4)$,从而 $q^2\mid(x_1^2+x_2^2+x_3^2+x_4^2)$,即 $q^2\mid m_0p$. 若 $q=p$,则 $p\mid m_0$,与 $m_0<p$ 矛盾,故 $q\neq p$. 这要求 $q^2\mid m_0$,导致

$$\left(\frac{m_0}{q^2}\right)p=\left(\frac{x_1}{q}\right)^2+\left(\frac{x_2}{q}\right)^2+\left(\frac{x_3}{q}\right)^2+\left(\frac{x_4}{q}\right)^2,$$

即$\frac{m_0}{q^2}$也使(4)有整数解,与 m_0 的最小性矛盾.

(2) m_0 为奇数.

事实上,若 m_0 为偶数,结合步骤(1),可知 x_1,x_2,x_3,x_4 中恰有 2 个或 4 个奇数. 我们可设 $2\mid(x_1+x_2),2\mid(x_3+x_4)$,这时

$$\left(\frac{m_0}{2}\right)p=\left(\frac{x_1+x_2}{2}\right)^2+\left(\frac{x_1-x_2}{2}\right)^2+\left(\frac{x_3+x_4}{2}\right)^2+\left(\frac{x_3-x_4}{2}\right)^2,$$

与 m_0 的最小性矛盾.

(3) $m_0=1$.

若否，设 $m_0>1$，并记 y_i 为 x_i 对模 m_0 的绝对值最小剩余，即

$$y_i\equiv x_i(\bmod m_0),y_i\in\left\{0,\pm1,\cdots,\pm\frac{m_0-1}{2}\right\},i=1,2,3,4,$$

则

$$y_1^2+y_2^2+y_3^2+y_4^2<4\cdot\left(\frac{m_0}{2}\right)^2=m_0^2,$$

而且

$$\sum_{i=1}^{4}y_i^2\equiv\sum_{i=1}^{4}x_i^2\equiv0(\bmod m_0),$$

故可设 $\sum\limits_{i=1}^{4}y_i^2=m_1m_0$，这里 $m_1\in\mathbf{N}^*$，$m_1<m_0$（这里 $m_1\neq0$，因为若 $m_1=0$，有 $y_1=y_2=y_3=y_4=0$，导致 $m_0\mid(x_1,x_2,x_3,x_4)$，与步骤(1)矛盾).

现在设

$$\begin{aligned}u_1&=x_1y_1+x_2y_2+x_3y_3+x_4y_4,\\u_2&=x_1y_2-x_2y_1+x_3y_4-x_4y_3,\\u_3&=x_1y_3-x_3y_1+x_4y_2-x_2y_4,\\u_4&=x_1y_4-x_4y_1+x_2y_3-x_3y_2,\end{aligned}$$

则有

$$u_1^2+u_2^2+u_3^2+u_4^2=(x_1^2+x_2^2+x_3^2+x_4^2)(y_1^2+y_2^2+y_3^2+y_4^2).\tag{5}$$

所以，我们有

$$m_1m_0^2p=u_1^2+u_2^2+u_3^2+u_4^2.\tag{6}$$

但由 y_i 的定义，可知

$$x_iy_j\equiv x_jy_i(\bmod m_0),1\leqslant i,j\leqslant4,$$

故 $u_2\equiv u_3\equiv u_4\equiv0(\bmod m_0)$，而

$$u_1\equiv x_1^2+x_2^2+x_3^2+x_4^2\equiv0(\bmod m_0).$$

这样，由(6)可得

$$m_1p=\left(\frac{u_1}{m_0}\right)^2+\left(\frac{u_2}{m_0}\right)^2+\left(\frac{u_3}{m_0}\right)^2+\left(\frac{u_4}{m_0}\right)^2.$$

而 $m_1<m_0$，这与 m_0 的最小性矛盾.

综上可知，命题成立.

点评　例 1 的证法 1 与例 2 的证明是类似的，对比来看更容易把握这两个证明．本题证明的出发点之一是：对任意奇素数 p，在模 p 意义下 -1 可以表示为 2 个整数的平方和(即引理的结论)．它与 -1 只是取模 4 余 1 的奇素数的二次剩余形成鲜明对比，这是四平方和(而不是二平方和)定理(即拉格朗日定理)能够成立的一个根本原因．

四平方和定理即每一个正整数都可以表示为 4 个整数的平方和(利用本例的结论及恒等式(5)即可证出)．

需要指出的是，由于对平方数取模 8 余 0，1 或 4，因此，$8k+7$ 形式的数不能表示为 3 个整数的平方和，所以 4 是最小的．进一步，利用数学归纳法，容易证明：$n=2^{2k+1}$ 不能表示为 4 个正整数的平方和，因此，四平方和定理中的结论是 4 个整数，而不是 4 个正整数．

例 3　设 $n\in\mathbf{N}^*$．证明：n 可以表示为 2 个整数的平方和的充要条件是：如果 q 为 n 的素因子，且 $q\equiv3 \pmod 4$，则在 n 的素因数分解式中，q 的幂次为偶数．

证明　先证充分性．首先看下面的一个事实：如果 a,b 都可以表示为 2 个整数的平方和，则 ab 也可以表示为 2 个整数的平方和．事实上，若 $a=x^2+y^2$，$b=s^2+t^2$，则

$$ab=(x^2+y^2)(s^2+t^2)=(xs+yt)^2+(xt-ys)^2.$$

注意到 $2=1^2+1^2$，利用上述事实并结合例 1 的结论，可知充分性成立．

再证必要性．设 $n\in\mathbf{N}^*$，且存在整数 x,y，使得

$$n=x^2+y^2. \tag{7}$$

若 n 有一个素因子 $p\equiv3 \pmod 4$，我们证明：$p^2\mid n$．这样，用 $\frac{n}{p^2}$ 代替

n,重复运用此结论即可得出必要性.

事实上,若 $p\equiv3\pmod 4$,且 $p\mid(x^2+y^2)$,则 $p\mid x$ 且 $p\mid y$. 若否,则 x,y 都不是 p 的倍数. 对同余式

$$y^2\equiv -x^2\pmod p,$$

两边都乘以 $(x^{-1})^2$(这里 x^{-1} 为 x 对模 p 的数论倒数),则

$$(x^{-1}y)^2\equiv -1\pmod p.$$

这导致 -1 为模 p 的二次剩余,与 $p\equiv3\pmod 4$ 矛盾. 可知必要性成立.

例 4 设 $p\equiv1\pmod 4$,p 为素数. 证明:存在素数 $q<\sqrt{p}$,使得 $q^{p-1}\not\equiv1\pmod{p^2}$.

证明 利用例 1 的结论,可知存在 $x,y\in\mathbf{N}^*$,使得 $p=x^2+y^2$. 为证命题成立,我们先证下面的式子

$$x^{p-1}\not\equiv1\pmod{p^2}\text{ 与 }y^{p-1}\not\equiv1\pmod{p^2}\tag{8}$$

中必有一个成立.

事实上,记 $r=\dfrac{p-1}{2}$,则 r 为偶数,且

$$y^{p-1}=y^{2r}=(p-x^2)^r=(x^2-p)^r\equiv x^{2r}-rx^{2(r-1)}p\pmod{p^2},$$

最后一步是二项式定理展开后得到的.

若(8)不成立,则

$$x^{2r}\equiv y^{2r}\equiv1\pmod{p^2}.$$

于是,$p\mid rx^{2(r-1)}$,导致 $p\mid x$,矛盾.

现在不妨设 $x^{p-1}\not\equiv1\pmod{p^2}$,则 x 的素因子中必有一个 q,使得 $q^{p-1}\not\equiv1\pmod{p^2}$(否则,由同余的性质会导致 $x^{p-1}\equiv1\pmod{p^2}$),这个 $q\leqslant x<\sqrt{p}$.

所以,命题成立.

例 5 求所有的正整数 n,使得不定方程

$$n=x_1^2+x_2^2+\cdots+x_5^2$$

存在唯一一组满足 $0\leqslant x_1\leqslant x_2\leqslant\cdots\leqslant x_5$ 的整数解.

解 利用拉格朗日四平方和定理,可知当 $n\geqslant 17$ 时,存在下述表示:

$$n=x_0^2+y_0^2+z_0^2+w_0^2,$$
$$n-1^2=x_1^2+y_1^2+z_1^2+w_1^2,$$
$$n-2^2=x_2^2+y_2^2+z_2^2+w_2^2,$$
$$n-3^2=x_3^2+y_3^2+z_3^2+w_3^2,$$
$$n-4^2=x_4^2+y_4^2+z_4^2+w_4^2,$$

这里 $0\leqslant x_i\leqslant y_i\leqslant z_i\leqslant w_i$ 都为整数,$i=1,2,3,4$.

现在,若 $n\neq 1^2+2^2+3^2+4^2$,则

$$\{1,2,3,4\}\neq\{x_0,y_0,z_0,w_0\}.$$

设 $k\in\{1,2,3,4\}\setminus\{x_0,y_0,z_0,w_0\}$,那么由前面的结论,可知 n 有下面的两种不同表示:

$$n=x_0^2+y_0^2+z_0^2+w_0^2=k^2+x_k^2+y_k^2+z_k^2+w_k^2.$$

而 $30=1^2+2^2+3^2+4^2=1^2+2^2+5^2$,所以,符合要求的 $n\leqslant 16$.

对 $n=1,2,\cdots,16$ 逐个验证,可知 1,2,3,6,7 和 15 符合要求,它们的唯一表示如下:

$$1=1^2,2=1^2+1^2,3=1^2+1^2+1^2,6=1^2+1^2+2^2,$$
$$7=1^2+1^2+1^2+2^2,15=1^2+1^2+2^2+3^2.$$

而其余的数都至少有两种表示:

$$4=2^2=1^2+1^2+1^2+1^2,$$
$$5=1^2+2^2=1^2+1^2+1^2+1^2+1^2,$$
$$8=2^2+2^2=1^2+1^2+1^2+1^2+2^2,$$
$$9=3^2=1^2+2^2+2^2,$$
$$10=1^2+3^2=1^2+1^2+2^2+2^2,$$
$$11=1^2+1^2+3^2=1^2+1^2+1^2+2^2+2^2,$$
$$12=1^2+1^2+1^2+3^2=2^2+2^2+2^2,$$
$$13=1^2+1^2+1^2+1^2+3^2=2^2+3^2,$$
$$14=1^2+2^2+3^2=1^2+1^2+2^2+2^2+2^2,$$
$$16=4^2=2^2+2^2+2^2+2^2.$$

综上可知,符合条件的数 $n=1,2,3,6,7$ 或 15.

例 6 证明：存在无穷多个正整数 n，使得 n^2+1 有一个素因子 $p>2n+\sqrt{2n}$.

证明 设 $p\equiv 1 \pmod 4$ 是一个素数，且 $p>20$，则由例 1 证法 1 中的结论可知，存在 $n\in\left\{1,2,\cdots,\frac{p-1}{2}\right\}$，使得 $p\mid(n^2+1)$. 对这个 n，我们有 $p>2n$. 现在，

$$(p-2n)^2=p^2-4pn+4n^2\equiv -4 \pmod p,$$

故 $(p-2n)^2\geqslant p-4$，从而，$p\geqslant 2n+\sqrt{p-4}$. 做一次迭代，就有 $p\geqslant 2n+\sqrt{2n+\sqrt{p-4}-4}>2n+\sqrt{2n}$.

而这样的 p 有无穷多个，又 $p\mid(n^2+1)$，故

$$n\geqslant\sqrt{p-1},$$

当 $p\to+\infty$ 时，$n\to+\infty$. 所以，满足条件的正整数 n 有无穷多个.

另证 如果不采用 $p\equiv 1 \pmod 4$ 时 -1 为模 p 的二次剩余这个结论，我们也可以证明本题.

对 $m\in\mathbf{N}^*$，$m\geqslant 19$，设 p 为 $(m!)^2+1$ 的一个素因子，则 $p\geqslant m+1$（当然有 $p>20$）. 此时，由 $p\nmid m!$，可知存在 $x\in\left\{\pm 1,\pm 2,\cdots,\pm\frac{p-1}{2}\right\}$，使得 $x\equiv m! \pmod p$（这个 x 即为 $m!$ 模 p 的绝对最小剩余）. 令 $n=|x|$，则

$$p\mid(n^2+1)，且\ p>2n.$$

接下去的证明与上面的证法几乎相同.

点评 人们到目前为止还不知道集合 $\{n^2+1\mid n\in\mathbf{N}^*\}$ 中是否有无穷多个素数，此题源于对此猜想的侧面思考.

例 7 证明：对任意 $n\in\mathbf{N}^*$，都存在 n 个连续的正整数，使得其中每一个都不能表示为两个整数的平方和.

证明 对任意 $n\in\mathbf{N}^*$，我们取 n 个模 4 余 3 的不同素数 $p_1,p_2,\cdots,p_n$. 由中国剩余定理可知，存在 $x\in\mathbf{N}^*$，使得

$$x\equiv p_i-i\pmod{p_i^2},i=1,2,\cdots,n$$

同时成立.

注意到，对 $1\leqslant i\leqslant n$，都有 $p_i\mid(x+i)$ 但 $p_i^2\nmid(x+i)$，利用例 3 的结论，即可知 $x+i$ 不能表示为两个整数的平方和.

命题获证.

5.4 完 全 数

知识桥

称满足 $\sigma(n)>2n$ 的正整数 n 为“盈数”，满足 $\sigma(n)<2n$ 的正整数 n 为“亏数”，满足 $\sigma(n)=2n$ 的正整数 n 为“完全数”(又称“完满数”). 这里 $\sigma(n)$ 表示正整数 n 的所有正因数之和.

训练营

例 1 证明:存在无究多个“亏数”，也存在无穷多个“盈数”.

证明 事实上，所有的素数都是“亏数”，因而“亏数”有无穷多个.

注意到，$\sigma(12)=28$ 是一个“盈数”，而若 a 为“盈数”，$b\in\mathbf{N}^*$，则

$$\sigma(ab)\geqslant b\sum_{d\mid a}a=b\sigma(a)>2ab,$$

故 ab 为“盈数”，这表明所有 12 的倍数都是“盈数”，因此，“盈数”有无穷多个.

知识桥

一个自然的问题被引出:是否存在无穷多个“完全数”? 这个问题出奇的难，人们到目前为止仍然不知道是否存在奇完全数，关于偶完全数则有如下的一个定理.

偶完全数定理(欧拉) 正偶数 n 是一个完全数的充要条件是

$$n=2^{p-1}(2^p-1),$$

这里 p 和 2^p-1 都是素数.

证明 如果 $n=2^{p-1}(2^p-1)$，其中 p 和 2^p-1 都为素数，那么

$$\sigma(n)=\sigma(2^p-1)\sigma(2^{p-1})=(1+2^p-1)(1+2+\cdots+2^{p-1})$$
$$=2^p(2^p-1)=2n,$$

故 n 为偶完全数.

另一方面，若 n 为偶完全数，可设 $n=2^{\alpha-1}\cdot q$，这里 $\alpha\in\mathbf{N}^*$，$\alpha\geqslant 2$，q 为正奇数，则

$$2^\alpha\cdot q=2n=\sigma(n)=\sigma(2^{\alpha-1})\sigma(q)$$
$$=(1+2+\cdots+2^{\alpha-1})\sigma(q)=(2^\alpha-1)\sigma(q). \qquad (1)$$

于是，$(2^\alpha-1)\mid 2^\alpha\cdot q$，而 $(2^\alpha-1,2^\alpha)=1$，故 $(2^\alpha-1)\mid q$.

若 $q>2^\alpha-1$，则 $1,\frac{q}{2^\alpha-1},q$ 都是 q 的因数$\left(注意，\frac{q}{2^\alpha-1}\neq q，否则 \alpha=1\right)$，故

$$\sigma(q)\geqslant 1+\frac{q}{2^\alpha-1}+q.$$

这时，由(1)导致

$$2^\alpha\cdot q=(2^\alpha-1)\sigma(q)\geqslant(2^\alpha-1)\left(1+\frac{q}{2^\alpha-1}+q\right)$$
$$=2^\alpha-1+2^\alpha\cdot q,$$

矛盾. 所以，$q=2^\alpha-1$. 再代入(1)得 $\sigma(q)=2^\alpha$，这表明 $q=2^\alpha-1$ 为素数. 由 1.4 节例 1 的结论，可知 α 也应为素数.

定理获证.

此定理表明：偶完全数与梅森素数之间有一个一一对应，因此，目前人类只找到了 46 个偶完全数.

“奇完全数是否存在?”这个困扰人类的大问题不是我们能讨论的. 但有一些简单结论，经常被用做数学竞赛问题来挑战中学生的智慧.

训练营

例 2 最小的两个完全数为 6 和 28，它们分别是 3 和 7 的倍数. 设 n 是一个完全数，证明：

(1) 若 $3\mid n$，且 $n>6$，则 $9\mid n$；

(2) 若 $7|n$,且 $n>28$,则 $7^2|n$.

证明

(1) 若 $9\nmid n$,则 $\left(3,\frac{n}{3}\right)=1$,于是,

$$2n=\sigma(n)=\sigma(3)\sigma\left(\frac{n}{3}\right)=4\sigma\left(\frac{n}{3}\right),$$

这表明 n 为偶数,因此,$6|n$. 结合 $n>6$,可得

$$\sigma(n)\geqslant n+\frac{n}{2}+\frac{n}{3}+\frac{n}{6}+1=2n+1,$$

矛盾. 所以,(1)成立.

(2) 若 $7^2\nmid n$,同上可知

$$2n=\sigma(n)=\sigma(7)\sigma\left(\frac{n}{7}\right)=8\sigma\left(\frac{n}{7}\right),$$

故 $4|n$. 结合 $7|n$,知 $28|n$,再结合 $n>28$,导致

$$\sigma(n)\geqslant n+\frac{n}{2}+\frac{n}{4}+\frac{n}{7}+\frac{n}{14}+\frac{n}{28}+1=2n+1,$$

矛盾. 所以,(2)也成立.

例 3 证明:如果 n 是一个奇完全数,那么

$$n\equiv 1 \pmod 4.$$

证明

若 $n\equiv 3 \pmod 4$,且 $\sigma(n)=2n$,则 n 不是一个完全平方数. 这时

$$2n=\sum_{d|n}d=\sum_{d|n,d<\sqrt{n}}\left(d+\frac{n}{d}\right). \tag{2}$$

(2)式右边和式中的每一项 d 与 $\frac{n}{d}$ 之积为 $n\equiv 3 \pmod 4$,故 d 与 $\frac{n}{d}$ 这两个奇数中必定有一个 $\equiv 1 \pmod 4$,另一个 $\equiv 3 \pmod 4$. 故

$$d+\frac{n}{d}\equiv 0 \pmod 4,$$

这要求 $4|2n$,即 $2|n$,矛盾.

所以,$n\equiv 1 \pmod 4$.

例 4 证明:不存在形如 $p^a\cdot q^b\cdot r^c$ 的完全数,这里 p,q,r 是两两

不同的奇素数，$a,b,c\in\mathbf{N}^*$.

证明 若存在形如 $p^a\cdot q^b\cdot r^c$ 的完全数，不妨设 $3\leqslant p<q<r$，则

$$2p^a\cdot q^b\cdot r^c=\sigma(p^a\cdot q^b\cdot r^c)=\sigma(p^a)\sigma(q^b)\sigma(r^c)$$
$$=\frac{p^{a+1}-1}{p-1}\cdot\frac{q^{b+1}-1}{q-1}\cdot\frac{r^{c+1}-1}{r-1}<\frac{p^{a+1}\cdot q^{b+1}\cdot r^{c+1}}{(p-1)(q-1)(r-1)}.\tag{3}$$

于是，我们有

$$\left(1+\frac{1}{p-1}\right)\left(1+\frac{1}{q-1}\right)\left(1+\frac{1}{r-1}\right)>2,$$

这要求 $p=3,q=5,r\in\{7,11,13\}$.

由(3)可知

$$\frac{3^{a+1}-1}{2}\cdot\frac{5^{b+1}-1}{4}\cdot\frac{r^{c+1}-1}{r-1}=2\cdot 3^a\cdot 5^b\cdot r^c.\tag{4}$$

如果 $5\left|\frac{3^{a+1}-1}{2}\right.$，那么由 $\delta_5(3)=4$，可知 $4\mid(a+1)$，这导致$4\left|\frac{3^{a+1}-1}{2}\right.$，与(4)的右边不是 4 的倍数矛盾. 又 $5\nmid\frac{5^{b+1}-1}{4}$，故$5\left|\frac{r^{c+1}-1}{r-1}\right.$.

若 $r=7$，则由 $5\left|\frac{7^{c+1}-1}{6}\right.$及 $\delta_5(7)=4$，知 $4\mid(c+1)$，导致 $4\left|\frac{7^{c+1}-1}{6}\right.$，与(4)的右边不是 4 的倍数矛盾.

若 $r=11$，则 $5\left|\frac{11^{c+1}-1}{10}\right.$，故

$$0\equiv 11^c+11^{c-1}+\cdots+1\equiv 1+\cdots+1=c+1\pmod 5),$$

所以，$5\mid(c+1)$. 进而$\frac{11^5-1}{10}\left|\frac{11^{c+1}-1}{10}\right.$，而 $3221\left|\frac{11^5-1}{10}\right.$，但 3221 不是(4)式右边的因数，亦矛盾.

若 $r=13$，则 $5\left|\frac{13^{c+1}-1}{12}\right.$，结合 $\delta_5(13)=4$，知 $4\mid(c+1)$，因此 $(13^2+1)\left|\frac{13^{c+1}-1}{12}\right.$，可知 $17\left|\frac{13^{c+1}-1}{12}\right.$，

但 $17\nmid 2\cdot 3^a\cdot 5^b\cdot 13^c$，矛盾.

综上可知，命题成立.

点评　上面的几个例子展示了处理与完全数有关的问题时的一些常用方法和基本思路,涉及数论知识与不等式估计结合的想法.

例5　证明:任意两个相邻正整数不能都是完全数.

证明　设 n 是一个偶完全数,由偶完全数定理可知,

$$n=2^{p-1}(2^p-1),$$

这里 p 和 2^p-1 都为素数.我们证明:$n-1$ 和 $n+1$ 都不是完全数.

当 $p=2$ 时,$n=6$,直接验证可知 5,7 都不是完全数.

当 $p>2$ 时,$n+1\equiv(-1)^{p-1}((-1)^p-1)+1\equiv-1(\bmod 3)$,此时,$n+1$ 不是完全平方数.若 $n+1$ 为完全数,则

$$2(n+1)=\sum_{d\mid n+1}d=\sum_{d\mid n+1,d<\sqrt{n+1}}\left(d+\frac{n+1}{d}\right),\tag{5}$$

而 $d\left(\frac{n+1}{d}\right)\equiv-1(\bmod 3)$,故 d 与 $\frac{n+1}{d}$ 中,有一个 $\equiv1(\bmod 3)$,另一个 $\equiv-1(\bmod 3)$.导致(5)式右边为 3 的倍数,矛盾.故 $n+1$ 不是完全数.

当 $p>2$ 时,$n-1\equiv-1(\bmod 4)$,由例 3 的结论,知 $n-1$ 不是完全数.

综上可知,命题成立.

例6　证明:若存在 $n\in\mathbf{N}^*$,使得 $\frac{\sigma(n)}{n}=\frac{5}{3}$,则 $5n$ 是一个奇完全数.

证明　注意到,若 $m\mid n$,则由

$$\frac{\sigma(n)}{n}=\frac{1}{n}\sum_{d\mid n}\frac{n}{d}=\sum_{d\mid n}\frac{1}{d}\geqslant\sum_{d\mid m}\frac{1}{d},$$

可知 $\frac{\sigma(n)}{n}\geqslant\frac{\sigma(m)}{m}$.

现在设 n 满足：$3\sigma(n)=5n$，则 $3|n$. 如果 n 为偶数，那么 $6|n$，导致

$$\frac{5}{3}=\frac{\sigma(n)}{n}\geqslant\frac{\sigma(6)}{6}=2,$$

矛盾. 故 n 为奇数.

再由 $3\sigma(n)=5n$，可知 $\sigma(n)$ 为奇数. 设

$$n=p_1^{\alpha_1}p_2^{\alpha_2}\cdots p_k^{\alpha_k},$$

$p_1<p_2<\cdots<p_k$ 为奇素数，$\alpha_1,\alpha_2,\cdots,\alpha_k\in\mathbf{N}^*$，则

$$\sigma(n)=(1+p_1+\cdots+p_1^{\alpha_1})\cdot(1+p_2+\cdots+p_2^{\alpha_2})\cdot\cdots\cdot(1+p_k+\cdots+p_k^{\alpha_k}).$$

上式右边每一项都应为奇数，这要求 $\alpha_1,\alpha_2,\cdots,\alpha_k$ 都为偶数，因此，n 是一个奇完全平方数. 结合 $3|n$，就有 $9|n$.

如果 $5|n$，那么 $45|n$，导致

$$\frac{5}{3}=\frac{\sigma(n)}{n}\geqslant\frac{\sigma(45)}{45}=\frac{26}{15},$$

矛盾. 所以，$5\nmid n$. 因此，

$$\sigma(5n)=\sigma(5)\sigma(n)=6\sigma(n)=10n.$$

从而，$5n$ 是一个奇完全数.

5.5 数论中的存在性问题

知识桥

这是一节与组合数学相关的问题. 我们在 2.6 节中主要讨论了运用中国剩余定理求解数论中的存在性问题的方法,这一节更多地会涉及一些组合方法,例如抽屉原则等.

训练营

例 1 设 m 是一个给定的正整数,数列 $\{a_n\}$ 的每一项都是正整数,且对任意 $n\in\mathbf{N}^*$,都有 $0<a_{n+1}-a_n\leqslant m$. 证明:存在无穷多对正整数 (p,q),使得 $p<q$,且 $a_p\mid a_q$.

证明 先证有一对 (p,q) 满足条件.

考察下述数表:

$$\begin{array}{l} x_{0,1},\ x_{0,2},\ \cdots,\ x_{0,m} \\ x_{1,1},\ x_{1,2},\ \cdots,\ x_{1,m} \\ \cdots \\ x_{m,1},\ x_{m,2},\ \cdots,\ x_{m,m} \end{array}$$

其中 $x_{0,1}=a_1, x_{0,j}=x_{0,j-1}+1, j=2,3,\cdots,m$. 而

$$x_{i,j}=\left(\prod_{k=1}^{m}x_{i-1,k}\right)+x_{i-1,j},1\leqslant i,j\leqslant m.$$

上述数表中的数具有如下性质:每一行从左到右恰好是连续 m 个正整数;每一列中任意两个数 a,b 中较小的数(设为 a)都是较大的数的因数,即 $a\mid b$.

由于 $0<a_{n+1}-a_n\leqslant m$,数表的每一行中都至少有 $\{a_n\}$ 中的两项,故表中至少有 $2(m+1)$ 个数 $\in\{a_n\mid n=1,2,\cdots\}$. 从而,该数表中必有一

列中有两个数同时属于$\{a_n|n=1,2,\cdots\}$，记为$a_p,a_q(p<q)$，则$a_p|a_q$. 于是，我们找到了一对满足条件的(p,q).

现在，将$x_{0,1}$取为a_q+1，同样构造具有上述性质的数表，即可找到下一对满足条件的数对(p',q'). 依此类推，即可找到无穷多对(p,q)，使得$p<q$，且$a_p|a_q$.

命题获证.

例 2 对$k,n\in\mathbf{N}^*$，记$I(k,n)=\{j|k^n<j<(k+1)^n,j\in\mathbf{N}^*\}$.

证明：

(1) 当$n=2$时，对任意$k\in\mathbf{N}^*$，在$I(k,n)$中没有两个数，它们的乘积是一个完全平方数；

(2) 当$n>2$时，存在$k_0\in\mathbf{N}^*$，使得对任意$k\geqslant k_0,k\in\mathbf{N}^*$，在$I(k,n)$中都可以找到$n$个数，它们的乘积是一个$n$次方数.

证明 (1) 是一个熟知的结论，经常表述为：两个相邻平方数之间没有两个数之积是平方数.

事实上，若存在$k\in\mathbf{N}^*$，使得存在$a,b\in I(k,2)$，$a<b$，满足ab是一个完全平方数. 我们可设$a=ms^2$，$m,s\in\mathbf{N}^*$且m是一个无平方因子数. 由ab为平方数，可知mb是一个平方数，依此可设$b=mt^2$，$t\in\mathbf{N}^*$. 于是，$\frac{b}{a}=\left(\frac{t}{s}\right)^2\geqslant\left(\frac{s+1}{s}\right)^2$. 又$k^2<a<b<(k+1)^2$，故$\frac{b}{a}<\left(\frac{k+1}{k}\right)^2$，即有$\left(\frac{s+1}{s}\right)^2<\left(\frac{k+1}{k}\right)^2$. 这表明$s\geqslant k+1$，进而

$$a\geqslant m(k+1)^2\geqslant(k+1)^2,$$

与$a\in I(k,2)$矛盾.

(2) 对$n>2$的情形，一个容易想到的构造方法是寻找$a\in\mathbf{N}^*$，使得$a^{n-1},a^{n-2}(a+1),\cdots,(a+1)^{n-1}\in I(k,n)$. 当$n$为奇数时，如果$a$存在，那么这$n$个数之积确实是一个$n$次方数. 这个$a$应取为大于$k^{\frac{n}{n-1}}$的最小正整数，这时如果$(k+1)^n>(k^{\frac{n}{n-1}}+2)^{n-1}$，那么

$$(a+1)^{n-1}\in I(k,n).$$

为达到上述目标，我们先建立下述更一般的引理：

设 $c>0, n\geqslant 2, n\in\mathbf{N}^*$，则当 $k\geqslant c^{n-1}$ 时，有

$$(k+1)^n>(k^{\frac{n}{n-1}}+c)^{n-1}. \qquad (1)$$

引理的证明　设 $k=c^{n-1}\cdot t$，则 $t\geqslant 1$. 于是

$$\begin{aligned}(k+1)^n &=(1+c^{n-1}\cdot t)^n=\left(\frac{1}{t}+c^{n-1}\right)t(1+c^{n-1}t)^{n-1}\\ &>c^{n-1}t(1+c^{n-1}t)^{n-1}\geqslant c^{n-1}t(t^{-\frac{1}{n-1}}+c^{n-1}t)^{n-1}\\ &=c^{n-1}(1+c^{n-1}\cdot t^{\frac{n}{n-1}})^{n-1}=(c+c^n\cdot t^{\frac{n}{n-1}})^{n-1}\\ &=(k^{\frac{n}{n-1}}+c)^{n-1}.\end{aligned}$$

所以(1)式成立，引理获证.

回到原题. 如果 n 为大于 2 的奇数，那么取 $k_0=2^{n-1}$，由前面的讨论可知命题(2)成立.

如果 n 为大于 2 的偶数，取 $k_0=3^{n-1}$，那么在 $k\geqslant k_0$ 时，取 a 为大于 $k^{\frac{n}{n-1}}$ 的最小正整数，令 $b=a+1, c=a+2$，设

$$x_i=a^{n-i}b^{i-1}, y_i=c^{n-i}b^{i-1}, i=1,2,\cdots,n-1,$$

则由引理的结论，可知

$$\begin{aligned}k^n&<x_1<x_2<\cdots<x_{n-1}<y_{n-1}<y_{n-2}<\cdots<y_1\\ &\leqslant(k^{\frac{n}{n-1}}+3)^{n-1}<(k+1)^n.\end{aligned}$$

因此，$x_1, x_2, \cdots, x_{n-1}; y_1, y_2, \cdots, y_{n-1}$ 是 $I(k,n)$ 中的 $2n-2$ 个不同的数.

下面证明：从这 $2n-2$ 个数中可以取出 n 个数，它们的乘积是一个 n 次方数，从而命题(2)对 n 为大于 2 的偶数也成立.

事实上，若 $n\equiv 0 \pmod 4$，设 $n=4m, m\in\mathbf{N}^*$. 我们取 n 个数：$x_1, x_3, \cdots, x_{4m-1}; y_1, y_3, \cdots, y_{4m-1}$. 它们的乘积是数 $a^m b^{2m-1} c^m$ 的 n 次方；

若 $n\equiv 2 \pmod 8$，设 $n=8m+2, m\in\mathbf{N}^*$. 我们取 n 个数：$x_2, x_3, \cdots, x_{4m+2}; y_2, y_3, \cdots, y_{4m+2}$. 它们的乘积是数 $a^{3m}b^{2m+1}c^{3m}$ 的 n 次方；

若 $n\equiv 6 \pmod 8$，设 $n=8m+6, m\in\mathbf{N}$. 我们取 n 个数：$x_1, x_2, \cdots, x_{4m+3}; y_1, y_2, \cdots, y_{4m+3}$. 它们的乘积是数 $a^{3m+2}b^{2m+1}c^{3m+2}$ 的 n 次方.

综上可知，命题(2)对 $n>2$ 都成立.

点评　本题源于命题(1)这个平凡的结论. 对于命题(2),只要有足够的耐心,是能从等比数列出发构造出来的. 如果再巧妙一些,在 n 为偶数时,也可以直接给出 n 个数,它们的乘积是一个 n 次方数(请读者自己尝试).

例 3　设 $k,n\in\mathbf{N}^*$,用 $\sigma_k(n)$ 表示 n 的所有正因数的 k 次幂之和. 证明:当 $k\geqslant 2$ 时,总是存在无穷多个 $n\in\mathbf{N}^*$,使得 $n\mid\sigma_k(n)$.

证明　考虑 $k=1$ 时的情形,这要求 $n\mid\sigma(n)$,它是一个未解决的问题. 特别地,完全数($\sigma(n)=2n$)是否有无穷多个就涉及一些著名的猜想. 对比此情形就得到了本题的结论.

我们采用递推的方法来构造.

取 2^k+1 的一个素因子 p,则 p 为奇素数. 这时,

$$\sigma_k(2p)=(1+2^k)(1+p^k)$$

是 2^k+1 的倍数. 又 $2\mid(1+p^k)$,所以 $2p\mid\sigma_k(2p)$.

现设 $m\in\mathbf{N}^*$, $m>1$,使得 $m\mid\sigma_k(m)$. 我们证明:存在 $m'>m$, $m'\in\mathbf{N}^*$,使得 $m'\mid\sigma_k(m')$. 依此结合前面的结果,即可知命题成立.

若 $\sigma_k(m)$ 有一个素因子 q,使得 $q\nmid m$,则令 $m'=mq$,就有

$$\sigma_k(m')=\sigma_k(m)\sigma_k(q)=\sigma_k(m)(1+q^k).$$

而 $m\mid\sigma_k(m)$, $q\mid\sigma_k(m)$, $(m,q)=1$,所以 $mq\mid\sigma_k(m)$,进而有 $m'\mid\sigma_k(m')$.

若 $\sigma_k(m)$ 的每一个素因子都是 m 的素因子,由 $m\mid\sigma_k(m)$,可设

$$m=p_1^{\alpha_1}p_2^{\alpha_2}\cdots p_r^{\alpha_r},\ \sigma_k(m)=p_1^{\beta_1}p_2^{\beta_2}\cdots p_r^{\beta_r},$$

这里 $p_1<p_2<\cdots<p_r$ 为素数, $\alpha_i,\beta_i\in\mathbf{N}^*$,且 $\alpha_i\leqslant\beta_i$, $i=1,2,\cdots,r$.

注意到, $\sigma_k(m)>m^k$,因此存在 $j\in\{1,2,\cdots,r\}$,使得 $\beta_j>k\alpha_j$,即有 $\beta_j\geqslant k\alpha_j+1$.

令 $m'=p_j^{\alpha_j+1}\cdot m$,则

$$\begin{aligned}\sigma_k(m') &= (1+p_j^k+p_j^{2k}+\cdots+p_j^{(2\alpha_j+1)k})\prod_{i\neq j}\sigma_k(p_i^{\alpha_i})\\ &= (1+p_j^{(\alpha_j+1)k})(1+p_j^k+\cdots+p_j^{\alpha_j k})\prod_{i\neq j}\sigma_k(p_i^{\alpha_i})\\ &= (1+p_j^{(\alpha_j+1)k})\sigma_k(m)\\ &= (1+p_j^{(\alpha_j+1)k})\prod_{i=1}^{r}p_i^{\beta_i}.\end{aligned}$$

利用 $k\geqslant 2$ 及 $\beta_j\geqslant k\alpha_j+1$，可知 $\beta_j\geqslant 2\alpha_j+1$，从而 $p_j^{2\alpha_j+1}\mid p_j^{\beta_j}$. 而对于其他的 i，有 $\alpha_i\leqslant\beta_j$，因此，$m'\mid\sigma_k(m)$，更有 $m'\mid\sigma_k(m')$.

命题获证.

例 4 我们称形如 n^k 的正整数为幂数，这里 $n,k\in\mathbf{N}^*$，且 $k>1$. 问：是否存在一个由 1000 个正整数组成的集合 S，使得 S 的任意一个非空子集的元素和都是幂数？

解 符合要求的集合 S 是存在的.

尽管 $\{1,2,\cdots,1000\}$ 不符合要求，但存在 $d\in\mathbf{N}^*$，使得 $S=\{d,2d,\cdots,1000d\}$ 符合要求. 为证明此结论，我们建立下面的引理：

对任意 $m\in\mathbf{N}^*$，存在 $d\in\mathbf{N}^*$，使得

$$d,2d,3d,\cdots,md$$

都是幂数.

对 m 归纳来证明上述引理.

当 $m=1$ 时，取 $d=4$ 即可.

现设引理对 $m-1(m\geqslant 2)$ 成立，即存在 $d_{m-1}(>1)$，使得 $jd_{m-1}(1\leqslant j\leqslant m-1)$ 都是幂数. 设 $jd_{m-1}=a_j^{k_j}$，这里 $a_j,k_j\in\mathbf{N}^*$，$a_j,k_j>1$，$j=1,2,\cdots,m-1$.

记 $M=[k_1,k_2,\cdots,k_{m-1}]$，令 $d_m=d_{m-1}\cdot t^M$，这里 $t\in\mathbf{N}^*$，t 待定.

为使 $jd_m(1\leqslant j\leqslant m)$ 都是幂数，只需使 md_m 为幂数，因为对 $1\leqslant j\leqslant m-1$，数 $jd_m=a_j^{k_j}\cdot t^M=(a_j\cdot t^{\frac{M}{k_j}})^{k_j}$ 都是幂数. 而要使 md_m 为幂数是容易的，例如取 $t=md_{m-1}$，就有

$$md_m=m(d_{m-1}\cdot(md_{m-1})^M)=(md_{m-1})^{M+1}$$

为幂数. 引理获证.

在引理中取 $m=1000^2$，对应于该 m 的 d，我们令 $S=\{d,2d,\cdots,1000d\}$，就可知 S 符合题意. 因为 S 的每个非空子集的和都是 jd 形式的数，这里 $1\leqslant j\leqslant 1+2+\cdots+1000<1000^2=m$，它们都是幂数.

例 5 记平面上所有整点(坐标都为整数的点)组成的集合为 S. 已知对 S 中任意 n 个点 $A_1,A_2,\cdots,A_n$，在 S 中都存在另外一点 P，使得线段 $A_iP(i=1,2,\cdots,n)$ 内部都没有 S 中的点. 求 n 的最大可能值.

解 所求 n 的最大值为 3.

一方面，当 $n\geqslant 4$ 时，取 S 中的 4 个点 $A(0,0)$，$B(1,0)$，$C(0,1)$，$D(1,1)$(其余 $n-4$ 个点任取)，则对 S 中其余的任意一点 P，分析 P 的坐标的奇偶性，只有(奇，奇)，(奇，偶)，(偶，奇)和(偶，偶)共 4 种情况. 因此，在 A,B,C,D 中有一点与 P 所连线段的中点是 S 中的点，故 $n\leqslant 3$.

另一方面，我们证明：对 S 中的任意三个点 A,B,C，存在 S 中的另外一点 P，使 AP,BP,CP 内部都没有整点.

注意到，对于平面上的整点 $X(x_1,y_1)$ 和 $Y(x_2,y_2)$ 而言，线段 XY 内部没有整点的充要条件是 $(x_1-x_2,y_1-y_2)=1$. 因此，我们不妨设 $A(a_1,a_2)$，$B(b_1,b_2)$，$C(0,0)$.

要寻找一个点 $P(x,y)$，使得 AP,BP,CP 内部没有整点，则 x,y 只需满足下述条件：

$$\begin{cases}x\equiv 1(\mathrm{mod}\ y),\\ x-a_1\equiv 1(\mathrm{mod}\ y-a_2),\\ x-b_1\equiv 1(\mathrm{mod}\ y-b_2).\end{cases} \tag{2}$$

利用中国剩余定理可知，如果存在 $y\in\mathbf{Z}$，使得 $y,y-a_2,y-b_2$ 两两互素，那么符合(2)的 x 存在，从而找到了符合要求的点 P.

取 $y=m[a_2,b_2]+1$，$m\in\mathbf{Z}$，m 待定，那么 $(y,y-a_2)=(y,a_2)=(1,a_2)=1$，同理 $(y,y-b_2)=1$. 因此，只需取 m，使得

$$(y-a_2,y-b_2)=1$$

即可，这等价于

$$(y-a_2,a_2-b_2)=1. \tag{3}$$

为使(3)成立，设 $a_2=a_2'd$，$b_2=b_2'd$，这里 $a_2',b_2',d\in\mathbf{Z}$，且 $(a_2',b_2')=$

1,则 $y=mda_2'b_2'+1$,进而 $y-a_2=da_2'(mb_2'-1)+1$.注意到当 $(a_2',b_2')=1$ 时,$(b_2',a_2'-b_2')=1$,所以存在 $m\in\mathbf{Z}$,使得 $mb_2'\equiv 1\pmod{a_2'-b_2'}$,这样确定的 m 满足:$d(a_2'-b_2')\mid da_2'(mb_2'-1)$,此时

$$y-a_2\equiv 1\pmod{a_2-b_2},$$

因此(3)成立.

综上可知,满足条件的 n 的最大值为 3.

点评 此题在寻找点 $P(x,y)$ 的坐标时,我们要求的(2),(3)成立实质上是用 $u\equiv 1\pmod v$ 来满足 $(u,v)=1$ 这个要求的.这看上去近乎苛刻,细想一下你会发现这样的要求是自然的.有时在处理存在性问题时,更强的充分条件可能找起来反而方便些.

例 6 设 p 为奇素数.证明:从任意 $2p-1$ 个整数中可以取出 p 个数,它们的和是 p 的倍数.

证明 设所给的 $2p-1$ 个数构成的集合为 $S=\{x_1,x_2,\cdots,x_{2p-1}\}$.如果命题不成立,那么对 S 的任何一个 p 元子集 $\{x_{i_1},x_{i_2},\cdots,x_{i_p}\}$,都有 $x_{i_1}+x_{i_2}+\cdots+x_{i_p}\not\equiv 0\pmod p$.这样,利用费马小定理,可知

$$(x_{i_1}+x_{i_2}+\cdots+x_{i_p})^{p-1}\equiv 1\pmod p.$$

于是

$$\sum_{\{x_{i_1},x_{i_2},\cdots,x_{i_p}\}\subseteq S}(x_{i_1}+x_{i_2}+\cdots+x_{i_p})^{p-1}\equiv \mathrm{C}_{2p-1}^{p}\pmod p. \tag{4}$$

一方面,

$$\mathrm{C}_{2p-1}^{p}=\frac{(2p-1)(2p-2)\cdot\cdots\cdot(p+1)p}{p!}=\frac{(2p-1)(2p-2)\cdot\cdots\cdot(p+1)}{(p-1)!}\not\equiv 0\pmod p.$$

另一方面,将(4)式左边展开后,每一项都具有如下形式:

$$T_k=M(x_{j_1},x_{j_2},\cdots,x_{j_k})x_{j_1}^{\alpha_1}x_{j_2}^{\alpha_2}\cdots x_{j_k}^{\alpha_k}, \tag{5}$$

这里 $\alpha_1,\alpha_2,\cdots,\alpha_k\in\mathbf{N}^*$，$\alpha_1+\alpha_2+\cdots+\alpha_k=p-1$.

(5)中的系数 $M(x_{j_1},x_{j_2},\cdots,x_{j_k})$ 可以这样来确定：含 $x_{j_1},x_{j_2},\cdots,x_{j_k}$ 的 S 的 p 元子集的个数为 C_{2p-1-k}^{p-k}，而 $x_{j_1}^{\alpha_1}x_{j_2}^{\alpha_2}\cdots x_{j_k}^{\alpha_k}$ 在形如 $(x_{i_1}+x_{i_2}+\cdots+x_{i_p})^{p-1}$ 中展开式中的系数为 $\begin{pmatrix}p-1\\ \alpha_1,\alpha_2,\cdots,\alpha_k\end{pmatrix}$，

这里 $\begin{pmatrix}p-1\\ \alpha_1,\alpha_2,\cdots,\alpha_k\end{pmatrix}=C_{p-1}^{\alpha_1}C_{p-1-\alpha_1}^{\alpha_2}\cdots C_{p-1-(\alpha_1+\alpha_2+\cdots+\alpha_{k-1})}^{\alpha_k}C_{\alpha_k}^{\alpha_k}$. 所以，

$$M(x_{j_1},x_{j_2},\cdots,x_{j_k})=C_{2p-1-k}^{p-k}\cdot\begin{pmatrix}p-1\\ \alpha_1,\alpha_2,\cdots,\alpha_k\end{pmatrix}.\tag{6}$$

由于(6)中，对 $1\leqslant k\leqslant p-1$，都有

$$C_{2p-1-k}^{p-k}=\frac{(2p-k-1)(2p-k-2)\cdot\cdots\cdot(p+1)p}{(p-k)!}\equiv 0(\bmod p),$$

所以(5)中每一项 T_k 的系数都是 p 的倍数. 这表明(4)式左边是 p 的倍数，矛盾.

所以，S 中必有 p 个数之和是 p 的倍数.

例 7 设 p 为给定的素数，A 是一个由正整数组成的集合，且满足下述条件：

(1) 集合 A 中每个元素的素因子都属于某个 $p-1$ 元集合；

(2) 对于 A 的任意非空子集，其所有元素之和不是一个整数的 p 次幂.

求 A 的元素个数的最大值.

解 所求的最大值为 $(p-1)^2$.

为方便起见，我们记 $r=p-1$.

一方面，取 r 个不同素数 $p_1,p_2,\cdots,p_r$，定义

$$B_i=\{p_i,p_i^{p+1},\cdots,p_i^{(r-1)p+1}\},i=1,2,\cdots,r.$$

容易看到，$A=B_1\cup B_2\cup\cdots\cup B_r$ 中共有 r^2 个元素，且同时满足条件(1)和(2).

另一方面，设 A 是一个有 r^2+1 个元素且满足条件(1)的正整数集合. 我们证明：在 A 中必有一个非空子集，其所有元素之积是某个整数

的 p 次幂.

事实上,设 A 的每一个元素的素因子都属于$\{p_1,p_2,\cdots,p_r\}$,则对每个 $t\in A$,都可设 $t=p_1^{\alpha_1}p_2^{\alpha_2}\cdots p_r^{\alpha_r}$,这里 $\alpha_j\in\mathbf{N}$,$j=1,2,\cdots,r$. 于是,每个 t 都与一个向量$(\alpha_1,\alpha_2,\cdots,\alpha_r)$对应. 设对 $t_i\in A$,t_i 对应的向量是$v_i=(\alpha_{i1},\alpha_{i2},\cdots,\alpha_{ir})$,$i=1,2,\cdots,r^2+1$. 为证上述命题成立,我们只需证明:有若干个 v_i,在模 p 意义下的和为零向量.

为此,只需证明:下述同余方程组

$$\begin{cases}F_1=\sum\limits_{i=1}^{r^2+1}\alpha_{i1}x_i^r\equiv 0\pmod p,\\ F_2=\sum\limits_{i=1}^{r^2+1}\alpha_{i2}x_i^r\equiv 0\pmod p,\\ \cdots\\ F_r=\sum\limits_{i=1}^{r^2+1}\alpha_{ir}x_i^r\equiv 0\pmod p\end{cases}\tag{7}$$

有非零解(在模 p 意义下).

这是因为:由费马小定理,知 $x_i^r\equiv 0$ 或 $1\pmod p$,故对(7)的非零解$(x_1,x_2,\cdots,x_{r^2+1})$中的那些非零分量(模 p 意义下),在(7)的左边对应的列向量之和$\equiv 0\pmod p$,这正是我们需要的结论.

为证(7)有非零解,我们只需证明:

$$F=F_1^r+F_2^r+\cdots+F_r^r\equiv 0\pmod p\tag{8}$$

在模 p 意义下有非零解$(x_1,x_2,\cdots,x_{r^2+1})$. 这是因为对 $1\leqslant i\leqslant r$,$F_i^r\equiv 0$ 或 $1\pmod p$,从而(8)只有在每个 $F_i^r\equiv 0\pmod p$的情况下才能成立,这等价于每个 $F_i\equiv 0\pmod p$. 因此,(8)与(7)是等价的.

注意到,(8)恰有一个平凡解$(x_1,x_2,\cdots,x_{r^2+1})=(0,0,\cdots,0)$,因此,若能证明(8)的解的个数$\equiv 0\pmod p$,则即可知(8)有非零解. 这只需证明:

$$\sum_{(x_1,x_2,\cdots,x_{r^2+1})}F^r(x_1,x_2,\cdots,x_{r^2+1})\equiv 0\pmod p,\tag{9}$$

这里的求和对所有$(x_1,x_2,\cdots,x_{r^2+1})$进行,其中 $x_i\in\{0,1,2,\cdots,r\}$.

事实上,由于每个 x_i 恰有 $r+1=p$ 种取法,所以(9)左边的和式中的项数$=p^{r^2+1}$，其中每一项 $F^r(x_1,x_2,\cdots,x_{r^2+1})\equiv 0$ 或 $1(\bmod p)$. 从而，若(9)成立，则使得 $F^r(x_1,x_2,\cdots,x_{r^2+1})\equiv 1(\bmod p)$的项数为 p 的倍数，进而使 $F^r(x_1,x_2,\cdots,x_{r^2+1})\equiv 0(\bmod p)$（这等价于 $F(x_1,x_2,\cdots,x_{r^2+1})\equiv 0(\bmod p)$）的项数也是 p 的倍数. 所以(8)的解的个数是 p 的倍数，因此，只需证明(9)成立.

考察 $F^r(x_1,x_2,\cdots,x_{r^2+1})$展开后的每一个单项式. 由于 $F_i^r(x_1,x_2,\cdots,x_{r^2+1})$的每一个单项式中至多出现 r 个不同的变量，因此，$F^r(x_1,x_2,\cdots,x_{r^2+1})$的每一个单项式中至多出现 r^2 个不同的变量，即至少缺少 $x_1,x_2,\cdots,x_{r^2+1}$中的某个变量.

对 $F^r(x_1,x_2,\cdots,x_{r^2+1})$的展开式中的单项式

$$bx_{j_1}^{r_1}x_{j_2}^{r_2}\cdots x_{j_k}^{r_k},r_1,r_2,\cdots,r_k\in\mathbf{N}^*,$$

有 $1\leqslant k\leqslant r^2$. 当其他 r^2+1-k 个变量变化时，求和过程中含 $x_{j_1}^{r_1}x_{j_2}^{r_2}\cdots x_{j_k}^{r_k}$ 的项被加了 p^{r^2+1-k} 次，从而 $p^{r^2+1-k}\mid b$，即 $F^r(x_1,x_2,\cdots,x_{r^2+1})$的展开式中每一个单项式的系数都是 p 的倍数，(9)获证.

综上可知，所求最大值为$(p-1)^2$.

演习场

习 题 五

1. 用 $S(n)$ 表示正整数 n 在十进制表示下各数码之和.

(1) 证明:对任意 $n\in\mathbf{N}^*$,都有 $S(n)\leqslant 2S(n)\leqslant 10S(2n)$;

(2) 证明:对任意 $m\in\mathbf{N}^*$,存在 $n\in\mathbf{N}^*$,使得 $S(n)=mS(3n)$.

2. 在十进制表示下,有多少个 $m\in\{1,2,\cdots,2009\}$,使得存在 $n\in\mathbf{N}^*$,满足:$S(n^2)=m$? 这里 $S(x)$ 表示正整数 x 的各数码之和.

3. 是否存在 19 个不同的正整数 $a_1,a_2,\cdots,a_{19}$,使得 $a_1+a_2+\cdots+a_{19}=1999$,且 $S(a_1)=S(a_2)=\cdots=S(a_{19})$? 这里 $S(n)$ 表示 n 在十进制表示下各数码之和.

4. 集合 T 表示在十进制表示下至多出现 n 个数码的非负整数全体构成的集合,T_k 表示 T 中所有数码和小于 k 的元素组成的集合. 问:对怎样的 $n\in\mathbf{N}^*$,存在 $k\in\mathbf{N}^*$,使得 $|T|=2|T_k|$?

5. 设 m 为给定的正整数,对任意 $n\in\mathbf{N}^*$,用 $S_m(n)$ 表示 n 的十进制表示下各数码的 m 次方之和,例如 $S_3(172)=1^3+7^3+2^3=352$. 对任意 $n_0\in\mathbf{N}^*$,定义 $n_k=S_m(n_{k-1})$,$k=1,2,\cdots$.

(1) 证明:数列 $n_0,n_1,n_2,\cdots$是一个周期数列;

(2) 证明:当 n_0 变化时,由(1)中数列的最小正周期构成的集合是一个有限集.

6. 设 $x=1+\frac{1}{\sqrt{2}}+\frac{1}{\sqrt{3}}+\cdots+\frac{1}{\sqrt{1000000}}$. 求$[x]$的值.

7. 设 n 是一个大于 1 的正整数. 证明:$8\mid([(\sqrt[3]{n}+\sqrt[3]{n+2})^3]+1)$.

8. 证明:对任意 $n\in\mathbf{N}^*$,都有$[\sqrt{n}+\sqrt{n+1}]=[\sqrt{4n+2}]$.

9. 求所有的正整数 a,b,使得

$$\left[\frac{a^2}{b}\right]+\left[\frac{b^2}{a}\right]=\left[\frac{a^2+b^2}{ab}\right]+ab.$$

10. 对每个 $k\in\mathbf{N}^*$,用 $e(k)$ 表示 k 的正偶数因数的个数,$o(k)$ 表示 k 的正奇数因数的个数. 证明:对任意 $n\in\mathbf{N}^*$,数 $\sum_{k=1}^{n}e(k)$ 与 $\sum_{k=1}^{n}o(k)$

至多相差 n.

11. 设正整数 a,d 互素. 证明:在等差数列 $\{a+kd \mid k=0,1,2,\cdots\}$ 中,有无穷多项具有相同的素因子.

12. 任意 n 个非负实数的几何平均是指它们的乘积的 n 次方根.

(1) 是否对任意 $n\in\mathbf{N}^*$,都存在 n 个不同的正整数,它们中任意 k 个数的几何平均都为整数? 这里 $1\leqslant k\leqslant n$;

(2) 是否存在无穷多个不同的正整数,使得它们中任意有限个数的几何平均都为整数?

13. 证明:存在无穷多个 $n\in\mathbf{N}^*$,使得 $n\mid(2^n+1)$.

14. 证明:存在无穷多个 $n\in\mathbf{N}^*$,使得 $n\mid(2^n+2)$.

15. 证明:对任意 $n\in\mathbf{N}^*$,$n\geqslant2$,存在 n 个不同的正整数 $a_1,a_2,\cdots,a_n$,使得对 $1\leqslant i<j\leqslant n$,都有 $(a_i-a_j)\mid(a_i+a_j)$.

16. 证明:对任意 $n\in\mathbf{N}^*$,$n\geqslant2$,存在 n 个不同的正整数,使得对其中任意两个不同的数 a,b,都有 $(a-b)^2\mid ab$.

17. 证明:对任意 $n\in\mathbf{N}^*$,存在连续 n 个正整数,它们中没有一个数是素数的幂次.

18. 证明:对任意 $n\in\mathbf{N}^*$,存在 n 个不同的两两互素的正整数,使得其中任意 k 个数之和都为合数,这里 $2\leqslant k\leqslant n$.

19. 证明:存在无穷多个 $n\in\mathbf{N}^*$,使得 $\sigma(n)<\sigma(n-1)$.

20. 证明:存在无穷多个 $n\in\mathbf{N}^*$,使得对 $k\in\{1,2,\cdots,n-1\}$,都有

$$\frac{\sigma(n)}{n}>\frac{\sigma(k)}{k}.$$

21. 设 $n\in\mathbf{N}^*$,$n\geqslant3$. 证明:存在一个正整数,它的立方可以表示为 n 个不同正整数的立方和.

22. 证明:对任意不小于 4 的正整数 n,数 n^3 可以表示为 5 个整数的立方和,并且每一个加项的绝对值都小于 n.

23. 设 p 为素数,$p\equiv1\pmod 4$. 证明:只存在一组正整数 (x,y),$x\leqslant y$,使得 $p=x^2+y^2$.

24. 用 $d(n)$ 表示正整数 n 的正因数个数. 求所有的 $n\in\mathbf{N}^*$,使得方程

$$d(nx)=n$$

至多有有限个正整数解 x.

25. 证明:存在无穷多个 $n\in\mathbf{N}^*$,使得方程

$$d(nx)=x$$

没有正整数解 x.

26. 设 p 为素数,m 为给定的正整数.证明:存在正整数 n,使得在十进制表示下 p^n 的各数码中出现至少连续 m 个零.

27. 证明:对任意大于 1 的正整数 k,存在 $n\in\mathbf{N}^*$,使得在十进制表示下,2^n 的末 k 位数码中至少有一半都是 9(例如:$k=2$ 时,有 $2^{12}=4096$;$k=3$ 时,有 $2^{53}=\cdots992$ 等等).

28. 设 $a_1,a_2,\cdots,a_{1000000}\in\{1,2,\cdots,9\}$.证明:至多存在 40 个正整数 k,满足:$1\leqslant k\leqslant 1000000$ 且十进制数$\overline{a_1a_2\cdots a_k}$是一个完全平方数.

29. 设 X 是由下述形式的正整数组成的集合:

$$a_{2k}\cdot 10^{2k}+a_{2k-2}\cdot 10^{2k-2}+\cdots+a_2\cdot 10^2+a_0,$$

其中 $k\in\mathbf{N}$,$a_{2i}\in\{1,2,\cdots,9\}$,$0\leqslant i\leqslant k$.证明:对任意 $p,q\in\mathbf{N}$,X 中有一个数是 $2^p\cdot 3^q$ 的倍数.

30. 正整数 k 具有如下性质:十进制表示下,对任意 $n\in\mathbf{N}^*$,若 n 为 k 的倍数,则 n 的反序数也是 k 的倍数.证明:k 为 99 的因数.

31. 地上有三堆石子,每次允许进行如下操作:从一堆中取出若干枚石子放入另一堆,而使得被放入石子的一堆的石子数变为了原来的两倍.

(1) 证明:总可以经过有限次操作,将所有石子并入某两堆;

(2) 是否总可以经过有限次操作,将所有石子并入一堆?

32. 设 $a,b,n\in\mathbf{N}^*$,且 $(b^n-1)\mid a$.证明:数 a 在 b 进制表示下至少有 n 个数码不为零.

33. 证明:集合 $\{[\sqrt{2}n]\mid n=1,2,\cdots\}$ 中有无穷多个数是 2 的幂次.

34. 如果一个由正整数组成的数列从第三项起的每一项都等于它前面两项之和,则我们称该数列为"F—数列".问:能否将正整数集分划为

(1) 有限个

(2) 无穷多个

两两不交的“F—数列”的并？

35. 设 q 为给定的实数，满足：$\frac{1+\sqrt{5}}{2}<q<2$. 对任意 $n\in\mathbf{N}^*$，设 n 的二进制表示为：

$$n=2^k+a_{k-1}\cdot 2^{k-1}+\cdots+a_1\cdot 2+a_0,$$

这里 $a_i\in\{0,1\}$，$0\leqslant i\leqslant k-1$. 定义数列 $\{p_n\}$ 如下：

$$p_n=q^k+a_{k-1}q^{k-1}+\cdots+a_1q+a_0.$$

证明：存在无穷多个 $k\in\mathbf{N}^*$，使得不存在 $l\in\mathbf{N}^*$，满足：

$$p_{2k}<p_l<p_{2k+1}.$$

36. 对任意 $a,b\in\mathbf{N}^*$，证明：

$$a+(-1)^b\sum_{m=0}^{a}(-1)^{\left\lceil\frac{bm}{a}\right\rceil}\equiv b+(-1)^a\sum_{n=0}^{b}(-1)^{\left\lceil\frac{an}{b}\right\rceil}\pmod 4,$$

这里 $\lceil x\rceil$ 表示不小于 x 的最小整数.

37. 设 $n\in\mathbf{N}^*$，$n\geqslant 4$. 证明：$\left|\sum_{k=1}^{n}(-1)^k\left\{\frac{n}{k}\right\}\right|\leqslant 3\sqrt{n}$.

38. 证明：数列 $\{a_n\}$ 中既有无穷多项为偶数，也有无穷多项为奇数. 这里 $a_n=[\sqrt{2}n]+[\sqrt{3}n]$，$n=1,2,\cdots$.

39. 数列 $\{a_n\}$ 定义如下：

$$a_1=0,a_n=a_{\left[\frac{n}{2}\right]}+(-1)^{\frac{n(n+1)}{2}},n=2,3,\cdots.$$

对每个 $k\in\mathbf{N}$，求满足 $2^k\leqslant n<2^{k+1}$ 且使得 $a_n=0$ 的下标 n 的个数.

40. 函数 $f:\mathbf{N}^*\to\mathbf{N}^*$ 定义如下：$f(1)=1$，且对任意 $n\in\mathbf{N}^*$，都有

$$f(n+1)=\begin{cases}f(n)+2, & n=f(f(n)-n+1),\\ f(n)-1, & \text{其他 } n.\end{cases}$$

(1) 证明：对任意 $n\in\mathbf{N}^*$，都有 $f(f(n)-n+1)\in\{n,n+1\}$；

(2) 求 $f(n)$ 的表达式.

41. 用 $a \bmod n$ 表示 a 除以 n 所得的余数$\left(\text{即 } a-\left[\frac{a}{n}\right]\cdot n\right)$. 对给定的 $m,n\in\mathbf{N}^*$，求 $\max\limits_{0\leqslant a_1,a_2,\cdots,a_m<n}\ \min\limits_{0\leqslant k<n}\sum_{j=1}^{m}((a_j+k)\bmod n)$，这里 $a_1,a_2,\cdots,a_m\in\mathbf{Z}$.

42. 如果正整数 m,n 满足：$\sigma(m)=\sigma(n)=m+n$，那么称 m,n 为“亲

和的".

(1) 证明:对任意 $a\in\mathbf{N}^*$,a 与 $\varphi(a)$不是"亲和的";

(2) 证明:若 $a,b\in\mathbf{N}^*$,$b>1$,则 a 与$(2^b-1)a+1$ 不是"亲和的".

43. 设 r 为给定的正整数.证明:存在无穷多个正整数 $k>r!$,使得对任意满足 $r!<j<k$ 的正整数 j,都有

$$j(j-1)\cdots(j-r+1)\nmid k(k-1)\cdots(k-r+1).$$

44. 设 $n,k\in\mathbf{N}^*$,正整数 $a_1,a_2,\cdots,a_k$ 满足:$1\leqslant a_1<a_2<\cdots<a_k\leqslant n$,且对$1\leqslant i<j\leqslant k$,都有$[a_i,a_j]\leqslant n$.证明:$k\leqslant 2\sqrt{n}+1$.

45. 求最大的实数 α,使得存在一个由正整数组成的无穷数列 $\{a_n\}_{n=1}^{+\infty}$,满足:

(1) 对任意 $n\in\mathbf{N}^*$,都有 $a_n>2008^n$;

(2) 对任意 $n\in\mathbf{N}^*$,$n\geqslant 2$,数 a_n^α 不超过集合$\{a_i+a_j \mid i+j=n,i,j\in\mathbf{N}^*\}$中所有数的最大公因数.

46. 证明:任意一个边长都为整数的直角三角形的两条直角边的长不能都是完全数.

47. 求所有的正整数 $p(\geqslant 2)$,使得存在 $k\in\mathbf{N}^*$,满足:数 $4k^2$ 在 p 进制表示下只出现数码 1.

48. 定义数列$\{a_n\}$如下:$a_1=1$,$a_2=2$,$a_3=3$,当 $n\geqslant 4$ 时,a_n 是不属于$\{a_1,a_2,\cdots,a_{n-1}\}$的使得$(a_{n-1},a_n)\geqslant 3$ 的最小正整数(该数列的前面一些项依次为 1,2,3,6,9,12,4,8,…).证明:每一个正整数都恰好在数列$\{a_n\}$中出现一次.

参考答案及提示

习 题 一

1. 若$(a,b)=1$,则导致$(a+b)\mid b$,矛盾.

2. 设$(2^m-1,2^n+1)=d$,则

$$1\equiv(2^m)^n=(2^n)^m\equiv(-1)^m=-1(\bmod d),$$

导致$d\mid 2$.结合d为奇数,即知$d=1$.

3. 设所求最大公因数为d,则$d\mid(\mathrm{C}_{n+j}^k-\mathrm{C}_{n+j-1}^k)$,$j=1,2,\cdots,k$,即$d\mid \mathrm{C}_{n+j-1}^{k-1}$,于是$d\mid(\mathrm{C}_{n-1}^{k-1},\mathrm{C}_n^{k-1},\cdots,\mathrm{C}_{n+k-1}^{k-1})$.依次倒推,即可得$d\mid \mathrm{C}_{n-k}^0$,故$d=1$.

4. (1) 由$(a,b)=2\times3^3\times37$,知$37\mid[a,b]$,即$37\mid n!$,故$n\geqslant37$.又$n\geqslant37$时,$1998\mid n!$,这时取$a=1998$,$b=n!$ 即可.故满足条件的正整数n是所有不小于37的正整数.

(2) 设$a=1998x$,$b=1998y$,则$(x,y)=1$.当$n\geqslant37$时,有

$$xy=2^{33}\times3^{14}\times5^8\times7^5\times11^3\times13^2\times17^2\times19\times23\times29\times31\times\left(\frac{n!}{37!}\right).$$

于是,当$37\leqslant n\leqslant40$时,数对(x,y)有$\frac{1}{2}\times2^{11}=1024$对,而$n\geqslant41$时,至少有$\frac{1}{2}\times2^{12}=2048$对,故$37\leqslant n\leqslant40$.

5. 利用$a^n+b^n=(a^m+b^m)(a^{n-m}+b^{n-m})-a^mb^m(a^{n-2m}+b^{n-2m})$,可知当$n\geqslant2m$时,有$(a^n+b^n)\mid(a^{n-2m}+b^{n-2m})$(用到$(a,b)=1$),依此降次到$n<2m$,即可证出$m\mid n$.

6. 设$(a,b)=d$,$a=dx$,$b=dy$,则$(x,y)=1$.代入条件得

$$1+9xy+9(x+y)=7dxy,$$

于是,

$$9<7d=9+9\left(\frac{1}{x}+\frac{1}{y}\right)+\frac{1}{xy}\leqslant 9+9\times 2+1=28.$$

依此可知 $d=2,3$ 或 4. 分别代入解关于 x,y 的不定方程，即可求得 $(a,b)=(4,4),(4,38)$ 或 $(38,4)$.

7. 取符合下述条件的最小正整数 n：对任意 $s\in S$，都有 $(s,n)>1$. 依条件，知存在 $s\in S$，使得 $(s,n)=1$ 或 s，而 $(s,n)>1$，故 $(s,n)=s$. 现在取 p 为此 s 的一个素因子，依 n 的定义知存在 $t\in S$，使得 $\left(\frac{n}{p},t\right)=1$. 结合 $(n,t)>1$，就有 $(n,t)=p$，进而由 $s\mid n$，知 $(s,t)=p$.

8. 存在. 事实上，当 $n\geqslant 3$ 时，取数 $3,2\times 3,2\times 3^2,\cdots,2\times 3^{n-2},3^{n-1}$，则它们的最小公倍数为 $2\times 3^{n-1}$，而和也为 $2\times 3^{n-1}$. 所以，$n\geqslant 3$ 时结论都是成立的. 取 $n=100$ 就可得解.

9. 对任意 $r\in\mathbf{N}^*$，$r\geqslant 3$，取 $n=r\cdot k!-1$，我们证明：$Q(n)>Q(n+1)$，因此命题成立.

事实上，记 $m=[n+1,n+2,\cdots,n+k]$. 由于对 $1\leqslant j\leqslant k$，有 $(n,j)\equiv(-1,j)=1$，故 $(n,n+j)=1$，于是，$Q(n)=mn$.

另一方面，$n+k+1=r\cdot k!+k$ 是 k 的倍数，又 $(n+1)\mid m$，即 $r\cdot k!\mid m$，故 $\frac{m(n+k+1)}{k}$ 既是 m 的倍数，也是 $n+k+1$ 的倍数，从而，

$$\begin{aligned}Q(n+1)&=[m,n+k+1]\leqslant\frac{m(n+k+1)}{k}\leqslant\frac{m(n+k+1)}{2}\\&=\frac{mn}{2}\left(1+\frac{k+1}{n}\right)\leqslant\frac{mn}{2}\left(1+\frac{k+1}{3k-1}\right)<\frac{mn}{2}\cdot 2=Q(n).\end{aligned}$$

10. 由 a^n+1 为素数及 $a>1$，可知 a 为偶数，与 1.4 节例 1 类似可证：$n=2^k$，$k\in\mathbf{N}$. 从而

$$a^n-1=a^{2^k}-1=(a-1)(a+1)(a^2+1)\cdot\cdots\cdot(a^{2^{k-1}}+1).$$

进一步，由于 $(a^{2^m}+1,a^{2^m}-1)=(a^{2^m}-1,2)=1$，故上述乘积中每一项都与其前面所有项之积互素，进而该乘积中任意两项互素. 又 $a+1,a^2+1,\cdots,a^{2^{n-1}}+1$ 中每一个数都至少有两个正因数，因此 $d(a^n-1)\geqslant 2\times 2\times\cdots\times 2=2^k=n$.

11. 若 n 为合数，则可设 $n=p^2$ 或 qr，这里 p 为素数，而 $2\leqslant q<r$，$q,r\in\mathbf{N}^*$. 对于前者，若 $p=2$，则由 $2!\equiv 3!\pmod 4$，可得矛盾. 若 $p\geqslant$

3，则由$(3p)!\equiv(2p)!\equiv0\pmod{p^2}$，可得矛盾. 对于后者，$r!\equiv n!\equiv 0\pmod{n}$，亦矛盾. 故 n 为素数.

12. 当 $n\leqslant4$ 时，直接验证可知命题成立. 当 $n\geqslant5$ 时，用 $p_1,p_2,p_3,\cdots$表示所有素数从小到大的排列，设 $p_n=2m+1$，可知此时

$$p_1+p_2+\cdots+p_n<1+3+5+7+\cdots+(2m+1)=(m+1)^2,$$

即 $a_n<(m+1)^2$. 现设 $k^2\leqslant a_n<(k+1)^2$，则 $k\leqslant m$. 又 $p_{n+1}\geqslant2m+3$，因此，

$$(k+1)^2=k^2+2k+1\leqslant k^2+2m+1<k^2+p_{n+1}\leqslant a_n+p_{n+1}=a_{n+1},$$

从而$(k+1)^2\in[a_n,a_{n+1}]$.

13. 由 $n\mid(p-1)$知 $n<p$，而 $p\mid(n-1)(n^2+n+1)$，故 $p\mid(n^2+n+1)$. 现在设 $p=nm+1$，$m\in\mathbf{N}^*$，则

$$n^2+n+1=n^2+n+p-nm=n(n+1-m)+p.$$

所以，$p\mid n(n+1-m)$. 由 $m\in\mathbf{N}^*$，知 $n+1-m\leqslant n$. 又 $p=nm+1\leqslant n^2+n+1$，故 $m\leqslant n+1$，故 $0\leqslant n+1-m\leqslant n$. 结合 $p>n$，由$p\mid n(n+1-m)$，可得 $n+1-m=0$. 所以，$p=n^2+n+1$，进而 $4p-3=(2n+1)^2$.

14. 设 $A=\overline{a_1a_2\cdots a_{1000}}$. 由条件可知，$2^{10}\mid\overline{a_{990}a_{991}\cdots a_{999}}$ 且 $2^{10}\mid\overline{a_{991}a_{992}\cdots a_{1000}}$. 设 $x=\overline{a_{991}a_{992}\cdots a_{999}}$，则 $2^{10}\mid(a_{990}\times10^9+x)$，$2^{10}\mid(10x+a_{1000})$，于是

$$2^{10}\mid(10(a_{990}\times10^9+x)-(10x+a_{1000})).$$

即有 $2^{10}\mid(a_{990}\times10^{10}-a_{1000})$，故 $2^{10}\mid a_{1000}$，得 $a_{1000}=0$，依此类推，可得

$$a_{1000}=a_{999}=\cdots=a_{11}=0,$$

故 $A=\overline{a_1a_2\cdots a_{10}}\times10^{990}$. 结合 $2^{10}\mid\overline{a_1a_2\cdots a_{10}}$，即可得 $2^{1000}\mid A$.

15. 用 $d_1(m)$，$d_3(m)$，$d_7(m)$，$d_9(m)$分别表示 m 的正因数中末位为 1，3，7，9 的数的个数. 只需证明：对任意 $m\in\mathbf{N}^*$，都有

$$d_1(m)-d_3(m)-d_7(m)+d_9(m)\geqslant0. \tag{1}$$

当 $m=1$ 时，(1)式显然成立.

设(1)对小于 m 的数都成立，考察 m 的情形.

若 $m=p^\alpha$，p 为素数，$\alpha\in\mathbf{N}^*$. 注意到，如果 p^j 的末位为 3 或 7，那么 p^{j+1}的末位为 9，因此，p^α 的正因数全体：$p,p^2,\cdots,p^{\alpha-1},p^\alpha,1$ 中，末

位数字为1,9的数的个数≥末位数字为3,7的数的个数.

若m不是p^α(p为素数,$\alpha\in\mathbf{N}^*$)形式的数,则可设$m=pq$,这里$(p,q)=1$,$p,q<m$.此时,有

$$\begin{aligned}&d_1(m)-d_3(m)-d_7(m)+d_9(m)\\=&(d_1(p)-d_3(p)-d_7(p)+d_9(p))\\&\times(d_1(q)-d_3(q)-d_7(q)+d_9(q)),\end{aligned}\tag{2}$$

结合归纳假设即可得(1)成立.

(2)式成立的原因是:

$$d_1(m)=d_1(p)d_1(q)+d_3(p)d_7(q)+d_7(p)d_3(q)+d_9(p)d_9(q),$$
$$d_3(m)=d_1(p)d_3(q)+d_3(p)d_1(q)+d_7(p)d_9(q)+d_9(p)d_7(q),$$
$$d_7(m)=d_1(p)d_7(q)+d_7(p)d_1(q)+d_3(p)d_9(q)+d_9(p)d_3(q),$$
$$d_9(m)=d_1(p)d_9(q)+d_9(p)d_1(q)+d_3(p)d_3(q)+d_7(p)d_7(q).$$

16. 设a,b的素因数分解式中2,5的幂次分别为α_1,β_1和α_2,β_2.则由条件可知$a\cdot\alpha_1+b\cdot\alpha_2=98$或$a\cdot\beta_1+b\cdot\beta_2=98$中必有一个式子成立.若$a\cdot\beta_1+b\cdot\beta_2=98$,则当$\beta_1,\beta_2$都为正整数时,等式左边为5的倍数,而右边不是;当$\beta_1,\beta_2$中恰有一个为零时,两边取模5仍可得矛盾.所以,只能是$a\cdot\alpha_1+b\cdot\alpha_2=98$.此时,如果$\alpha_1,\alpha_2$中有一个为零,不妨设$\alpha_2=0$,则$\alpha_1>0$.若$\alpha_1\geqslant2$,则$4\mid a\cdot\alpha_1$.而$4\nmid98$,矛盾.故$\alpha_1=1$,导致$a=98$.由题意,这时$a\cdot\beta_1+b\cdot\beta_2\geqslant98$,而$a=98$,故$\beta_1=0$.于是$b\cdot\beta_2\geqslant98$,此时$b$最小为$3\times5^2=75$.

在$a\cdot\alpha_1+b\cdot\alpha_2=98$中,若$\alpha_1,\alpha_2$都为正整数,不妨设$\alpha_1\geqslant\alpha_2\geqslant1$.此时如果$\alpha_2\geqslant2$,则$4\mid(a\cdot\alpha_1+b\cdot\alpha_2)$,矛盾.故$\alpha_2=1$.依此还可知$\alpha_1>1$.我们设$a=2^{\alpha_1}\cdot5^{\beta_1}\cdot x$,$b=2\cdot5^{\beta_2}\cdot y$,则应有

$$2^{\alpha_1-1}\cdot5^{\beta_1}\cdot x\cdot\alpha_1+5^{\beta_2}\cdot y=49.$$

可知β_1,β_2中必有一个为零.结合$a\cdot\beta_1+b\cdot\beta_2>98$,可知若$\beta_2=0$,则$a^a$的末尾零的个数大于98,矛盾.若$\beta_1=0$,则$b^b$的末尾零的个数大于98,亦矛盾.

所以,符合条件且使ab值最小的$(a,b)=(98,75)$或$(75,98)$.

17. 对$n\in\mathbf{N}^*$,若n为偶数,则取$a=2n$,$b=n$即可;若n为奇数,取素数p为不整除n的最小奇素数,令$a=pn$,$b=(p-1)n$即可.

18. 只需证明:对任意素数p及正整数k,若$p^k\mid m$,则$p^k\mid n!$.

当 $k=1$ 时，由于 m 的素因子 $p\leqslant n$，可知 $p\mid n!$.

当 $k>1$ 时，由 $m\leqslant\frac{n^2}{4}$，可知 $p^k\leqslant\frac{n^2}{4}$，即 $n\geqslant 2\sqrt{p^k}$. 若 $n\geqslant kp$，则 $1,2,\cdots,n$ 中有 k 个不同的数是 p 的倍数，有 $p^k\mid n!$. 因此，如果不等式 $2\sqrt{p^k}\geqslant kp$ 成立，那么命题获证. 上述不等式即

$$p^{\frac{k-2}{2}}\geqslant\frac{k}{2}. \tag{3}$$

当 $k=2$ 时，(3)式左边 $=$ 右边 $=1$. 当 $k\geqslant 4$ 时，

$$p^{\frac{k-2}{2}}=(1+(p-1))^{\frac{k-2}{2}}\geqslant 1+\frac{k-2}{2}(p-1)\geqslant\frac{k}{2},$$

上式用到伯努利(Bernoulli)不等式. 故 $k\geqslant 4$ 时，(3)成立. 当 $k=3$ 时，同上可知(3)式仅在 $p=2$ 时不成立，但这时 $m\geqslant 8$，故 $n\geqslant 6$，从而由 $8\mid 6!$，可知命题仍然成立.

19. (1) 设 p 为 $d_1d_2\cdots d_n$ 的一个素因子，并记 $k=\max\{v_p(d_i)\mid i=1,2,\cdots,n\}$，则由条件可知 $p^k\mid\sum\limits_{i=1}^{n}d_i$. 进而，$p^{k(n-2)}\mid\left(\sum\limits_{i=1}^{n}d_i\right)^{n-2}$.

另一方面，由于 $(d_1,d_2,\cdots,d_n)=1$，可知存在 d_j，使得 $p\nmid d_j$. 结合 $p\mid\sum\limits_{i=1}^{n}d_i$，可知这样的 d_j 至少有两个. 依此可得

$$v_p\left(\prod_{i=1}^{n}d_i\right)\leqslant k(p-2).$$

所以命题(1)成立.

(2) 当 $n\geqslant 3$ 时，令 $d_1=1,d_2=n-1,d_i=n,i=3,4,\cdots,n$. 则 $\sum\limits_{i=1}^{n}d_i=n(n-1)$ 是每个 d_i 的倍数，且 $(d_1,d_2,\cdots,d_n)=1$. 这时，

$$\prod_{i=1}^{n}d_i=n^{n-2}(n-1),$$

结合 $(n,n-1)=1$，可知使 $n^{n-2}(n-1)\mid(n(n-1))^m$ 成立的最小正整数 $m=n-2$.

20. 当 $n=2$ 时，取 $m=1$ 即可. 设命题对 $n(\geqslant 2)$ 成立，即存在 $m\in\mathbf{N}^*$，使得 $m^3+17=3^n(3q+r)$，这里 $r\in\{1,2\}$，$q\in\mathbf{N}$. 这时有 $3\nmid m$，故 $m^2\equiv 1\pmod 3$，进而

$$3^n \cdot m^2 \equiv 3^n \pmod{3^{n+1}}.$$

现在对任意 $s\in \mathbf{N}^*$，我们有

$$\begin{aligned}(m+3^{n-1}\cdot s)^3+17&=m^3+17+3^n\cdot m^2\cdot s+3^{2n-1}\cdot m\cdot s^2+3^{3n-3}\cdot s^3\\&\equiv 3^n(3q+r)+3^n\cdot s\equiv 3^n(r+s) \pmod{3^{n+1}}.\end{aligned}$$

于是，取 $x_1=m+3^{n-1}(3-r)$，$x_2=m+3^{n-1}(6-r)=x_1+3^n$，就有 $3^{n+1}\mid(x_1^3+17)$ 且 $3^{n+1}\mid(x_2^3+17)$.

进一步，若 $3^{n+2}\mid(x_1^3+17)$ 且 $3^{n+2}\mid(x_2^3+17)$，则

$$\begin{aligned}0&\equiv x_2^3+17=(x_1+3^n)^3+17=x_1^3+17+3^{n+1}x_1^2+3^{2n+1}x_1+3^{3n}\\&\equiv x_1^3+17+3^{n+1}\equiv 3^{n+1} \pmod{3^{n+2}},\end{aligned}$$

矛盾(这里用到 $x_1^2\equiv 1 \pmod 3$).

所以，命题对 $n+1$ 也成立.

21. 取 $k\in\mathbf{N}^*$，使得 $\max\{p_1,p_2\}\leqslant k\cdot((m+3)!)+1$. 下面证明：对任意 $n\in\mathbf{N}^*$，都有

$$p_n\leqslant k\cdot((m+3)!)+1,$$

从而命题成立.

事实上，设命题对 $n-1$，$n-2(n\geqslant 3)$ 成立. 如果 p_{n-1}，p_{n-2} 中有一个为 2，那么

$$p_n\leqslant \max\{p_{n-1},p_{n+2}\}+m+2\leqslant k\cdot((m+3)!)+m+3;$$

如果 p_{n-1}，p_{n-2} 都为奇数，那么 $p_{n-1}+p_{n-2}+m$ 为偶数，此时

$$\begin{aligned}p_n&\leqslant\frac{1}{2}(p_{n-1}+p_{n-2}+m)\leqslant\max\{p_{n-1},p_{n-2}\}+\frac{m}{2}\\&<k\cdot((m+3)!)+m+3.\end{aligned}$$

注意到，$k\cdot((m+3)!)+2,k\cdot((m+3)!)+3,\cdots,k\cdot((m+3)!)+m+3$ 都为合数，所以，$p_n\leqslant k\cdot((m+3)!)+1$.

22. 用数学归纳法易证：对任意 $n\in\mathbf{N}^*$，存在一个只出现数字 1 和 2 的 n 位正整数 x_n，使得 $2^n\mid x_n$.

回到原题，对 $k=1,2,3,4,5$ 分别取数 1，12，112，4112，42112，可知命题成立. 当 $k\geqslant 6$ 时，利用上述结论知对任意 $n\in\mathbf{N}^*$，存在 x_n 使得 $2^n\mid x_n$. 我们证明：存在 $n\in\mathbf{N}^*$，使得可以在 x_n 的前面添加 $k-n$ 个非零数字，让所得的 k 位数 x 满足 $S(x)=2^n$，从而这个 $x\in A$.

为此只需证明存在 $n\in\mathbf{N}^*$，使得

$$S(x_n)+k-n\leqslant 2^n\leqslant S(x_n)+9(k-n).\qquad(4)$$

鉴于 $n\leqslant S(x_n)\leqslant 2n$,只需证明存在 $n\in\mathbf{N}^*$,使得 $2n+(k-n)\leqslant 2^n\leqslant n+9(k-n)$,即

$$n+k\leqslant 2^n\leqslant 9k-8n.$$

事实上,当 $k\geqslant 6$ 时,取 n 是满足 $2^n+8n\leqslant 9k$ 的最大正整数(注意到 1 满足此式,故最大的 n 存在),则 $9k<2^{n+1}+8(n+1)$. 为证 $n+k\leqslant 2^n$,只需证明:$2^{n+1}+8(n+1)\leqslant 9(2^n-n)$. 而由 $k\geqslant 6$,可知 $n\geqslant 4$,此时用数学归纳法易证 $7\times 2^n\geqslant 17n+8$. 所以,

$$2^{n+1}+8(n+1)\leqslant 9(2^n-n).$$

命题获证.

23. (1) 设 d 是满足下述条件的最大正整数:对任意 $k\in\mathbf{N}^*$,都有 $d\mid a_k$. 若 $d>1$,则将每个 a_k 都用$\frac{a_k}{d}$代替后讨论,故不妨设 $d=1$.

现在设 $p_1,p_2,\cdots,p_r$ 是 a_1 的所有素因子. 由 $d=1$ 可知,对每个 $i\in\{1,2,\cdots,r\}$,存在 $k_i\in\mathbf{N}^*$,使得 $p_i\nmid a_{k_i}$. 记

$$\pi=p_1p_2\cdots p_r,\pi_i=\frac{\pi}{p_i},1\leqslant i\leqslant r,$$

令 $N=\sum\limits_{i=1}^{n}\pi_i a_{k_i}$. 注意到,对任意 $j\neq i$,都有 $p_i\mid\pi_j$,但 $p_i\nmid\pi_i$,$p_i\nmid a_{k_i}$,所以,$p_i\nmid N$. 因此,$(a_1,N)=1$. 从而,对任意 $z\in\mathbf{N}^*$,$z>a_1N$,都存在 x,$y\in\mathbf{N}^*$,使得 $z=a_1x+Ny$. 依此可知命题成立.

(2) 对正有理数数列结论不一定成立. 例如数列 $\left\{\frac{n}{n+1}\right\}_{n=1}^{+\infty}$ 中,每一项都小于 1,而任意两项之和不小于 1. 因此,该数列中每一项都不是"好的".

24. 对 $4\leqslant n\leqslant 9$ 可直接验证. 当 $n\geqslant 10$ 时,若存在 n 使命题不成立,即 $p_1p_2\cdots p_n\leqslant p_{n+1}p_{n+2}<p_{n+2}^2$,则 $p_1p_2\cdots p_i<p_{n+2}$,这里 $i=\left[\frac{n}{2}\right]$.

考察下面的 p_i 个正整数:

$$(p_1p_2\cdots p_{i-1})-1,2(p_1p_2\cdots p_{i-1})-1,\cdots,p_i(p_1p_2\cdots p_{i-1})-1,$$

它们都小于 $p_1p_2\cdots p_i<p_{n+2}$,且对 $1\leqslant j\leqslant i-1$ 及 $1\leqslant t\leqslant p_i$,都有$(p_j,N_t)=1$,这里 $N_t=t(p_1p_2\cdots p_{i-1})-1$.

现设 q_t 为 N_t 的最小素因子，则由上面的分析可知，$p_i \leqslant q_t < p_{n+2}$. 进一步，若存在 $1 \leqslant t < t' \leqslant p_i$，使得 $q_t = q_{t'}$，则 $q_t \mid (N_{t'} - N_t)$，即 $q_t \mid (t' - t) p_1 p_2 \cdots p_{i-1}$，导致 $q_t < p_i$，矛盾. 所以，满足 $p_i \leqslant q < p_{n+2}$ 的素数 q 至少有 p_i 个，这要求 $p_i \leqslant n+2-i$. 结合 $i = \left[\frac{n}{2}\right]$，知 $n \leqslant 2i+1$. 于是，$p_i \leqslant i+3$，这在 $i \geqslant 5$ 时不能成立. 命题获证.

25. 所求最大正整数 $m=60$.

一方面，直接验证可知 $m=60$ 符合要求(只需注意到与 60 互素的最小的两个素数 7 和 11 之积大于 60).

另一方面，用 $p_1, p_2, \cdots$ 表示素数从小到大的排列. 设 m 是一个符合要求的正整数，我们先证明：若 $p_n p_{n+1} \leqslant n$，则

$$p_1 p_2 \cdots p_n \leqslant m. \tag{5}$$

事实上，若 $p_1, p_2, \cdots, p_{n+1}$ 中有两个不同的数 p_u, p_v 都不是 m 的因数，则 $(p_u p_v, m) = 1$，$p_u p_v \leqslant p_n p_{n+1} \leqslant m$，这与 m 的性质不符. 所以，$p_1, p_2, \cdots, p_{n+1}$ 中至多有一个不是 m 的因数，故(5)成立.

现在若存在 $m(>60)$ 符合要求，则当 $m \geqslant 77 = p_4 p_5$ 时，设 n 是满足 $p_1 p_2 \cdots p_n \leqslant m$ 的最大正整数，那么由(5)知 $n \geqslant 4$. 结合上题的结论，就有 $p_{n+1} p_{n+2} < p_1 p_2 \cdots p_n \leqslant m$，再由(5)又可得 $p_1 p_2 \cdots p_{n+1} \leqslant m$，与 n 的最大性矛盾. 对 $60 < m < 77$ 的情形，由于 $m > 5 \times 7$，故 2, 3, 5, 7 中至多有一个不是 m 的因数(见(5)的证明)，从而 m 是 105, 70, 42, 30 中某个数的倍数，故 $m=70$. 但这时 $(33, m) = 1$，与 m 的性质不符.

26. (1) 当 $n \geqslant 3$ 时，由于 $p_n > p_i + 1$，$1 \leqslant i \leqslant n-1$，故 p_n 与数 $\prod_{i=1}^{n-1}(1+p_i)$ 互素，因此要求 $p_n \mid (1+p_n)$，导致 $p_n = 1$，矛盾. 当 $n=1$ 时，$1+\frac{1}{p_1} \notin \mathbf{N}^*$. 当 $n=2$ 时，应有 $p_2 \mid (p_1+1)$，可得 $p_2 = p_1 + 1$，只能是 $p_1 = 2$，$p_2 = 3$.

综上可知，所求数列只有一个：$(p_1, p_2) = (2, 3)$.

(2) 结论是：不存在.

事实上，当 $1 < a_1 < a_2 < \cdots < a_n$ 时，设 $a_n \leqslant m$，则

$$1 < A = \prod_{i=1}^{n}\left(1+\frac{1}{a_i^2}\right) \leqslant \prod_{i=2}^{m}\left(1+\frac{1}{i^2}\right) = \prod_{i=2}^{m}\frac{i^2+1}{i^2} < \prod_{i=2}^{m}\frac{i^2}{i^2-1}$$

$$=\prod_{i=2}^{m}\frac{i^2}{(i-1)(i+1)}=\frac{2m}{m+1}<2.$$

故 $A\notin \mathbf{N}^*$.

27. (1) 设(a,b)是一个满足条件的正整数对,则可设 $b^2+a=p^m$, p 为素数,$m\in\mathbf{N}^*$. 注意到,$a\equiv -b^2 \pmod{b^2+a}$,故

$$0\equiv a^2+b\equiv(-b^2)^2+b=b(b^3+1)\pmod{b^2+a},$$

即$(b^2+a)\mid b(b^3+1)$. 而$(b,b^3+1)=1$,故 $p^m\mid b$ 或 $p^m\mid(b^3+1)$,而 $b<b^2+a$,故只能是 $p^m\mid(b^3+1)$. 又 $b^3+1=(b+1)(b^2-b+1)$,而 $b+1$ 与 b^2-b+1 都小于 b^2+a(因为 $b+1=b^2+a$ 导致 $a=b=1$,矛盾). 故 $b+1$ 与 b^2-b+1 不互素,它们都为 p 的倍数. 进而

$$p\mid((b^2-b+1)-(b+1)(b-2)),$$

即 $p\mid 3$,故 $p=3$.

当 $m=1$ 时,$b^2+a=3$ 无解,当 $m=2$ 时,$b^2+a=9$ 有唯一解$(a,b)=(5,2)$,它符合要求.

当 $m\geqslant 3$ 时,由

$$\begin{aligned}(b+1,b^2-b+1)&=(b+1,b^2-b+1-(b+1)(b-2))\\&=(b+1,3)\leqslant 3,\end{aligned}$$

故 $b+1,b^2-b+1$ 中有一个为 3^{m-1} 的倍数. 但 $b+1<\sqrt{b^2+a}+1=3^{\frac{m}{2}}+1<3^{m-1}$,所以,$3^{m-1}\mid(b^2-b+1)$,从而,$9\mid 4(b^2-b+1)$. 于是,$9\mid((2b-1)^2+3)$,这表明 $3\mid(2b-1)^2$,故 $9\mid(2b-1)^2$,导致 $9\mid 3$,矛盾.

综上,符合条件的数对$(a,b)=(5,2)$.

(2) 若 b^2+a-1 是某个素数的幂次,则由条件可知

$$(b^2+a-1)\mid((b^2-1)^2-a^2+(a^2+b-1)),$$

即$(b^2+a-1)\mid b(b-1)(b^2+b-1)$,而

$$b^2+b-1=b(b+1)-1=(b+2)(b-1)+1,$$

故 $b,b-1,b^2+b-1$ 两两互素. 又 $b^2+a-1>b>b-1$,所以,$(b^2+a-1)\mid(b^2+b-1)$. 从而,$b^2+a-1\leqslant b^2+b-1$,结合 $a\neq b$,知 $a<b$. 但是,由 $b^2+a-1\mid a^2+b-1$,可得

$$b^2+a-1\leqslant a^2+b-1,$$

即

$$(a-b)(a+b-1)\geqslant 0,$$

这要求 $a\geqslant b$,矛盾.所以,命题成立.

28. 设$\frac{a_1}{b_1},\frac{a_2}{b_2},\cdots,\frac{a_r}{b_r}\in I$是$I$内所有满足:$1\leqslant b_1\leqslant b_2\leqslant\cdots\leqslant b_r\leqslant n$的最简分数,则对$1\leqslant i<j\leqslant r$,都有

$$\frac{1}{n}>\left|\frac{a_j}{b_j}-\frac{a_i}{b_i}\right|=\frac{M}{[b_i,b_j]},$$

这里M为正整数.所以,$[b_i,b_j]>n$.即$b_1,b_2,\cdots,b_r$中任意两个数的最小公倍数都大于n.下面证明:$r\leqslant\left[\frac{n+1}{2}\right]$.

事实上,设$1,2,\cdots,n$中的奇数从小到大依次为$x_1,x_2,\cdots,x_m$,则$m\leqslant\left[\frac{n+1}{2}\right]$.记$x_j=\{2^\alpha\cdot x_j\mid\alpha\in\mathbf{N}\}$,而$T_j=x_j\cap\{1,2,\cdots,n\}$,则$T_1$,$T_2,\cdots,T_m$构成$\{1,2,\cdots,n\}$的一个分划,而$T_j$中任意两个数中,大的数都是小的数的倍数.若$r>\left[\frac{n+1}{2}\right]$,则$b_1,b_2,\cdots,b_r$中必有两个数同属于某个$T_j$,这两个数的最小公倍数不大于$n$,矛盾.故$r\leqslant\left[\frac{n+1}{2}\right]$.

另一方面,当$n=2p+1$时,对任意$j\in\{1,2,\cdots,p+1\}$,都有$\frac{1}{p+j}\in\left(\frac{1}{n}-\varepsilon,\frac{2}{n}-\varepsilon\right)$,这里$\varepsilon=\frac{1}{2(2p+1)(p+1)}$;而当$n=2p$时,对任意$j\in\{1,2,\cdots,p\}$,都有$\frac{1}{p+j}\in\left(\frac{1}{n}-\varepsilon,\frac{2}{n}-\varepsilon\right)$,这里的$\varepsilon=\frac{1}{2p(p+1)}$.故某些$I$中可以有$\left[\frac{n+1}{2}\right]$个数.

综上,所求的最大值为$\left[\frac{n+1}{2}\right]$.

29. 由条件知$p\mid(2m^3+2n^3-8)$,而$p=m^2+n^2$,于是,

$$p\mid(2m^3+2n^3-8-3(m^2+n^2)(m+n)),$$

即$p\mid(-(m+n)^3-8)$.依此可知

$$p\mid(m+n+2)((m+n)^2-2(m+n)+4).$$

由于p为素数,故$p\mid(m+n+2)$或者$p\mid((m+n)^2-2(m+n)+4)$.

若 $p\mid(m+n+2)$，则 $m^2+n^2\leqslant m+n+2$. 不妨设 $m\leqslant n$. 则当 $m\geqslant 2$ 时，有 $m^2-m\geqslant 2$，$n^2-n\geqslant 2$，导致 $m^2+n^2\geqslant m+n+4$，矛盾. 故 $m=1$，进而 $n^2\leqslant n+2$，得 $n=1$ 或 2，于是，$p=2$ 或 5，对应的 $(m,n)=(1,1)$ 或 $(m,n)=(1,2)$，$(2,1)$ 都符合题意.

若 $p\mid((m+n)^2-2(m+n)+4)$，不妨设 $p>2$（否则归入前面的讨论），这时 $p\mid(m^2+n^2+2(mn-m-n+2))$. 结合 $p=m^2+n^2$ 及 $p>2$，可得 $p\mid(mn-m-n+2)$，但此时

$$0<(m-1)(n-1)+1=mn-m-n+2<mn\leqslant\frac{m^2+n^2}{2}<p,$$

矛盾.

综上，所求的 $p=2$ 或 5.

30. 记所有符合条件的数组成的集合为 S. 对 $x\in S(x>2)$，可知存在 $a,r\in\mathbf{N}^*$，使得 $x=a^r+1$，这里 $a,r\geqslant 2$. 对此 x，我们设 a 是 x 的这种表示中最小的正整数，则 r 为偶数（否则 $(a+1)\mid x$，于是，存在 $b,t\in\mathbf{N}^*$，$t\geqslant 2$，使得 $a+1=b^t+1$，即 $a=b^t$，这导致 $x=b^{tr}+1$ 与 a 的最小性矛盾）. 所以，S 中的每一个数都可以表示为 m^2+1 的形式（注意，$2\in S$，也有 $2=1^2+1$），$m\in\mathbf{N}^*$.

下面利用上述性质来确定 S 中的元素 p.

若 p 为素数，则 p 是形如 $m^2+1(m\in\mathbf{N}^*)$ 的素数.

若 p 为奇合数，则存在奇素数 $u\leqslant v$，使 $u,v,uv\in S$，于是存在 $a,b,c\in\mathbf{N}^*$，使得 $a\leqslant b<c$，且

$$u=4a^2+1,\ v=4b^2+1,\ uv=4c^2+1.$$

这时，$v(u-1)=4(c^2-b^2)$，进而，$v\mid(c-b)$ 或 $v\mid(c+b)$，都导致 $v<2c$，$uv\leqslant v^2<4c^2$，矛盾. 故 p 不是奇合数.

若 p 为偶合数，注意到 $4\notin S$，奇合数 $\notin S$，故可设 $p=2q$，这里 q 为奇素数. 此时存在 $a,b\in\mathbf{N}^*$，使得

$$q=4a^2+1,\ 2q=b^2+1.$$

于是，$q=b^2-4a^2=(b-2a)(b+2a)$，故

$$(b-2a,b+2a)=(1,q),$$

得 $q=4a+1$，所以 $4a^2+1=4a+1$，得 $a=1$，$q=5$，进而 $p=10$.

综上可知 $S=\{10$ 或者形如 a^2+1 的素数，这里 $a\in\mathbf{N}^*\}$（注意这里

集合中描述的数显然符合要求).

31. 直接计算可知 $a_2=\frac{1}{2}, a_3=\frac{1}{3}, a_4=\frac{1}{2}, a_5=\frac{1}{5}$. 为证明命题成立,我们先证当 $N\geqslant 6$ 时,有

$$a_2a_3\cdots a_N<\frac{3}{2^{N-1}}. \tag{6}$$

事实上,由平均值不等式,可知

$$a_2a_3\cdots a_N<\left(\frac{a_2+a_3+\cdots+a_N}{N-1}\right)^{N-1}.$$

所以,为证(6)式成立,只需证明

$$\left(\frac{a_2+a_3+\cdots+a_N}{N-1}\right)^{N-1}<\frac{3}{2^{N-1}}. \tag{7}$$

注意到

$$a_2+a_3+\cdots+a_N=\sum_{p\leqslant N, p\text{为素数}}\frac{1}{p}\left[\frac{N}{p}\right], \tag{8}$$

这里用到,当 $p\leqslant N$, p 为素数是, p 恰为 $2,3,\cdots,N$ 中的 $\left[\frac{N}{p}\right]$ 个数的素因子. 所以 $\frac{1}{p}$ 在(8)式左边的和式中恰好出现了 $\left[\frac{N}{p}\right]$ 次,所以(8)式成立. 于是,有

$$\begin{aligned}a_2+a_3+\cdots+a_N&\leqslant\sum_{p\leqslant N, p\text{为素数}}\frac{N}{p^2}<N\left(\frac{1}{4}+\sum_{k=1}^{+\infty}\frac{1}{(2k+1)^2}\right)\\&<N\left(\frac{1}{4}+\sum_{k=1}^{+\infty}\frac{1}{4k(k+1)}\right)\\&=\frac{N}{4}\left(1+\sum_{k=1}^{+\infty}\left(\frac{1}{k}-\frac{1}{k+1}\right)\right)=\frac{N}{2}.\end{aligned}$$

从而,为证(7)式成立,只需证明 $\left(\frac{N}{2(N-1)}\right)^{N-1}<\frac{3}{2^{N-1}}$,即证

$$\left(1+\frac{1}{N-1}\right)^{N-1}<3.$$

对任意的正整数 m,有

$$\left(1+\frac{1}{m}\right)^m=\sum_{k=0}^{m}\mathrm{C}_m^k\left(\frac{1}{m}\right)^k=\sum_{k=0}^{m}\frac{m!}{k!(m-k)!}\times\frac{1}{m^k}$$

$$<\sum_{k=0}^{m}\frac{1}{k!}=2+\sum_{k=2}^{m}\frac{1}{k!}$$

$$<2+\sum_{k=2}^{+\infty}\frac{1}{k(k-1)}=3,$$

所以，$\left(1+\frac{1}{N-1}\right)^{N-1}<3$. 于是，(7)式成立，进而(6)式成立.

利用(6)式，可知

$$a_2+a_2a_3+\cdots+a_2a_3\cdots a_N$$

$$<\frac{1}{2}+\frac{1}{6}+\frac{1}{12}+\frac{1}{60}+\sum_{N=6}^{+\infty}\frac{3}{2^{N-1}}=\frac{23}{30}+\frac{3}{16}<1,$$

所以命题成立.

32. 任取奇素数 p，定义 $a_m=p^{2^m}+1$，$m=0,1,2,\cdots$. 我们先证明数列 $\{a_m\}$ 中存在使 $h(a_m)>p$ 的项. 注意到，当 $t>r\geqslant 0$ 时，

$$p^{2^t}-1=(p^{2^{t-1}}+1)(p^{2^{t-1}}-1)=\cdots$$

$$=(p^{2^{t-1}}+1)(p^{2^{t-2}}+1)\cdot\cdots\cdot(p^{2^r}+1)(p^{2^r}-1),$$

故 $(p^{2^r}+1)\mid(p^{2^t}-1)$，因而

$$(a_t,a_r)=(2+p^{2^t}-1,p^{2^r}+1)=(2,p^{2^r}+1)=2.$$

这说明数列 $\{a_m\}$ 的任意二项的最大公因数为 2. 因此，数列 $\{a_m\}$ 只有有限个不含大于 p 的素因子的项. 当然，存在 $m\in\mathbf{N}$，使得 $h(a_m)>p$.

设 a_m 是使得 $h(a_m)>p$ 的最小的数(指数列 $\{a_m\}$ 中)，那么

$$h(a_m)>p,h(a_m-1)=h(p^{2^m})=p,$$

$$h(a_m-2)=h(p^{2^m}-1)=\max\{h(a_{m-1}),h(p^{2^{m-1}}-1)\}$$

$$=\cdots=\max\{h(a_{m-1}),\cdots,h(a_0),h(p-1)\}$$

$$<p\quad(\text{由 } h(p-1)<p \text{ 及 } a_m \text{ 的取法可得}).$$

于是对于给定的奇素数 p，存在 $n=p^{2^m}-1$，使得

$$h(n)<h(n+1)<h(n+2).$$

由于奇素数有无穷多个，因而命题成立.

33. 若 a 为素数，则

$$v_a(n(n+1)(n+2)\cdot\cdots\cdot(na-1))$$

$$=\sum_{j=1}^{+\infty}\left[\frac{na-1}{a^j}\right]-\sum_{j=1}^{+\infty}\left[\frac{n-1}{a^j}\right]$$

$$=n-1+\sum_{j=2}^{+\infty}\left[\frac{na-1}{a^j}\right]-\sum_{j=1}^{+\infty}\left[\frac{n-1}{a^j}\right]$$
$$=n-1+\sum_{j=2}^{+\infty}\left[\frac{na-a}{a^j}\right]-\sum_{j=1}^{+\infty}\left[\frac{n-1}{a^j}\right]$$
$$=n-1<n,$$

故此时 $A\notin\mathbf{N}^*$.

若 a 为合数，我们证明这时 $A\in\mathbf{N}^*$. 为此，只需证明：对 a 的素因子 p，记 $v_p(a)=\beta$，都有 $v_p(n(n+1)\cdot\cdots\cdot(na-1))\geqslant n\beta$，即证：

$$\sum_{j=1}^{+\infty}\left(\left[\frac{na-1}{p^j}\right]-\left[\frac{n-1}{p^j}\right]\right)\geqslant n\beta. \tag{9}$$

注意到，$\left[\frac{n-1}{p^j}\right]\leqslant\left[\frac{(n-1)a}{p^{j+\beta}}\right]\leqslant\left[\frac{(n-1)a+a-1}{p^{j+\beta}}\right]=\left[\frac{na-1}{p^{j+\beta}}\right]$，于是，为证(9)成立，只需证明：

$$\left[\frac{na-1}{p}\right]+\left[\frac{na-1}{p^2}\right]+\cdots+\left[\frac{na-1}{p^\beta}\right]\geqslant n\beta.$$

记 $x=\frac{a}{p^\beta}$，上式等价于

$$nx(p^{\beta-1}+p^{\beta-2}+\cdots+1)-\beta\geqslant n\beta. \tag{10}$$

当 $\beta=1$ 时，有 $x>1$，而(10)$\Leftrightarrow x\geqslant\frac{n+1}{n}$，这在 $x>1$，$x\in\mathbf{N}^*$ 时显然成立；当 $\beta>1$ 时，

$$(10)\Leftrightarrow(p^{\beta-1}+p^{\beta-2}+\cdots+1)x\geqslant\frac{n+1}{n}\beta$$
$$\Leftarrow p^{\beta-1}+p^{\beta-2}+\cdots+1\geqslant\frac{n+1}{n}\beta$$
$$\Leftarrow p^{\beta-1}+p^{\beta-2}+\cdots+1\geqslant\frac{3}{2}\beta$$
$$\Leftarrow 2^{\beta-1}+2^{\beta-2}+\cdots+1\geqslant\frac{3}{2}\beta$$
$$\Leftrightarrow 2^\beta\geqslant\frac{3}{2}\beta+1.$$

最后这个不等式容易通过对 β 归纳，证明其在 $\beta\geqslant2$ 时成立. 所以，(10)成立.

综上，当且仅当 a 为合数时，$A\in\mathbf{N}^*$.

34. 对比第 32 题中的构造，我们证明：存在无穷多个 $k\in\mathbf{N}^*$，使得 $n=2^k$ 符合要求. 为此，先证下面的引理：

若 $k\in\mathbf{N}^*$，$k\neq3$ 且 k 不是 2 的幂次，则 $w(2^k+1)>1$.

事实上，若 $w(2^k+1)=1$，则可设 $2^k+1=p^m$，这里 p 为素数，$m\in\mathbf{N}^*$. 现设 $k=2^\alpha\cdot q$，$\alpha\geqslant0$，q 为大于 1 的奇数，分情况导矛盾.

(1) 若 $\alpha=0$，则 $q>3$，此时

$$2^k+1=2^q+1=(2+1)(2^{q-1}-2^{q-2}+\cdots+1)$$

是 3 的倍数，且 $2^q+1>9$，故 $2^q+1=3^m$，$m\geqslant3$. 两边取模 4，得 $1\equiv(-1)^m\pmod 4$，从而 m 为偶数. 设 $m=2r$，则

$$2^q=3^{2r}-1=(3^r-1)(3^r+1),$$

这表明两个相邻偶数 3^r-1 与 3^r+1 都为 2 的幂次，所以，

$$3^r-1=2,$$

导致 $r=1$，$m=2$，矛盾.

(2) 若 $\alpha>0$，由 q 为奇数，可知 $(2^{2^\alpha}+1)\mid(2^k+1)$，于是，可设 $2^{2^\alpha}+1=p^s$，$s\in\mathbf{N}^*$. 则由二项式定理，知

$$\begin{aligned}p^m&=2^k+1=(p^s-1)^q+1\\&=p^{qs}-\mathrm{C}_q^{q-1}\cdot p^{(q-1)s}+\cdots+\mathrm{C}_q^2\cdot p^{2s}-qp^s.\end{aligned}\tag{11}$$

注意到，$q\geqslant3$，记 $v_p(q)=\beta$，$T_k=\mathrm{C}_q^t\cdot p^{ts}$，$t=1,2,\cdots,q$. 则对上式右边的各项中 p 的幂次作分析，有 $v_p(T_1)=\beta+s$. 而 $t\geqslant2$ 时，

$$v_p(T_t)=v_p\left(\frac{q}{t}\mathrm{C}_{q-1}^{t-1}\cdot p^{ts}\right)\geqslant v_p(q)-v_p(t)+ts.\tag{12}$$

在 $t\geqslant3$ 时，由数学归纳法易证 $3^{t-2}\geqslant t$，从而 $p^{t-2}\geqslant t$，进而由 $t\geqslant p^{v_p(t)}$，知 $v_p(t)\leqslant t-2$. 这样，由(12)得，$t\geqslant3$ 时，有

$$v_p(T_t)\geqslant\beta-(t-2)+ts=\beta+s+1+(t-1)(s-1)\geqslant\beta+s+1,$$

而 $v_p(T_2)=v_p\left(\dfrac{q-1}{2}\cdot q\cdot p^{2s}\right)\geqslant v_p(q)+2s=\beta+2s\geqslant\beta+s+1$.

因此，(11)式右边除最后一项外，其余项都是 $p^{\beta+s+1}$ 的倍数，这表明(11)式右边不能是 p 的幂次，矛盾.

引理获证.

回到原题. 由引理可知，当 $k\neq3$ 且 k 不是 2 的幂次时，有 $w(2^k)<$

$w(2^k+1)$. 因此只需证明：有无穷多个这样的 k，使得

$$w(2^k+1)<w(2^k+2). \tag{13}$$

事实上，若只有有限个上述 k，使得(13)成立，则存在 $k_0=2^q>5$，使得对任意 $k\in\{k_0+1,k_0+2,\cdots,2k_0-1\}$，都有

$$w(2^k+1)\geqslant w(2^k+2)=1+w(2^{k-1}+1).$$

从而，

$$w(2^{2k_0-1}+1)\geqslant 1+w(2^{2k_0-2}+1)\geqslant\cdots\geqslant(k_0-1)+w(2^{k_0}+1)\geqslant k_0.$$

这要求 $2^{2k_0-1}+1\geqslant p_1p_2\cdots p_{k_0}$，这里 $p_1,p_2,\cdots,p_{k_0}$ 是最初的 k_0 个素数. 但是，$k_0>5$，故

$$p_1p_2\cdots p_{k_0}\geqslant(2\times3\times5\times7\times11)\times(p_6p_7\cdots p_{k_0})>4^5\times4^{k_0-5}=2^{2k_0},$$

矛盾.

命题获证.

35. 只需证明：对任意素数 p 都有

$$v_p\Big(\prod_{1\leqslant i<j\leqslant n}(a_i-a_j)\Big)\geqslant v_p\Big(\prod_{1\leqslant i<j\leqslant n}(i-j)\Big), \tag{14}$$

为证(14)成立，只需证明：对任意 $\beta\in\mathbf{N}^*$，在 $a_i-a_j(1\leqslant i<j\leqslant n)$ 中能被 p^β 整除的数的个数不小于 $i-j(1\leqslant i<j\leqslant n)$ 中能被 p^β 整除的数的个数.

为此我们证明更强的命题：对任意 $b\in\mathbf{N}^*$，$b>1$，在 $a_i-a_j(1\leqslant i<j\leqslant n)$ 中能被 b 整除的数的个数 T 不小于 $i-j(1\leqslant i<j\leqslant n)$ 中能被 b 整除的数的个数 T'.

设 $a_1,a_2,\cdots,a_n$ 中除以 b 所得余数为 k 的数的个数为 n_k，这里 $k=0,1,2,\cdots,b-1$. 则 $n_0+n_1+\cdots+n_{b-1}=n$，而 $T=\sum\limits_{k=0}^{b-1}\mathrm{C}_{n_k}^2$.

类似地，用 n_k' 表示 $1,2,\cdots,n$ 中除以 b 所得余数为 k 的数的个数，则 $n_0'+n_1'+\cdots+n_{b-1}'=n$. 而 $T'=\sum\limits_{k=0}^{n-1}\mathrm{C}_{n_k'}^2$，并且 $n_0',n_1',\cdots,n_{b-1}'\in\left\{\left[\frac{n}{b}\right],\left[\frac{n}{b}\right]+1\right\}$.

下面证明：在条件 $x_0+x_1+\cdots+x_{b-1}=n$，$x_k\in\mathbf{N}$ 下，函数 $S=\sum\limits_{k=0}^{b-1}\mathrm{C}_{x_k}^2$ 的最小值在 $x_0,x_1,\cdots,x_{b-1}$ 中任意两个数之差不超过 1 时

取到.

事实上,若 $x_0,x_1,\cdots,x_{b-1}$ 中有两个数至少差 2,不妨设 $x_1\geqslant x_0+2$. 令 $x_0'=x_0+1,x_1'=x_1-1,x_k'=x_k,2\leqslant k\leqslant b-1$,则 $x_k'\in\mathbf{N}$, $\sum\limits_{k=1}^{b-1}x_k'=n$. 此时,

$$\begin{aligned}S-S'&=\sum_{k=0}^{b-1}(\mathrm{C}_{x_k}^2-\mathrm{C}_{x_k'}^2)=\mathrm{C}_{x_0}^2+\mathrm{C}_{x_1}^2-\mathrm{C}_{x_0+1}^2-\mathrm{C}_{x_1-1}^2\\&=\frac{1}{2}x_0(x_0-1)+\frac{1}{2}x_1(x_1-1)-\frac{1}{2}(x_0+1)x_0-\frac{1}{2}(x_1-1)(x_1-2)\\&=(x_1-1)-x_0=x_1-x_0-1\geqslant1,\end{aligned}$$

故 $S>S'$. 依此逐步调整,即可证得结论.

注意:当 $x_0,x_1,\cdots,x_{b-1}$ 中任意两个数至多差 1 时,S 的值是确定的(设 $x_0,x_1,\cdots,x_{b-1}$ 的取值为 a 和 $a+1$,则利用 $ua+v(a+1)=n$ 且 $u+v=b,u,v\in\mathbf{N}$,可确定 a 及 u,v 的值).

所以,$T\geqslant T'$,命题获证.

36. 记 $a=x+y,b=xy,t_n=\dfrac{x^n-y^n}{x-y}$,则

$$\begin{aligned}t_{n+2}&=\frac{x^{n+2}-y^{n+2}}{x-y}=\frac{1}{x-y}((x+y)(x^{n+1}-y^{n+1})-xy(x^n-y^n))\\&=at_{n+1}-bt_n.\end{aligned}\tag{15}$$

依此结合 $t_1=1,t_2=a$,可知只需证明 a,b 都为整数.

依题意知存在 $j\in\mathbf{N}^*$,使得 $t_j,t_{j+1},t_{j+2},t_{j+3}$ 都为整数. 由恒等式 $t_{n+1}^2-t_nt_{n+2}=b^n$,令 $n=j,j+1$,可知 $b\neq0$ 时,$\dfrac{b^{j+1}}{b^j}\in\mathbf{Q}$,即 $b\in\mathbf{Q}$. 结合 $b^j\in\mathbf{Z}$,可知 $b\in\mathbf{Z}$,$b=0$ 时当然也有 $b\in\mathbf{Z}$.

下面证明:$a\in\mathbf{Z}$.

在(15)中令 $n=j,j+1$,只要 t_j,t_{j+1} 中有一个不等于零,则可得$a\in\mathbf{Q}$. 而 $t_j=t_{j+1}=0$ 时,由(15)可证 $n\geqslant j$ 时,$t_n=0$. 在 $b\neq0$ 时,倒推(15)式可得 $n<j$ 时亦有 $t_n=0$,在 $b=0$ 时,必有 $a\neq0$(否则 $x=y=0$),倒推(15)式仍可得 $n<j$ 时 $t_n=0$. 这时,命题已成立.

现在由 $t_1=1,t_2=a$,利用 $b\in\mathbf{Z}$,由(15)可知 t_n 是关于 a 的一个首项系数为 1 的 $n-1$ 次整系数多项式. 记 $t_n=f_n(a)$,则由 $f_{j+1}(a)=t_{j+1}$

$\in \mathbf{Z}$,故 a 是某个首项系数为 1 的整系数 j 次多项式的根,从而 $a\in \mathbf{Z}$.

37. 利用第二数学归纳法处理. 设 $0\leqslant k\leqslant t-1(k\in \mathbf{Z})$时,数 k^2+k+n 都为素数,这里$\left[\sqrt{\frac{n}{3}}\right]+1\leqslant t\leqslant n-2$. 往证:$t^2+t+n$ 为素数.

事实上,若 t^2+t+n 不为素数,设 p 为其最小素因子,则

$$p\leqslant \sqrt{t^2+t+n}\leqslant \sqrt{(n-2)(n-1)+n}<n.$$

如果 $p\leqslant t$,那么

$$(t-p)^2+(t-p)+n\equiv t^2+t+n\equiv 0(\bmod p),$$

导致$(t-p)^2+(t-p)+n$ 不是素数,矛盾.

如果 $t<p\leqslant 2t$,那么

$$(p-t-1)^2+(p-t-1)+n\equiv t^2+t+n\equiv 0(\bmod p),$$

亦矛盾.

如果 $p>2t$,那么

$$\begin{aligned}p^2-(t^2+t+n)&\geqslant (2t+1)^2-t^2-t-n>3t^2-n\\&>3\left(\sqrt{\frac{n}{3}}\right)^2-n=0,\end{aligned}$$

与 $p<\sqrt{t^2+t+n}$矛盾.

命题获证.

38. 若 $h=\sum\limits_{n=1}^{+\infty}\frac{\sigma(n)}{n!}=\frac{r}{s}$是一个有理数,其中$(r,s)=1$,又设 $p>\max\{s,6\}$是一个素数,由 $h=\sum\limits_{n=1}^{p-1}\frac{\sigma(n)}{n!}+\sum\limits_{n=p}^{+\infty}\frac{\sigma(n)}{n!}$,得

$$(p-1)!h=(p-1)!\sum_{n=1}^{p-1}\frac{\sigma(n)}{n!}+\sum_{k=0}^{+\infty}\frac{\sigma(p+k)}{p(p+1)\cdot\cdots\cdot(p+k)}.$$

令 $m=\sum\limits_{k=0}^{+\infty}\frac{\sigma(p+k)}{p(p+1)\cdot\cdots\cdot(p+k)}$,由于

$$\begin{aligned}\sigma(p)=p+1,\sigma(p+k)&<1+2+\cdots+(p+k)\\&=\frac{1}{2}(p+k)(p+k+1),\end{aligned}$$

故

$$1<m<1+\frac{1}{p}+\sum_{k=1}^{+\infty}\frac{p+k+1}{2p(p+1)\cdot\cdots\cdot(p+k-1)}$$

$$<1+\frac{1}{p}+\sum_{k=1}^{+\infty}\frac{p+2}{2p^k}=1+\frac{1}{p}+\frac{p+2}{2(p-1)}.$$

因为 $p>6$,故 $1<m<1+\frac{1}{p}+\frac{p-1}{p}=2$. 由于 $(p-1)!h$ 和 $(p-1)!\cdot\sum_{n=1}^{p-1}\frac{\sigma(n)}{n!}$ 都是整数,而 m 不是整数,矛盾. 这便证明了 $\sum_{n=1}^{+\infty}\frac{\sigma(n)}{n!}$ 是无理数.

39. 设 x,a,b 是满足

$$x^{a+b}=a^b b \tag{16}$$

的正整数.

若 $x=1$,则 $a=b=1$,命题成立.

下面考虑 $x>1$ 的情形,设 x 的标准分解式为

$$x=p_1^{r_1}p_2^{r_2}\cdots p_n^{r_n},$$

这时,由于 a,b 都是 x^{a+b} 的正因数,可设

$$a=p_1^{\alpha_1}p_2^{\alpha_2}\cdots p_n^{\alpha_n},\ b=p_1^{\beta_1}p_2^{\beta_2}\cdots p_n^{\beta_n},$$

其中 α_i,β_i 为非负整数.

先证明:对任意 $1\leqslant i\leqslant n$,均有 $\beta_i>0$.

事实上,若存在某个 $\beta_i=0$,则 $p_i\nmid b$. 于是,利用

$$\gamma_i(a+b)=\alpha_i b,$$

即 $(\alpha_i-\gamma_i)b=a\gamma_i$,可知 $\alpha_i-\gamma_i>0$,且 $p_i^{\alpha_i}\mid(\alpha_i-\gamma_i)$. 但是,在 $\alpha_i>0$ 时,均有 $p_i^{\alpha_i}>\alpha_i$,这是一个矛盾. 所以,每个 β_i 都为正整数.

下面再比较(16)两边 p_i 的次数,得

$$\gamma_i(a+b)=\beta_i+\alpha_i b. \tag{17}$$

由于 $\beta_i>0$,故 $p_i^{\beta_i}>\beta_i$,从而 $p_i^{\beta_i}\nmid\beta_i$,而 $p_i^{\beta_i}\mid b$,于是 $p_i^{\beta_i}\nmid a$. 这表明,对任意 $1\leqslant i\leqslant n$,均有 $\alpha_i<\beta_i$,即 $a\mid b$. 进而,对任意 $1\leqslant i\leqslant n$,均有 $a\mid\beta_i$(这由(17)可知),所以,可设 $b=c^a$,这里 c 为一个大于 1 的正整数.

最后,证明 $a=x$.

设 $\frac{x}{a}=\frac{p}{q}$,其中 $p,q\in\mathbf{N}^*$,且 $(p,q)=1$. 则由(16)知

$$x^a\cdot p^b=b\cdot q^b,$$

从而 $p^b\mid b$. 这要求 $p=1$(否则,$p>1$,将导致 $p^b>b$,与 $p^b\mid b$ 矛盾),所以

$x \mid a$.

如果 $x \neq a$，则存在 i，使得 $\alpha_i \geqslant r_i + 1$. 这时，

$$\gamma_i(a+b)=\beta_i+\alpha_i \cdot b>(\gamma_i+1)b,$$

所以 $\gamma_i \cdot a > b$. 而另一方面，$p_i^{\gamma_i} \mid a$，故 $a > \gamma_i$. 进而，$a^2 > b = c^a$，即 $c < a^{\frac{2}{a}}$. 熟知当 a 为正整数时 $a^{\frac{1}{a}} \leqslant \sqrt[3]{3}$，而 $c \geqslant 2$，所以，只能是 $c=2, a=3$. 这要求 $x^{11}=3^8 \times 2^3$，这样的正整数 x 不存在，矛盾.

所以，只能是 $x=a$，进而 $b=x^x$.

习 题 二

1. 只需注意到 $3^n+2\times 17^n \equiv 2$ 或 $5 \pmod 8$ 即可.

2. 由 $2001=3\times 23\times 29$ 及条件可知

$$\begin{cases} a\equiv 1 & \pmod 3, \\ a\equiv 1 & \pmod{29}, \\ a\equiv -1 & \pmod{23}. \end{cases}$$

由前两式，可设 $a=3\times 29\times k+1$，代入最后一式可得

$$k\equiv 5 \pmod{23},$$

依此可得 $a\geqslant 3\times 29\times 5+1=436$. 又 $a=436$ 时，$2001 \mid (55+436\times 32)$. 因此，所求最小值为 436.

3. 注意到，$2=3^1-2^0$，$3=2^2-3^0$，$5=2^3-3^1$，$7=2^3-3^0$，$11=3^3-2^4$，$13=2^4-3^1$，$17=3^4-2^6$，$19=3^3-2^3$，$23=3^3-2^2$，$29=2^5-3^1$，$31=2^5-3^0$，$37=2^6-3^3$. 因此，所求的 $p\geqslant 41$.

另一方面，若 $|3^a-2^b|=41$，有两种情形.

情形一：$3^a-2^b=41$，两边取模 3，可知 b 为偶数；两边取模 4，可知 a 为偶数. 设 $a=2m$，$b=2n$，则 $(3^m-2^n)(3^m+2^n)=41$，得 $(3^m-2^n, 3^m+2^n)=(1,41)$，导致

$$2\times 3^m=(3^m-2^n)+(3^m+2^n)=42,$$

即 $3^m=21$，矛盾.

情形二：$2^b-3^a=41$，此时 $b\geqslant 3$，两边取模 8 即导致矛盾.

综上可知，所求最小素数 $p=41$.

4. 设存在 n，使得 $p_{n+1}=11$. 直接计算可知 $p_1=2$，$p_2=3$，$p_3=7$，故 $n\geqslant 3$. 又 $n\geqslant 3$ 时，数 $1+p_1p_2\cdots p_n$ 不是 2，3，7 的倍数，因此，必有

$$1+p_1p_2\cdots p_n=5^{\alpha}\times 11^{\beta}. \tag{1}$$

对(1)两边取模 4,得 $3\equiv 11^{\beta}\pmod 4$,$\beta$ 为奇数;对(1)两边取模 3,得 $1\equiv(-1)^{\alpha+\beta}\pmod 3$,$\alpha+\beta$ 为偶数. 所以,α,β 都为奇数. 再对(1)两边取模 7,得

$$1\equiv(-2)^{\alpha}\cdot 2^{2\beta}\equiv -2^{\alpha+2\beta}\pmod 7,$$

这要求 $2^{\alpha+2\beta}\equiv 6\pmod 7$. 但对任意 $m\in\mathbf{N}^*$,都有 $2^m\equiv 2,4,1\pmod 7$,矛盾.

所以,11 不在 $\{p_n\}$ 中出现.

5. 注意到,对任意奇数 x,y,

$$x^{11}-y^{11}=(x-y)(x^{10}+x^9y+\cdots+y^{10})$$

的右边第二项是 11 个奇数之和,为奇数. 因此,

$$x^{11}\equiv y^{11}\pmod{2^n}\Leftrightarrow x\equiv y\pmod{2^n}.$$

这表明

$$\{1^{11},3^{11},\cdots,(2^n-1)^{11}\}\equiv\{1,3,\cdots,2^n-1\}\pmod{2^n}.$$

因此,存在奇数 b,使得 $b^{11}\equiv 2m-1\pmod{2^n}$. 依此可知命题成立.

6. 注意到,对 $1\leqslant m\leqslant n-1$,都有

$$\begin{aligned}b_{m+1}-b_m&=(a_{m+1}+2a_{m+2}+\cdots+(n-m)a_n+(n-m+1)a_1\\&\quad+\cdots+na_m)-(a_m+2a_{m+1}+\cdots+(n-m+1)a_n\\&\quad+(n-m+2)a_1+\cdots+na_{m-1})\\&=-a_1-\cdots-a_{m-1}+(n-1)a_m-a_{m+1}-\cdots-a_n\\&\equiv-(a_1+a_2+\cdots+a_n)\equiv -1\pmod n.\end{aligned}$$

依此可知 $b_1,b_2,\cdots,b_n$ 构成模 n 的完系.

7. 记 $n=1004$,我们对每个座位标号,将座位的号码依顺时针方向依次记为

$$1,2,3,\cdots,2n. \tag{2}$$

因而,每一个人可对应一个数对(i,j),其中 i,j 分别为他在休息前后的座位号. 显然,所有的"横坐标"i 与"纵坐标"j 都遍经(2),亦即恰好构成模 $2n$ 的完全剩余系.

如果每两个人(i_1,j_1),(i_2,j_2)在休息前后,坐在他们之间的人数都不相同,则应有

$$j_2-j_1\neq i_2-i_1.$$

注意,上式中当 $j_2<j_1$(或 $i_2<i_1$)时,j_2 应换成 $2n+j_2$(或 i_2 应换 $2n+i_2$). 当然更好的写法是

$$j_2-j_1\not\equiv i_2-i_1 \pmod{2n}, \tag{3}$$

(3)也就是

$$j_2-i_2\not\equiv j_1-i_1 \pmod{2n}. \tag{4}$$

(4)式的含义是任意两个人的纵横坐标之差都对模 $2n$ 不同余,从而

$$j_1-i_1, j_2-i_2, \cdots, j_{2n}-i_{2n} \tag{5}$$

也是模 $2n$ 的一个完全剩余系.

考虑到模 $2n$ 的每一个完全剩余系的各数之和应与

$$1+2+3+\cdots+2n=\frac{2n(2n+1)}{2}=n(2n+1)$$

对模 $2n$ 同余,但 $n(2n+1)\not\equiv 0 \pmod{2n}$,故(5)中各数之和不能被 $2n$ 整除,从而不能等于 0. 这与

$$\sum_{k=1}^{2n}(j_k-i_k)=\sum_{k=1}^{2n}j_k-\sum_{k=1}^{2n}i_k=\sum_{j=1}^{2n}j-\sum_{i=1}^{2n}i=0$$

矛盾. 这表明至少有两个人,他们之间的人数在休息前后是相同的.

8. 设 $(a_1, a_2, \cdots, a_n)$ 是一个"好的"数组. 对 $1\leqslant i\leqslant n$,考察下面的 $n+1$ 个数:

$$a_i, a_{i+1}, a_i+a_{i+1}, \cdots, a_i+a_{i+1}+\cdots+a_{i+n-1}, \tag{6}$$

这里 $a_{n+j}=a_j$.

由于 $a_1, a_2, \cdots, a_n$ 不能分为两组和相等的数,即其中没有若干个数之和等于 n,因此,(6)中除 a_i, a_{i+1} 外,其余任意两项对模 n 不同余(否则项数多的减去少的,所得差等于 n). 而(6)中有 $n+1$ 个数,其中必有两个数对模 n 同余,所以,$a_i\equiv a_{i+1} \pmod{n}$. 此式对 $i=1,2,\cdots,n$ 都成立,故

$$a_1\equiv a_2\equiv\cdots\equiv a_n \pmod{n}.$$

结合 $a_1+a_2+\cdots+a_n=2n$,可知

$$a_1\equiv a_2\equiv\cdots\equiv a_n\equiv 1 \text{ 或 } 2 \pmod{n},$$

故 $(a_1, a_2, \cdots, a_n)=(1, 1, \cdots, 1, n+1)$ 或 $(a_1, a_2, \cdots, a_n)=(2, 2, \cdots, 2)$(这时仅当 n 为奇数时符合要求),这些数组显然符合要求.

综上，当 n 为奇数时，$a_1,a_2,\cdots,a_n$ 中一个为 $n+1$，其余都为 1 或者 $a_1=a_2=\cdots=a_n=2$；当 n 为偶数时，$a_1,a_2,\cdots,a_n$ 中恰有一个为 $n+1$，其余都为 1.

9. 由 $\{a_j\}$ 的定义及 $a_1+a_2+\cdots+a_n=2n$，可知 $S_{u,v+n}=S_{u,v}+2n$. 因此，只需证明：对 $m\in\{1,2,\cdots,2n\}$ 命题成立.

令 $b_i=a_1+a_2+\cdots+a_i$，$1\leqslant i\leqslant n$. 如果 $2n$ 个数 $b_1,b_2,\cdots,b_n$；$b_1+m,b_2+m,\cdots,b_n+m$ 不构成模 $2n$ 的一个完系，那么存在 $1\leqslant i<j\leqslant n$，使得 $b_j\equiv b_i+m\pmod{2n}$，即可得

$$a_{i+1}+a_{i+2}+\cdots+a_j=m,$$

于是 $S_{i+1,j-i}=m$，命题获证.

对 $2n$ 个数 $b_1,b_2,\cdots,b_n$；$b_1+m+1,b_2+m+1,\cdots,b_n+m+1$ 讨论，可知它们不构成模 $2n$ 的完系时命题亦成立.

如果上述两种情形都不成立，即它们都构成模 $2n$ 的完系，那么

$$\begin{aligned}&b_1+b_2+\cdots+b_n+(b_1+m)+(b_2+m)+\cdots+(b_n+m)\\ \equiv&b_1+b_2+\cdots+b_n+(b_1+m+1)+(b_2+m+1)+\cdots\\ &+(b_n+m+1)\pmod{2n},\end{aligned}$$

导致 $0\equiv n\pmod{2n}$，矛盾.

所以，命题成立.

10. 依逆时针顺序依次将正 n 边形的顶点标上 $0,1,2,\cdots,n-1$，所述的闭折线可以用这 n 个数的一个排列 $a_0=a_n,a_1,a_2,\cdots,a_{n-1}$ 唯一地表示为 $a_0a_1,a_1a_2,\cdots,a_{n-1}a_0$. 显然，

$$a_ia_{i+1}\,/\!/\,a_ja_{j+1}\Leftrightarrow\overset{\frown}{a_{i+1}a_j}=\overset{\frown}{a_{j+1}a_i},$$

其中 $\overset{\frown}{a_{i+1}a_j}$ 表示点 a_{i+1} 与 a_j 之间的劣弧长. 类似于第 7 题，这两段弧长相等的充要条件是

$$a_i+a_{i+1}\equiv a_j+a_{j+1}\pmod{n}.$$

若 n 为偶数，由于 $2\nmid(n-1)$，所以模 n 的完全剩余系中各数之和 $\equiv0+1+2+\cdots+(n-1)=\dfrac{n(n-1)}{2}\not\equiv0\pmod{n}$. 而

$$\begin{aligned}\sum_{i=0}^{n-1}(a_i+a_{i+1})&=\sum_{i=0}^{n-1}a_i+\sum_{i=0}^{n-1}a_{i+1}=2\sum_{i=0}^{n-1}a_i\\&=n(n-1)\equiv0\pmod{n},\end{aligned}\tag{7}$$

所以，a_i+a_{i+1}，$i=0,1,2,\cdots,n-1$ 不是模 n 的完全剩余系，也就是必存在 $i\neq j(0\leqslant i,j\leqslant n-1)$，使得

$$a_i+a_{i+1}\equiv a_j+a_{j+1}\pmod n,$$

因而必有一对边 $a_ia_{i+1}/\!/a_ja_{j+1}$.

若 n 为奇数，并且恰有一组对边 $a_ia_{i+1}/\!/a_ja_{j+1}$，那么 a_0+a_1，a_1+a_2，$\cdots$，$a_{n-1}+a_0$ 中恰有两个数同时出现在模 n 的某一个剩余类中，不妨设为 $K_r=\{x\mid x\equiv r\pmod n\}$. 此时它们中的每一个数都不出现在模 n 的某一个剩余类（设为 K_s）中，但在模 n 的其他剩余类中都恰好有一个数出现. 这说明

$$\sum_{i=0}^{n-1}(a_i+a_{i+1})\equiv 0+1+\cdots+(n-1)+r-s$$
$$=\frac{n(n-1)}{2}+r-s\equiv r-s\pmod n.$$

注意，上式中最后一个同余式用到了 $2\mid(n-1)$. 结合(7)式得 $r\equiv s\pmod n$，这是一个矛盾. 故 n 为奇数时不能恰有一对边平行.

11. 由于 $0,1,2,\cdots,n-1$ 构成模 n 的完系，而 $(k,n)=1$，故 $0,k,2k,\cdots,(n-1)k$ 也是模 n 的完系. 若记 $a_i\equiv ik\pmod n$，$0\leqslant a_i<n$，则 $\{a_0,a_1,\cdots,a_{n-1}\}=\{0,1,2,\cdots,n-1\}$. 从而

$$\{a_1,a_2,\cdots,a_{n-1}\}=\{1,2,\cdots,n-1\}=M.$$

对任意 i，若 $1\leqslant i\leqslant n-2$，则有

$$a_{i+1}-a_i\equiv(i+1)k-ik=k\pmod n.$$

由于 $0<a_i<n$，$0<a_{i+1}<n$，故 $a_{i+1}=a_i+k$ 或 $a_{i+1}=a_i+k-n$. 若 $a_{i+1}=a_i+k$，则

$$a_i=a_{i+1}-k=|k-a_{i+1}|.$$

由条件(2)，a_i 与 a_{i+1} 同色. 若 $a_{i+1}=a_i+k-n$，则

$$a_{i+1}=|a_i+k-n|=|k-(n-a_i)|.$$

由条件(2)，a_{i+1} 与 $n-a_i$ 同色. 若再由(1)，$n-a_i$ 与 a_i 同色，从而也有 a_{i+1} 与 a_i 同色. 顺次令 $i=1,2,\cdots,n-2$，即得结论.

12. 令 $a_i=3i-2$，$b_i=3i-1$，$i=1,2,\cdots,n$. 则对任意的 $k\in\mathbf{N}^*$，$k<n$，均有

$$a_i+a_{i+1}\equiv 2\pmod 3,\quad a_i+b_i\equiv 0\pmod 3,\quad b_i+b_{i+k}\equiv 1\pmod 3.$$

于是，当我们记

$A=\{a_i+a_{i+1}\mid 1\leqslant i\leqslant n\}$，$B=\{a_i+b_i\mid 1\leqslant i\leqslant n\}$，$C=\{b_i+b_{i+k}\mid 1\leqslant i\leqslant n\}$时，

在集合 A，B，C 中，取自任意两个不同集合中的数对模 $3n$ 不同余(因为对模 3 不同余). 所以，为证 $A\cup B\cup C$ 构成模 $3n$ 的完系，只需证 A 中任意两个数对模 $3n$ 不同余(B，C 中，可以类似证明).

若 $a_i+a_{i+1}\equiv a_j+a_{j+1}\pmod{3n}$，则

$$2a_i+3\equiv 2a_j+3\pmod{3n},$$

这导致 $a_i\equiv a_j\pmod{3n}$，进而 $i=j$. 这表明 A 中任意两个数对模 $3n$ 不同余.

13. 当 $p=2$ 时，取 n 为偶数即可；当 $p>2$ 时，$2^{p-1}\equiv 1\pmod p$，此时令 $n=(kp-1)(p-1)$，$k\in\mathbf{N}^*$ 即可.

14. (1) 对任意素数 p，由 $p\mid(a^p-1)$，可知 $(a,p)=1$，从而由费马小定理，知 $a^{p-1}\equiv 1\pmod p$. 进而 $a^p\equiv a^{p-1}\pmod p$，可得 $a\equiv 1\pmod p$. 这时

$$a^{p-1}+a^{p-2}+\cdots+1\equiv 1+1+\cdots+1=p\equiv 0\pmod p,$$

所以，$p^2\mid(a-1)(a^{p-1}+a^{p-2}+\cdots+1)$，即 $p^2\mid(a^p-1)$.

(2) 存在无穷多个具有性质 P 的合数. 例如：对奇素数 p，数 $2p$ 都具有性质 P.

事实上，由 $2p\mid(a^{2p}-1)$，可知 a 为奇数，从而 $a^{2p}\equiv 1\pmod 4$. 而由 $p\mid(a^{2p}-1)$，可知 $p\mid(a^p-1)$或 $p\mid(a^p+1)$. 若为前者，则由命题(1)知

$$p^2\mid(a^p-1).$$

若为后者，则由费马小定理知 $-1\equiv a^p\equiv a\pmod p$，这时 $a^{p-1}-a^{p-2}+\cdots+1\equiv(-1)^{p-1}-(-1)^{p-2}+\cdots+1=1+1+\cdots+1=p\equiv 0\pmod p$.

于是，$p^2\mid(a+1)(a^{p-1}-a^{p-2}+\cdots+1)$，即 $p^2\mid(a^p+1)$，故总有 $p^2\mid(a^{2p}-1)$. 因此，$2p$ 具有性质 P.

15. (1) 由条件，$p^n\mid(a^p-1)$，于是 $p\mid(a^p-1)$，故 $(a,p)=1$. 由费马小定理，可知 $a^{p-1}\equiv 1\pmod p$，所以

$$a^{p-1}\equiv 1\equiv a^p\pmod p,$$

故 $a\equiv 1\pmod p$.

另一方面，设 $A=a^{p-1}+a^{p-2}+\cdots+1$，则 $a^p-1=(a-1)A$，且

$$A\equiv 1^{p-1}+1^{p-2}+\cdots+1=p\equiv 0 \pmod p,$$

即 $p\mid A$. 进一步，设 $a=kp+1$，由二项式定理，可知

$$\begin{aligned}A&\equiv kp[(p-1)+(p-2)+\cdots+1]+p\\&=\frac{(p-1)k}{2}\cdot p^2+p\equiv p \pmod{p^2},\end{aligned}$$

最后一步用到 p 为奇素数. 所以 $p\parallel A$.

综上所述，结合 $p^n\mid(a^p-1)$，可知 $p^{n-1}\mid(a-1)$，命题获证.

(2) 当 $p=2$ 时，命题不成立. 例如，$2^3\mid(3^2-1)$，但是 $2^2\nmid(3-1)$.

16. 若 $\{a_n\}$ 中至多有有限个数为合数，则存在 $n_0\in\mathbf{N}^*$，使得当 $n\geqslant n_0$ 时，均有 a_n 为素数. 不妨设 $a_{n_0}=q$ 为大于 3 的素数，若 $q\equiv 1 \pmod 3$，则 $2a_{n_0}+1\equiv 0 \pmod 3$，所以 $a_{n_0+1}\neq 2a_{n_0}+1$，故

$$a_{n_0+1}=2a_{n_0}-1\equiv 1 \pmod 3.$$

依此类推，可知当 $n\geqslant n_0$ 时，均有

$$a_{n+1}=2a_n-1,$$

即 $a_{n+1}-1=2(a_n-1)$. 所以

$$a_{n+n_0}=2^n(a_{n_0}-1)+1=2^nq-(2^n-1).$$

利用费马小定理可知，当 $n=q-1$ 时，$a_{n+n_0}\equiv 0 \pmod q$，这与 a_{n+n_0} 为素数矛盾. 若 $q\equiv 2 \pmod 3$，类似可知，当 $n\geqslant n_0$ 时，均有 $a_{n+1}=2a_n+1$，进而可得 $a_{n+n_0}=2^n(q+1)-1$，仍有 $q\mid a_{n_0+q-1}$，亦得矛盾. 所以，命题成立.

17. 对 $m,n\in\mathbf{N}^*$，$(m,n)=1$，我们证明：当 x 遍经模 m 的一个简系，而 y 遍经模 n 的一个简系时，数 $nx+my$ 遍经模 mn 的一个简系. 依此即可得 $\varphi(mn)=\varphi(m)\varphi(n)$.

首先，对不同的数对 (x_1,y_1) 和 (x_2,y_2)，若

$$nx_1+my_1\equiv nx_2+my_2\equiv 0 \pmod{mn},$$

则 $nx_1+my_1\equiv nx_2+my_2 \pmod m$，故 $nx_1\equiv nx_2 \pmod m$. 进而由 $(m,n)=1$，可知 $x_1=x_2$，类似可证 $y_1=y_2$. 这表明：$nx+my$ 对模 mn 两两不同.

其次，对任意 $r\in\{1,2,\cdots,mn\}$，$(r,mn)=1$，我们证明：存在 x,y，使得

$$nx+my\equiv r\ (\bmod\ mn),$$

这里$(x,m)=(y,n)=1$.

事实上,由$(n,m)=1$,知 x 遍经模 m 的简系时,nx 也遍经模 m 的简系.因此,存在 x,使得 $nx\equiv r(\bmod\ m)$(注意,$(r,mn)=1$,故$(r,m)=1$),且$(x,m)=1$.类似可证:存在 y,使得

$$my\equiv r(\bmod\ n),\ (y,n)=1.$$

进而有 $nx+my\equiv r(\bmod\ m)$,且 $nx+my\equiv r(\bmod\ n)$,结合$(m,n)=1$,即可得 $nx+my\equiv r(\bmod\ mn)$.

综上可得:$nx+my$ 遍经模 mn 的简系.进而,在$(m,n)=1$ 时,有 $\varphi(mn)=\varphi(m)\cdot\varphi(n)$.

进一步,设 $n=p_1^{\alpha_1}p_2^{\alpha_2}\cdots p_k^{\alpha_k}$,$p_1<p_2<\cdots<p_k$ 为素数,$\alpha_1,\alpha_2,\cdots,\alpha_k\in\mathbf{N}^*$,则

$$\varphi(n)=\prod_{j=1}^{k}\varphi(p_j^{\alpha_j})=\prod_{j=1}^{k}(p_j^{\alpha_j}-p_j^{\alpha_j-1})=n\prod_{j=1}^{k}\left(1-\frac{1}{p_j}\right).$$

注意,我们也可以用容斥原理先推出 $\varphi(n)$的公式,然后再去证 $\varphi(n)$ 为可乘函数,这需要一个组合论证.

18. 我们给出一个由递归的形式定义的子数列,它的任意两项互素.设数列$\{2^n-3\}$中已有 k 项是两两互素的,记为 $u_1,u_2,\cdots,u_k$.定义

$$u_{k+1}=2^{\varphi(u_1u_2\cdots u_k)+1}-3,$$

其中 $\varphi(x)$是欧拉函数,由欧拉定理及上题的结论得

$$2^{\varphi(u_1u_2\cdots u_k)}=2^{\varphi(u_1)\varphi(u_2)\cdot\cdots\cdot\varphi(u_k)}\equiv1\ (\bmod\ u_i),\ 1\leqslant i\leqslant k.$$

所以 $u_{k+1}\equiv-1(\bmod\ u_i)$,$1\leqslant i\leqslant k$.从而 $u_1,u_2,\cdots,u_k$ 与 u_{k+1} 都互素.故 $u_1,u_2,\cdots,u_k,u_{k+1}$两两互素.

19. 记 $I=\{a^n+a^{n-1}-1\mid n=2,3,\cdots\}$,取 $x_1=a^2+a-1$,并设 $x_1,x_2,\cdots,x_n$ 已取定,这里 $x_1,x_2,\cdots,x_n\in I$ 且两两互素.令 $N=x_1x_2\cdots x_n$,由于对任意 $m\in\mathbf{N}^*$,$(a,a^m+a^{m-1}-1)=1$,故$(a,N)=1$.这样由欧拉定理,可知

$$a^{\varphi(N)+1}+a^{\varphi(N)}-1\equiv a(\bmod\ x_1x_2\cdots x_n).$$

于是,令 $x_{n+1}=a^{\varphi(N)+1}+a^{\varphi(N)}-1$,就有 $x_{n+1}\in I$,且$(x_{n+1},x_i)=(a,x_i)=1$,$i=1,2,\cdots,n$.因此,$x_1,x_2,\cdots,x_{n+1}\in I$ 且两两互素,依此递推,即可构造出 I 的一个无穷子集 X,使 X 中任意两数互素.

20. 分两种情形予以证明.

情形1:若 n 只有一个素因子,即存在奇素数 $p\geqslant 3$,使得 $n=p^r$,这里 r 为某个正整数.此时 $\varphi(n)=p^r-p^{r-1}$.由欧拉定理,知 $p^r\mid 2^{\varphi(n)}-1$.记 $m=\varphi(n)$,则 $p\mid(2^{\frac{m}{2}}-1)(2^{\frac{m}{2}}+1)$.结合 $2^{\frac{m}{2}}-1$ 与 $2^{\frac{m}{2}}+1$ 为相邻奇数,它们互素,于是 p 恰好整除 $2^{\frac{m}{2}}-1$ 和 $2^{\frac{m}{2}}+1$ 中的某一个数.从而另一个数的素因子不是 n 的因数.

情形2:若 n 有至少两个不同的素因子,则由 n 为奇数,可知 $m=\varphi(n)$ 为4的倍数$\left(这由 \varphi(n)=n\left(1-\frac{1}{p_1}\right)\left(1-\frac{1}{p_2}\right)\cdot\cdots\cdot\left(1-\frac{1}{p_k}\right),其中 n=p_1^{\alpha_1}p_2^{\alpha_2}\cdots p_k^{\alpha_k} 可知\right)$.于是对 n 的任意素因子 p,均有$(p-1)\left|\frac{m}{2}\right.$.从而由费马小定理,可知 $2^{\frac{m}{2}}\equiv 1\pmod p$,即 n 的每一个素因子都是 $2^{\frac{m}{2}}-1$ 的素因子.从而 $2^{\frac{m}{2}}+1$ 的每一个素因子都不是 n 的因数.

21. 由于当 $i=2,4,\cdots,p-1$ 时,有

$$i\equiv-(p-i)\pmod p,$$

结合威尔逊定理,即可得

$$2^2\cdot4^2\cdot\cdots\cdot(p-1)^2\equiv(-1)^{\frac{p-1}{2}}(p-1)!\equiv(-1)^{\frac{p+1}{2}}\pmod p.$$

当 $i=1,3,5,\cdots,p-2$ 时,类似地,

$$1^2\cdot3^2\cdot\cdots\cdot(p-2)^2\equiv(-1)^{\frac{p-1}{2}}(p-1)!\equiv(-1)^{\frac{p+1}{2}}\pmod p.$$

22. 若 $4\mid n$,且 $a_1b_1,a_2b_2,\cdots,a_nb_n$ 是模 n 的完系,则 $a_1b_1,a_2b_2,\cdots,a_nb_n$ 中恰有 $\frac{n}{2}$ 个奇数.不妨设 $a_1b_1,a_2b_2,\cdots,a_{\frac{n}{2}}b_{\frac{n}{2}}$ 为奇数,这表明 $a_1,a_2,\cdots,a_{\frac{n}{2}};b_1,b_2,\cdots,b_{\frac{n}{2}}$ 都是奇数.从而满足 $a_jb_j\equiv2\pmod n$ 的下标 $j\in\left\{\frac{n}{2}+1,\frac{n}{2}+2,\cdots,n\right\}$,这时 a_j 与 b_j 都为偶数.因而,$a_jb_j\equiv0\pmod 4$,但 $4\mid n$,又应有 $a_jb_j\equiv2\pmod 4$,矛盾.

若 $4\nmid n$,设 p 为 n 的一个奇素因子,并设 $q=p$(当 n 为奇数时)或 $q=2p$(当 n 为偶数时),于是可以设 $n=qm$,这里 m 为奇数.先证明:

$$\prod_{\substack{(j,q)=1\\1\leqslant j<q}} j\equiv-1\pmod q. \tag{8}$$

当 $q=p$ 时,(8)式由威尔逊定理可得;当 $q=2p$ 时,

$$\prod_{\substack{(j,q)=1\\1\leqslant j<q}} j=1\cdot 3\cdot \cdots \cdot (p-2)(p+2)(p+4)\cdots(2p-1)$$
$$\equiv(p-1)!\equiv -1\ (\bmod p),$$

而 $\prod\limits_{\substack{(j,q)=1\\1\leqslant j<q}} j$ 为奇数,故(8)式亦成立.

由条件及 $n=qm$ 与(8)式,可知

$$\prod_{\substack{(a_j,q)=1\\1\leqslant j\leqslant n}} a_j\equiv \prod_{\substack{(b_j,q)=1\\1\leqslant j\leqslant n}} b_j\equiv \prod_{\substack{(j,q)=1\\1\leqslant j\leqslant n}} j\equiv\Big(\prod_{\substack{(j,q)=1\\1\leqslant j<q}} j\Big)^m\equiv -1\ (\bmod q).$$

如果 $a_1b_1,a_2b_2,\cdots,a_nb_n$ 构成模 n 的完系,则

$$-1\equiv \prod_{\substack{(a_jb_j,q)=1\\1\leqslant j\leqslant n}} a_jb_j=\prod_{\substack{(a_j,q)=1\\1\leqslant j\leqslant n}} a_j\prod_{\substack{(b_j,q)=1\\1\leqslant j\leqslant n}} b_j\equiv(-1)^2=1\ (\bmod q),$$

导致 $q\mid 2$,矛盾.

23. 令 $a_i=ik+1,b_j=jm+1$,其中 $i=1,2,\cdots,m;j=1,2,\cdots,k$.若有 $a_ib_j=a_{i'}b_{j'}(\bmod mk)$,则 $ik+mj=i'k+j'm(\bmod mk)$,即

$$k(i-i')\equiv m(j'-j)(\bmod mk).$$

由于$(m,k)=1$,故 $k\mid(j'-j)$.但因为 $1\leqslant j',j\leqslant k$,必须 $j'=j$.同理可证 $i'=i$.

24. 设 $m=p^{\alpha}\cdot x,n=p^{\beta}\cdot y$,这里 $\alpha,\beta\in\mathbf{N},x,y\in\mathbf{N}^*$,且 x,y 都不是 p 的倍数.我们只需证明 $x=y$.

若 $x>y$($x<y$ 的情形是对称的),则由$(x,p)=1$,结合中国剩余定理知,存在 $a\in\mathbf{N}^*$,使得 $a\equiv 0(\bmod x)$,而 $a\equiv -1(\bmod p)$.于是可设

$$a=pk-1,\ k\in\mathbf{N}^*,$$

这时,$(pk-1,m)=(a,p^{\alpha}\cdot x)=x$,而

$$(pk-1,n)=(pk-1,p^{\beta}\cdot y)\leqslant y<x,$$

矛盾.故 $x=y$.所以,命题成立.

25. 先证:如果 $n=2^m,m\in\mathbf{N}$,那么 $f(n)=2n-1$.

事实上,一方面

$$\sum_{k=1}^{2n-1} k=(2n-1)n=(2^{m+1}-1)2^m$$

能被 n 整除.另一方面,如果 $l\leqslant 2n-2$,则

$$\sum_{k=1}^{l} k=\frac{1}{2}l(l+1).$$

由于 $l, l+1$ 中有一个是奇数，且

$$l+1\leqslant 2n-1=2^{m+1}-1,$$

故上述和式不能被 2^m 整除（因为 $2^{m+1}\nmid l(l+1)$）.

下面证明：n 不是 2 的方幂时，$f(n)<2n-1$.

设 $n=2^m p$，$m\geqslant 0$，$m\in\mathbf{Z}$，$p>1$，p 是奇数. 我们证明存在 $l<2n-1$，使得 $2^{m+1}\mid l$，且 $p\mid(l+1)$ $\left(\text{此时，当然有 } 2^m p \left| \frac{l(l+1)}{2}\right.\text{，从而 } f(n)<2n-1\right)$.

由于 $(2^{m+1}, p)=1$，故由中国剩余定理，

$$l\equiv 0 \pmod{2^{m+1}},\ l\equiv p-1 \pmod{p},$$

有解 $l\equiv x_0 \pmod{2^{m+1}p}$. 即存在 l_0，$0<l_0\leqslant 2^{m+1}p$ 满足上述同余方程组. 注意到，$2n-1\not\equiv 0\pmod{2^{m+1}}$，而 $2n+1\not\equiv 0\pmod{p}$，故 $2n-1$ 与 $2n$ 都不是此同余方程组的解，故 $0<l_0<2n-1$，即 $f(n)<2n-1$.

综上可知，当且仅当 n 为 2 的幂次时，$f(n)=2n-1$.

26. 注意到，对任意奇素数 p，同余方程 $x^2\equiv 1\pmod{p}$ 恰有两个不同的解 $x\equiv 1$ 或 $p-1\pmod{p}$.

现在任取 s 个不同的奇素数，这里 s 为满足 $2^s\geqslant n$ 的正整数，令 $m=p_1p_2\cdots p_s$ 为这 s 个素数之积. 考虑 2^s 个不同的数组 $(a_1, a_2, \cdots, a_s)$，其中 $a_i\in\{1, p-1\}$. 由中国剩余定理可知，方程组

$$\begin{cases} x\equiv a_1 \pmod{p_1}, \\ x\equiv a_2 \pmod{p_2}, \\ \cdots \\ x\equiv a_s \pmod{p_s} \end{cases}$$

有解 $x(a_1, a_2, \cdots, a_s)$（在模 m 的意义下），此解满足 $x^2\equiv 1\pmod{m}$. 并且对不同的 $(a_1, a_2, \cdots, a_s)$，数 $x(a_1, a_2, \cdots, a_s)$ 对某个模 p_i 不同余，从而对模 m 不同余. 所以同余方程 $x^2\equiv 1\pmod{m}$ 有至少 $2^s(\geqslant n)$ 个解. 命题获证.

点评　将此例对比拉格朗日定理，就能发现定理中 p 为素数的重要性.

27. 设 $i,j\in\mathbf{Z}$，$-n\leqslant i,j\leqslant n$，则 p_{ij} 表示 $(2n+1)^2$ 个不同的素数. 由中国剩余定理，存在 a,b 分别满足同余式组

$a\equiv i \pmod{p_{ij}}$，$-n\leqslant i,j\leqslant n$，$b\equiv j \pmod{p_{ij}}$，$-n\leqslant i,i\leqslant n$，

则 (a,b) 是满足条件的整点. 因为若 (x,y) 与 (a,b) 的距离 $\leqslant n$，则

$$\sqrt{(a-x)^2+(b-y)^2}\leqslant n,$$

即 $(a-x)^2+(b-y)^2\leqslant n^2$. 由此推出

$$|a-x|\leqslant n, |b-y|\leqslant n.$$

不妨设 $a-x=i$，$b-y=j$，即 $x=a-i$，$y=b-j$，$-n\leqslant i,j\leqslant n$. 而由 a,b 的取法可知，x,y 都是 p_{ij} 的倍数，故 (x,y) 不是既约整点.

28. 先证明：对任意的 $b\in\mathbf{Z}$，同余方程 $x^n\equiv b \pmod p$ 有唯一解.

事实上，由 $(n,p-1)=1$ 及贝祖定理，可知存在 $u,v\in\mathbf{N}^*$，使得 $nu-(p-1)v=1$. 若 $b\equiv 0 \pmod p$，则方程 $x^n\equiv b \pmod p$ 只有唯一解 $x\equiv 0 \pmod p$；若 $b\not\equiv 0 \pmod p$，则方程 $x^n\equiv b \pmod p$ 的解满足 $(x,p)=1$，且 $x^{nu}\equiv b^u \pmod p$. 由费马小定理，可知 $x^{p-1}\equiv 1 \pmod p$，于是

$$x^{nu}=x^{(p-1)v+1}\equiv x \pmod p,$$

即 $x\equiv b^u \pmod p$. 这表明 $x^n\equiv b \pmod p$ 的解是唯一的.

利用上述结论及所求同余方程的结构可得：对任意的 $a\in\mathbf{Z}$，原同余方程恰有 p^{r-1} 个不同的解（随意选择 $x_1^n,x_2^n,\cdots,x_{r-1}^n$ 取模 p 所得的余数值，通过调节 x_r^n，以使 $x_1^n+x_2^n+\cdots+x_r^n\equiv a \pmod p$，可得所有的 p^{r-1} 个解）.

29. 当取 $p=5$，$a=3$，$b=2$ 时，应有 $5^c\mid 3000$，所以 $c\leqslant 3$. 下面证明：对任意满足条件的 p,a,b，均有 $p^3\mid \mathrm{C}_{ap}^{bp}-\mathrm{C}_a^b$.

事实上，注意到

$$\mathrm{C}_{ap}^{bp}-\mathrm{C}_a^b=\frac{(ap)(ap-1)\cdot\cdots\cdot((a-b)p+1)}{(bp)!}-\frac{a!}{b!(a-b)!}$$

$$=\frac{a(a-1)\cdot\cdots\cdot(a-b+1)\prod\limits_{k=a-b}^{a-1}(kp+1)(kp+2)\cdot\cdots\cdot(kp+(p-1))}{b!\prod\limits_{k=0}^{b-1}(kp+1)(kp+2)\cdot\cdots\cdot(kp+(p-1))}$$

$$-\frac{a!}{b!(a-b)!}$$

$$=\frac{a!}{b!(a-b)!}\cdot\frac{1}{\prod\limits_{k=0}^{b-1}(kp+1)(kp+2)\cdot\cdots\cdot(kp+(p-1))}\Big\{\prod_{k=a-b}^{a-1}(kp+1)$$

$$\cdot(kp+2)\cdot\cdots\cdot(kp+(p-1))-\prod_{k=0}^{b-1}(kp+1)(kp+2)\cdot\cdots\cdot(kp+(p-1))\Big\},$$

于是,我们只需证明 $p^3\mid A$,这里

$$A=\prod_{k=a-b}^{a-1}(kp+1)\cdot(kp+2)\cdot\cdots\cdot(kp+(p-1))$$
$$-\prod_{k=0}^{b-1}(kp+1)\cdot(kp+2)\cdot\cdots\cdot(kp+(p-1)).$$

为此我们设

$$f(x)=(x+1)(x+2)\cdot\cdots\cdot(x+(p-1))$$
$$=x^{p-1}+\alpha_{p-2}x^{p-2}+\cdots+\alpha_1x+(p-1)!,$$

则由 2.4 节例 1 的结论,可知 $p^2\mid\alpha_1$. 于是

$$A=\prod_{k=a-b}^{a-1}f(kp)-\prod_{k=0}^{b-1}f(kp)$$
$$\equiv((p-1)!)^{b-1}\sum_{k=a-b}^{a-1}\alpha_1kp+((p-1)!)^b$$
$$-((p-1)!)^{b-1}\sum_{k=0}^{b-1}\alpha_1kp-((p-1)!)^b$$
$$\equiv0\pmod{p^3}.$$

所以,所求的最大整数 $c=3$.

30. 记 $C_i=\{r_a\mid r_a\equiv a+i(\mathrm{mod}\ n^2),r_a\in S,a\in A\}$, $i=0,1,2,\cdots,n^2-1$. 则这 n^2 个集合 C_i 具有下述性质:

(1) 对 $0\leqslant i\leqslant n^2-1$,都有 $|C_i|=n$;

(2) $\bigcup\limits_{i=0}^{n^2-1}C_i=S$;

(3) 对每个 $x\in S$,数 x 恰在 $C_0,C_1,\cdots,C_{n-1}^2$ 的 n 个集合中出现.

为直观起见,设 $A=\{a_1,a_2,\cdots,a_n\}$,考察下表(表中各数在 mod n^2 的意义下取值). 注意到表格中的每一列都恰好构成模 n^2 的一个完系,即可知上述性质成立.

A	a_1	a_2	$\cdots$	a_n
C_0	a_1	a_2	$\cdots$	a_n
C_1	a_1+1	a_2+1	$\cdots$	a_n+1
$\vdots$	$\vdots$	$\vdots$	$\vdots$	$\vdots$
C_{n-1}^2	a_1+n^2-1	a_2+n^2-1	$\cdots$	a_n+n^2-1

现在,从 $C_0,C_1,\cdots,C_{n^2-1}$ 中任取 n 个集合求下述和,得

$$\begin{aligned}&\sum_{0\leqslant i_1<i_2<\cdots<i_n\leqslant n^2-1}|C_{i_1}\cup C_{i_2}\cup\cdots\cup C_{i_n}|\\=&\sum_{0\leqslant i_1<i_2<\cdots<i_n\leqslant n^2-1}\ \sum_{x\in C_{i_1}\cup C_{i_2}\cup\cdots\cup C_{i_n}}1\\=&\sum_{x\in S}\ \sum_{\substack{0\leqslant i_1<i_2<\cdots<i_n\leqslant n^2-1\\x\in C_{i_1}\cup C_{i_2}\cup\cdots\cup C_{i_n}}}1\\=&n^2(\mathrm{C}_{n^2}^n-\mathrm{C}_{n^2-n}^n),\end{aligned}$$

最后一个等号用到;对固定的 $x\in S$,由性质(3)知恰有 n 个 C_i 同时含有它,因而恰有 n^2-n 个 C_i 都不含有它.

对上式用抽屉原则,可知存在 $0\leqslant i_1<i_2<\cdots<i_n\leqslant n^2-1$,使得

$$|C_{i_1}\cup C_{i_2}\cup\cdots\cup C_{i_n}|\geqslant\frac{1}{\mathrm{C}_{n^2}^n}(n^2(\mathrm{C}_{n^2}^n-\mathrm{C}_{n^2-n}^n))=n^2\left(1-\frac{\mathrm{C}_{n^2-n}^n}{\mathrm{C}_{n^2}^n}\right).$$

注意到,当 $n\geqslant2$ 时,我们有

$$\begin{aligned}\frac{\mathrm{C}_{n^2-n}^n}{\mathrm{C}_{n^2}^n}&=\frac{(n^2-n)(n^2-n-1)\cdot\cdots\cdot(n^2-2n+1)}{n^2(n^2-1)\cdot\cdots\cdot(n^2-n+1)}\\&=\left(1-\frac{1}{n}\right)\left(1-\frac{n}{n^2-1}\right)\cdot\cdots\cdot\left(1-\frac{n}{n^2-n+1}\right)\\&\leqslant\left(1-\frac{1}{n}\right)^n\leqslant1-\mathrm{C}_n^1\left(\frac{1}{n}\right)+\mathrm{C}_n^2\left(\frac{1}{n^2}\right)=\frac{n-1}{2n}<\frac{1}{2},\end{aligned}\tag{9}$$

这里用到

$$\begin{aligned}&-\mathrm{C}_n^3\left(\frac{1}{n}\right)^3+\mathrm{C}_n^4\left(\frac{1}{n}\right)^4-\cdots\\=&-\left(\frac{1}{n^3}\mathrm{C}_n^3-\frac{1}{n^4}\mathrm{C}_n^4\right)-\left(\frac{1}{n^5}\mathrm{C}_n^5-\frac{1}{n^6}\mathrm{C}_n^6\right)-\cdots\\\leqslant&0(\text{每一个括号内的数都}\geqslant0).\end{aligned}$$

因此,

$$|C_{i_1}\cup C_{i_2}\cup\cdots\cup C_{i_n}|>n^2\left(1-\frac{1}{2}\right)=\frac{n^2}{2}.$$

于是,令 $B=\{i_1,i_2,\cdots,i_n\}$,就有 $|A+B|=|C_{i_1}\cup C_{i_2}\cup\cdots\cup C_{i_n}|>\frac{n^2}{2}$.

点评 (9)式也可用下述方法来证:$\frac{C_{n^2}^n}{C_{n^2-n}^n}\geqslant\left(\frac{n^2}{n^2-n}\right)^n=\left(1-\frac{1}{n-1}\right)^n\geqslant1+\frac{n}{n-1}>2.$

31. 由 $\frac{2^n-1}{3}\in\mathbf{N}^*$,可知 n 为偶数.若存在奇数 $q\geqslant3$,使得 $q\mid n$,则利用因式分解知 $(2^q-1)\mid(2^n-1)$.结合 $2^q-1\equiv-2\pmod 3$,可知 $(2^q-1)\left|\frac{2^n-1}{3}\right.$,这表明 $(2^q-1)\mid(4m^2+1)$.但是,当 $q\geqslant3$ 时,$2^q-1\equiv-1\pmod 4$,故 2^q-1 有一个素因子 p 满足 $p\equiv3\pmod 4$,对这个 p 有 $p\mid(4m^2+1)$,即

$$(2m)^2\equiv-1\pmod p.$$

而由欧拉判别法,知 -1 不是模 p 的二次剩余,矛盾.所以,n 只能是 2 的幂次,即存在 $k\in\mathbf{N}^*$,使得 $n=2^k$.

另一方面,若 $n=2^k$,$k\in\mathbf{N}^*$,则

$$\frac{2^n-1}{3}=(2^2+1)(2^{2^2}+1)\cdot\cdots\cdot(2^{2^{k-1}}+1).$$

利用 $r\in\mathbf{N}^*$ 时有 $(2^{2^r}-1,2^{2^r}+1)=1$,而

$$2^{2^r}-1=(2+1)(2^2+1)\cdot\cdots\cdot(2^{2^{r-1}}+1),$$

可知 $2^2+1,2^{2^2}+1,\cdots,2^{2^{k-1}}+1$ 两两互素.因而由中国剩余定理,可知存在 $m\in\mathbf{N}^*$,使得对 $1\leqslant i\leqslant k-1$,都有

$$m\equiv2^{2^{i-1}}-1\pmod{2^{2^i}+1}.$$

进而,$4m^2\equiv(2^{2^{i-1}})^2=2^{2^i}\equiv-1\pmod{2^{2^i}+1}$,依此可知 $\frac{2^n-1}{3}\left|\right.$

$(4m^2+1)$.

综上可知，n 为所有形如 2 的幂次的数.

32. 引入分数同余记号：用 $\frac{b}{a}\pmod n$ 表示 $ba^{-1}\pmod n$，这里 a^{-1} 为 a 对模 n 的数论倒数（注意，这时当然要求 $(a,n)=1$）.

注意到，在上述分数同余的意义下，我们只需证明：$f_p(x)-f_p(y)\equiv 0\pmod{p^3}$. 由于

$$f_p(x)-f_p(y)=\sum_{k=1}^{p-1}\left(\frac{1}{(px+k)^2}-\frac{1}{(py+k)^2}\right)$$
$$=\sum_{k=1}^{p-1}\frac{p^2(y^2-x^2)+p\cdot 2k(y-x)}{(px+k)^2(py+k)^2},$$

因此，只需证明：

$$\sum_{k=1}^{p-1}\frac{p(y^2-x^2)+2k(y-x)}{(px+k)^2(py+k)^2}\equiv 0\pmod{p^2}. \tag{10}$$

而

$$(px+k)^2(py+k)^2\equiv(2pxk+k^2)(2pyk+k^2)$$
$$\equiv 2pk^3(x+y)+k^4\pmod{p^2},$$

故为证(10)成立，只需证明：

$$\sum_{k=1}^{p-1}\frac{p(y^2-x^2)+2k(y-x)}{2p(x+y)k^3+k^4}\equiv 0\pmod{p^2}$$
$$\Leftrightarrow\sum_{k=1}^{p-1}\left(\frac{2(y-x)}{k^3}-\frac{3p(y^2-x^2)}{k^4+2p(x+y)k^3}\right)\equiv 0\pmod{p^2}.$$

进而，只要证明下述同余式同时成立：

$$\begin{cases}\displaystyle\sum_{k=1}^{p-1}\frac{1}{k^3}\equiv 0\pmod{p^2}, & (11)\\ \displaystyle\sum_{k=1}^{p-1}\frac{1}{k^4+2p(x+y)k^3}\equiv 0\pmod{p}. & (12)\end{cases}$$

对于(11)式，由于

$$2\sum_{k=1}^{p-1}\frac{1}{k^3}=\sum_{k=1}^{p-1}\left(\frac{1}{k^3}+\frac{1}{(p-k)^3}\right)$$
$$=\sum_{k=1}^{p-1}\frac{p^3-3p^2k+3pk^2}{k^3(p-k)^3}\equiv\sum_{k=1}^{p-1}\frac{3p}{k(p-k)^3}\pmod{p^2},$$

故只要证明：$\sum_{k=1}^{p-1}\frac{1}{k(p-k)^3}\equiv 0(\bmod p)$. 由

$$k(p-k)^3\equiv -k^4 \pmod p$$

知，只要证明：$\sum_{k=1}^{p-1}\frac{1}{k^4}\equiv 0(\bmod p)$. 其实(12)也转为证明此式.

下面证明：当 $p>5$，p 为素数时，$\sum_{k=1}^{p-1}\frac{1}{k^4}\equiv 0 \pmod p$.

由拉格朗日定理，知 $x^4\equiv 1(\bmod p)$ 在模 p 意义下至多有 4 个解，因此存在 $s\in\{1,2,\cdots,p-1\}$，使得 $s^4\not\equiv 1(\bmod p)$.

注意到，$\left\{1,\frac{1}{2},\cdots,\frac{1}{p-1}\right\}$ 与 $\left\{s,\frac{s}{2},\cdots,\frac{s}{p-1}\right\}$ 都是模 p 的简化剩余系，因此，

$$\sum_{k=1}^{p-1}\frac{1}{k^4}\equiv\sum_{k=1}^{p-1}\left(\frac{s}{k}\right)^4=s^4\sum_{k=1}^{p-1}\frac{1}{k^4} \pmod p.$$

这样，结合 $p\nmid(s^4-1)$，即可得 $\sum_{k=1}^{p-1}\frac{1}{k^4}\equiv 0 \pmod p$.

命题获证.

习 题 三

1. 由 $\delta_p(a)=3$，可知 $a\not\equiv\pm 1(\bmod p)$，且 $a^2+a+1\equiv 0(\bmod p)$. 所以 $1+a\not\equiv 1(\bmod p)$，$(1+a)^2=1+2a+a^2\equiv a\not\equiv 1(\bmod p)$，$(1+a)^3\equiv(1+a)a\equiv -1(\bmod p)$，故 $\delta_p(a+1)=6$.

2. 等价于求 $\delta_{5^n}(2)$，答案为：所求最小的正整数 $m=4\times 5^{n-1}$.

对 n 归纳来证上述结论. 直接计算可知 $\delta_5(2)=4$. 现设 $\delta_{5^n}(2)=4\times 5^{n-1}$，则可设 $2^{4\times 5^{n-1}}=t\cdot 5^n+1$，$t\in\mathbf{N}^*$，于是

$$2^{4\times 5^n}=(t\cdot 5^n+1)^5\equiv C_5^1\cdot t\cdot 5^n+1\equiv 1(\bmod 5^{n+1}),$$

故 $\delta_{5^{n+1}}(2)\leqslant 4\times 5^n$. 又满足 $2^m\equiv 1(\bmod 5^{n+1})$ 的 m 都满足 $2^m\equiv 1(\bmod 5^n)$，故 $\delta_{5^n}(2)\mid\delta_{5^{n+1}}(2)$. 所以，$\delta_{5^{n+1}}(2)=4\times 5^{n-1}$ 或 4×5^n. 而 $2^{4\times 5^{n-1}}=16^{5^{n-1}}=(15+1)^{5^{n-1}}$，利用二项式定理展开，可得 $5^n\parallel(2^{4\times 5^{n-1}}-1)$，故只能是 $\delta_{5^{n+1}}(2)=4\times 5^n$.

点评　注意，本题的结论实质上还说明了：对任意 $n\in\mathbf{N}^*$，2 是模 5^n 的原根.

3. 先证明：若 $1\leqslant m<n\leqslant p-1$，则 $m^3\not\equiv n^3\pmod p$，这里 p 为奇素数，且 $p\equiv 2\pmod 3$.

事实上，设 t 是满足 $m^t\equiv n^t\pmod p$ 的最小正整数，利用与证明指数的性质相同的方法，可知：对任意满足 $m^r\equiv n^r\pmod p$ 的正整数 r，均有 $t\mid r$. 所以，若 $m^3\equiv n^3\pmod p$，则 $t\mid 3$. 而由费马小定理，易知 $m^{p-1}\equiv n^{p-1}\equiv 1\pmod p$，从而 $t\mid(p-1)$. 故 $t\mid(3,p-1)$. 而由 $p\equiv 2\pmod 3$，可知 $(3,p-1)=1$，所以 $t=1$，导致 $m\equiv n\pmod p$，矛盾. 故当 $1\leqslant m<n\leqslant p-1$ 时，均有 $m^3\not\equiv n^3\pmod p$.

由上述结论知：当 x 遍经模 p 的一个完系时，x^3 也遍经模 p 的完系. 从而，对 $0\leqslant y\leqslant p-1$ 的每一个整数 y，存在唯一的 $x\in\{0,1,\cdots,p-1\}$，使得 $x^3\equiv y^2-1\pmod p$. 这表明：集合 S 中充其量只有 p 个元素是 p 的倍数. 又注意到，S 中 $0=1^2-0^3-1=3^2-2^3-1$ 被表示了两次，故 S 中至多只有 $p-1$ 个元素为 p 的倍数.

4. 记 $m=n-1$，$a_i=b_i-1$，则 $1\leqslant a_0\leqslant 2m$，且

$$a_{i+1}=\begin{cases}2a_i, & a_i\leqslant m,\\ 2a_i-(2m+1), & a_i>m.\end{cases}$$

这表明：$a_{i+1}\equiv 2a_i\pmod{2m+1}$，且对 $i\in\mathbf{N}$，都有 $1\leqslant a_i\leqslant 2m$.

(1) 要求的值等价于针对 $\{a_i\}$ 求 $p(1,2^k-1)$ 和 $p(1,2^k)$. 前者等价于求最小的 $l\in\mathbf{N}^*$，使得

$$2^l\equiv 1\pmod{2(2^k-1)+1};$$

后者等价于求最小的 $t\in\mathbf{N}^*$，使得

$$2^t\equiv 1\pmod{2^{k+1}+1}.$$

由于 $2(2^k-1)+1=2^{k+1}-1$，而当 $1\leqslant l\leqslant k$ 时，显然有 $2^l\not\equiv 1\pmod{2^{k+1}-1}$，故 $p(1,2^k-1)=k+1$. 又 $2^{2(k+1)}\equiv 1\pmod{2^{k+1}+1}$，故 $\delta_{2^{k+1}+1}(2)\mid 2(k+1)$. 但对 $1\leqslant t\leqslant k+1$，都有 $2^t\not\equiv 1\pmod{2^{k+1}+1}$，所以，$p(1,2^k)=\delta_{2^{k+1}+1}(2)=2(k+1)$.

因此，针对$\{b_i\}$，有 $p(2,2^k)=k+1$，$p(2,2^k+1)=2(k+1)$.

(2) 还是转为针对$\{a_i\}$讨论，需要证明：$p(a_0,m)\mid p(1,m)$.

首先，设 $p(1,m)=t$，则 $2^t\equiv1 \pmod{2m+1}$，进而有 $2^ta_0\equiv a_0 \pmod{2m+1}$，故 $p(a_0,m)\leqslant p(1,m)$.

其次，若 $p(a_0,m)\nmid p(1,m)$，则可设

$$p(1,m)=p(a_0,m)q+r,0<r<p(a_0,m),$$

记 $s=p(a_0,m)$，$t=p(1,m)$，那么结合 $2^sa_0\equiv a_0 \pmod{2m+1}$，知

$$a_0\equiv2^ta_0=2^{sq+r}a_0\equiv2^{s(q-1)+r}a_0\equiv\cdots\equiv2^ra_0 \pmod{2m+1},$$

与 s 的最小性矛盾.

所以，$p(a_0,m)\mid p(1,m)$，命题获证.

5. 首先，$n=11,22,\cdots,99$ 满足条件. 当 $a\neq b$ 时，设 p 为 n 的素因子. 由条件，对任意的 $x\in\mathbf{Z}$，均有 $p\mid(x^a-x^b)$. 于是，对任意的 $x\in\{1,2,\cdots,p-1\}$，均有 $x^{|a-b|}\equiv1 \pmod p$. 设 g 是模 p 的原根，则亦有 $g^{|a-b|}\equiv1 \pmod p$，从而$(p-1)\mid|a-b|$. 注意到$|a-b|\leqslant9$，故 $p\leqslant10$，从而 $p\in\{2,3,5,7\}$.

分情况予以讨论.

(1) 若 $7\mid n$，则同上可知应有 $6\mid|a-b|$，这时只能是 $n=28$. 利用费马小定理及平方数取模 4 的性质，可知 $n=28$ 满足条件.

(2) 若 $7\nmid n$，但 $5\mid n$. 类似可知 $4\mid|a-b|$，故 $n\in\{15,40\}$. 直接验证，可知 $n=15$ 满足条件.

(3) 若 $7\nmid n$，$5\nmid n$，但 $3\mid n$，知 $2\mid|a-b|$，故 $n\in\{24,48\}$. 直接验证，可知 $n=48$ 满足条件.

(4) 若 $7\nmid n$，$5\nmid n$，$3\nmid n$，但 $2\mid n$，这时 $n\in\{16,32,64\}$，它们都不符合要求.

综上所述，满足条件的 $n=11,22,\cdots,99,15,28,48$.

6. 记 $q=2^{m+1}+1$，由条件知 $3^{2^m}\equiv-1 \pmod q$，故 $3^{2^{m+1}}\equiv1 \pmod q$. 这表明 $\delta_q(3)\mid2^{m+1}$，但 $\delta_q(3)\nmid2^m$. 因此，$\delta_q(3)=2^{m+1}$.

另一方面，由欧拉定理，可知 $3^{\varphi(q)}\equiv1 \pmod q$，所以 $2^{m+1}\mid\varphi(q)$，即 $(q-1)\mid\varphi(q)$. 结合 $\varphi(q)\leqslant q-1$，可知 $\varphi(q)=q-1$，从而 q 为素数.

点评 熟悉二次互反律的读者还可证明此命题的逆命题也成立.

7. 设(p,q,r)是满足条件的素数数组,由轮换对称性不妨设 $p=\max\{p,q,r\}$. 由 $p\mid(q^r+1)$,知 $p\neq q$,同理 $q\neq r$,$r\neq p$,即 p,q,r 两两不同. 分如下两种情形讨论:

(1) $p>q>r$. 由 $q\mid(r^p+1)$,即 $r^p\equiv-1(\bmod q)$,可知 $r^{2p}\equiv1(\bmod q)$,故 $\delta_q(r)\nmid p$ 但 $\delta_q(r)\mid 2p$. 又由费马小定理,知 $r^{q-1}\equiv1(\bmod q)$,故 $\delta_q(r)\mid(q-1)$. 而 $q-1<p$,故 $\delta_q(r)<p$. 结合 $\delta_p(r)\mid 2p$,得 $\delta_q(r)=2$,即 $q\mid(r^2-1)$,故 $q\mid(r-1)(r+1)$,得 $q\mid(r+1)$. 结合 q,r 都为素数,知 $q=3$,$r=2$,这时 $p\mid(3^2+1)$,即 $p\mid10$,故 $p=5$.

(2) $p>r>q$. 由 $p\mid(q^r+1)$,同上类似可得 $\delta_p(q)\nmid r$,但是 $\delta_p(q)\mid 2r$. 又 $p\geqslant r+2>q+2$,故 $\delta_p(q)>2$,因此 $\delta_p(q)=2r$. 结合费马小定理,可得 $2r\mid(p-1)$,故 $p\equiv1(\bmod r)$,导致

$$0\equiv p^q+1\equiv2(\bmod r),$$

即 $r\mid2$,矛盾.

综上可知,$(p,q,r)=(5,3,2)$,$(3,2,5)$或$(2,5,3)$.

8. 如果只有有限个形如 $pn+1$ 的素数,设它们为 $p_1,p_2,\cdots,p_m$,令 $t=p_1\cdot p_2\cdot\cdots\cdot p_m\cdot p$,设 q 为 $t^{p-1}+t^{p-2}+\cdots+1$ 的素因子,则 $q\left|\dfrac{t^p-1}{t-1}\right.$,故 $q\mid t^p-1$. 因此 $\delta_q(t)=1$ 或 p. 若 $\delta_q(t)=1$,即 $t\equiv1(\bmod q)$,则

$$t^{p-1}+t^{p-2}+\cdots+1\equiv p(\bmod q),$$

导致 $q\mid p$,进而 $q=p$. 而 $p\mid t$,导致$p\mid1$,矛盾. 所以,$\delta_q(t)=p$.

现在由费马小定理,知 $t^{q-1}\equiv1(\bmod q)$,故 $p\mid(q-1)$,即 q 为 $pn+1$ 形式的素数. 又显然$(q,t)=1$,故 q 不同于 $p_1,p_2,\cdots,p_m$,矛盾.

9. 如果满足条件的素数只有有限个,设它们是 $q_1,q_2,\cdots,q_k$. 令 $a=p\cdot(q_1\cdot q_2\cdot\cdots\cdot q_k)^p$. 注意到,数

$$\frac{a^p-1}{a-1}=a^{p-1}+a^{p-2}\cdots+a+1\equiv a+1\not\equiv1(\bmod p^2),$$

因此它有一个素因子 q 满足 $q\not\equiv 1 \pmod{p^2}$，这个 $q\notin\{q_1,q_2,\cdots,q_k\}$ 且 $q\nmid a$.

下面证明：这个 q 也具有题中的性质.

事实上，若存在 $n\in\mathbf{Z}$，使得 $n^p\equiv p \pmod q$，则

$$\begin{aligned}(nq_1q_2\cdots q_k)^{p^2}&=(n^p\cdot(q_1q_2\cdots q_k)^p)^p\\&\equiv(p\cdot(q_1q_2\cdots q_k)^p)^p\\&=a^p\equiv 1 \pmod q.\end{aligned}$$

利用费马小定理，知 $(nq_1q_2\cdots q_k)^{q-1}\equiv 1 \pmod q$，所以，我们有

$$(nq_1q_2\cdots q_k)^{(p^2,q-1)}\equiv 1 \pmod q.$$

而 $p^2\nmid(q-1)$，故 $(p^2,q-1)\mid p$. 于是，$(nq_1q_2\cdots q_k)^p\equiv 1 \pmod q$. 再利用 $n^p\equiv p \pmod q$，得 $a\equiv 1 \pmod q$，这导致

$$0\equiv a^{p-1}+a^{p-2}+\cdots+1\equiv p \pmod q,$$

得 $q\mid p$，矛盾.

10. 记 $d=\delta_p(2)$（注意由 $p\mid(2^n-1)$，可知 p 为奇素数，故 $\delta_p(2)$ 存在），则由 $2^n\equiv 1 \pmod p$，知 $d\mid n$. 再由 $p\parallel(2^n-1)$，可知 $p\parallel(2^d-1)$.

由费马小定理，知 $2^{p-1}\equiv 1 \pmod p$，故 $d\mid(p-1)$. 设 $m=\dfrac{p-1}{d}$，则 $1\leqslant m<p$. 这时，

$$2^{p-1}-1=(2^d-1)((2^d)^{m-1}+(2^d)^{m-2}+\cdots+1),$$

而

$$(2^d)^{m-1}+(2^d)^{m-2}+\cdots+1\equiv 1^{m-1}+1^{m-2}+\cdots+1=m\not\equiv 0 \pmod p,$$

所以结合 $p\parallel(2^d-1)$，即可得 $p\parallel(2^{p-1}-1)$.

11. 若 $p\mid(5^p-2^p)$，则 p 与 2，5 都互素. 利用费马小定理，可知 $5^p-2^p\equiv 5-2 \pmod p$，故 $p\mid 3$. 所以 $p=3$. 此时 $5^p-2^p=3^2\times 13$，从而 $q\mid(5^q-2^q)$ 或 $q\mid(3^2\times 13)$，得 $q=3$ 或 13. 类似地，讨论 $q\mid(5^q-2^q)$ 的情形，得解 $(p,q)=(3,3)$，$(3,13)$ 或 $(13,3)$.

最后，设 $p\mid(5^q-2^q)$，$q\mid(5^p-2^q)$，且 $p\neq 3$，$q\neq 3$. 这时，不妨设 $q<p$，则 $(p,q-1)=1$. 由贝祖定理知，存在 $a,b\in\mathbf{N}^*$，使得 $ap-b(q-1)=1$. 结合 $(5,q)=1$，$(2,q)=1$ 及费马小定理，可知 $5^{q-1}\equiv 2^{q-1}\equiv 1 \pmod q$. 而由 $5^p\equiv 2^p \pmod q$，又有 $5^{ap}\equiv 2^{ap} \pmod q$，即

$$5^{1+b(q-1)}\equiv 2^{1+b(q-1)} \pmod q,$$

导致 $5\equiv 2(\bmod q)$，即 $q\mid 3$，矛盾.

所以，满足条件的素数对 $(p,q)=(3,3),(3,13)$ 或 $(13,3)$.

12. 不妨设 $p\leqslant q$.

若 $p=2$，则 $q=2$ 满足条件. 当 $q>2$ 时，q 为奇数，由 $2^p+2^q=2^2(1+2^{q-2})$，可知 $q\mid(2^{q-2}+1)$. 于是

$$2^{q-2}\equiv -1\ (\bmod q).$$

而由费马小定理，$2^{q-1}\equiv 1(\bmod q)$，所以

$$1\equiv 2^{q-1}=2^{q-2}\cdot 2\equiv -2(\bmod q),$$

从而 $q\mid 3$. 于是，这时有两组解 $(p,q)=(2,2)$ 和 $(2,3)$.

若 $p>2$，由费马小定理，$2^{q-1}\equiv 1(\bmod q)$，结合条件 $q\mid(2^p+2^q)$，可知

$$2^p+2^q\equiv 2^p+2\ (\bmod q),$$

故 $q\mid(2^{p-1}+1)$，进而 $2^{2(p-1)}\equiv 1(\bmod q)$，所以

$$\delta_q(2)\mid 2(p-1),$$

但 $\delta_q(2)\nmid(p-1)$. 这样，设 $p-1=2^s\cdot t$，t 为奇数，$s,t\in\mathbf{N}^*$，则 $\delta_q(2)=2^{s+1}\cdot k$，这里 k 为 t 的某个因数. 再由 $2^{q-1}\equiv 1(\bmod q)$，可知

$$\delta_q(2)\mid(q-1).$$

这表明 $q-1$ 与 $p-1$ 的素因数分解式中，$q-1$ 中 2 的幂次高于 $p-1$ 中 2 的幂次. 但是，用 p 取代 q 的地位重复上述讨论，又应有 $p-1$ 的素因数分解式中 2 的幂次高于 $q-1$ 的素因数分解式中 2 的幂次，矛盾. 所以 $q\geqslant p>2$ 时，无解.

综上所述，满足条件的 (p,q) 只能为 $(2,2),(2,3)$ 或 $(3,2)$.

13. 若 n 为素数，则当 $n\mid m$ 时，显然有 $n\nmid(m^{n-1}+1)$；若 $n\nmid m$，则由费马小定理，知 $n\mid(m^{n-1}-1)$；若 $n\mid(m^{n-1}+1)$，则要求 $n\mid 2$，与 n 为大于 1 的奇数矛盾.

若 n 为合数，且存在 $m\in\mathbf{N}^*$，使得 $n\mid(m^{n-1}+1)$. 我们设 $2^t\parallel(n-1)$，则

$$(m^k)^{2^t}\equiv -1\ (\bmod n),\tag{1}$$

其中 $k=\dfrac{n-1}{2^t}\in\mathbf{N}^*$. 对 n 的任意素因子 p，由(1)知 $(m^k)^{2^t}\equiv -1(\bmod p)$，而由费马小定理，知 $(m^k)^{p-1}\equiv 1(\bmod p)$，所以 $\delta_p(m^k)$ 的素因数分

解式中 2 的幂次$\geqslant t+1$，并且 $2^{t+1}\mid(p-1)$. 由于 p 为 n 的任意素因子，这要求 $n\equiv1(\bmod 2^{t+1})$，此式与 t 的定义矛盾.

所以，命题成立.

14. 先证明：若命题(2)成立，则命题(1)成立. 对任意的 $a\in\mathbf{N}^*$，考虑 n 的任意素因子 p. 由于 $a^p\equiv a(\bmod p)$（费马小定理），可知若 $p\mid a$，则 $a^n\equiv a(\bmod p)$；若 $p\nmid a$，则 $a^{p-1}\equiv1(\bmod p)$，结合 $(p-1)\mid(n-1)$，故 $a^{n-1}\equiv1(\bmod p)$，从而也有 $a^n\equiv a(\bmod p)$. 利用命题(2)中 $p^2\nmid n$，可知 $a^n\equiv a(\bmod n)$. 于是由命题(2)可以推出命题(1).

反过来，我们证明：若命题(1)成立，则命题(2)成立. 对 n 的每个素因子 p，取模 p 的原根 g，则由命题(1)可知 $n\mid(g^n-g)$，故 $g^{n-1}\equiv1(\bmod p)$，从而 $(p-1)\mid(n-1)$. 另一方面，若存在 n 的素因子 p，使得 $p^2\mid n$，我们取 $a=p$，则 $p^2\nmid(a^n-a)$ 与 $n\mid(a^n-a)$ 矛盾.

15. 先证命题(1)⇒命题(2)成立.

若存在某个 $\alpha_i\geqslant2$，不妨设 $\alpha_1\geqslant2$. 取 $a=p_1$，则由命题(1)可知 $x^m\equiv p_1(\bmod n)$ 有解，故 $p_1^2\mid(x^m-p_1)$，所以 $p_1\mid x^m$. 进而 $p_1\mid x$，$p_1^2\mid x^m$，这导致 $p_1^2\nmid(x^m-p_1)$，矛盾. 所以 $\alpha_1=\alpha_2=\cdots=\alpha_k=1$.

若存在某个 p_i，使 $(p_i-1,m)>1$，不妨设 $(p_1-1,m)=d>1$. 由于对任意的 $a\in\mathbf{N}^*$，方程 $x^m\equiv a(\bmod p_1)$ 均有解，所以当 x 遍经模 p_1 的完系时，x^m 也遍经模 p_1 的完系. 即若 $x_1\not\equiv x_2(\bmod p_1)$，则 $x_1^m\not\equiv x_2^m(\bmod p_1)$. 这时，我们取模 p_1 的一个原根 g，则 $g^{p_1-1}\equiv1(\bmod p_1)$. 而 $g^{\frac{p_1-1}{d}}\not\equiv1(\bmod p_1)$，于是，取 $x_1=1$，$x_2=g^{\frac{p_1-1}{a}}$. 这导致 $x_1\not\equiv x_2(\bmod p_1)$. 但是 $x_1^m=1\equiv x_2^m(\bmod p_1)$，矛盾. 所以

$$(p_i-1,m)=1,\ i=1,2,\cdots,k.$$

再证命题(2)⇒命题(1)成立. 对任意的 $a\in\mathbf{N}^*$，设 $a\equiv a_i(\bmod p_i)$.

先证明：当 x 遍经模 p_i 的完系时，x^m 也遍经模 p_i 的完系. 这一结论可以利用模 p_i 的原根结合 $(m,p_i-1)=1$ 证明.

由上述结论，对 $1\leqslant i\leqslant k$，同余方程 $x^m\equiv a_i(\bmod p_i)$ 均有解 $x\equiv x_1(\bmod p_i)$. 利用中国剩余定理，存在解 $x\equiv x_0(\bmod p_1p_2\cdots p_k)$，满足同余方程组 $x\equiv x_i(\bmod p_i)$，$1\leqslant i\leqslant k$. 这说明 $x^m\equiv a(\bmod p_1p_2\cdots p_k)$ 有

解，从而命题(2)⇒命题(1)成立.

16. 设 g 是模 p 的原根，由中国剩余定理可知，存在整数 a_i，使 $a_i\equiv i \pmod{p-1}$，且 $a_i\equiv g^i \pmod{p}$. 我们证明 $a_i(1\leqslant i\leqslant p-1)$ 具有题中的性质.

事实上，若 $a_i+a_j\equiv a_r+a_t \pmod{p-1}$，则有

$$i+j\equiv r+t \pmod{p-1},$$

即

$$i-r\equiv t-j \pmod{p-1};$$

而由 $a_i+a_j\equiv a_r+a_t \pmod{p}$，可知 $g^i+g^j\equiv g^r+g^t \pmod{p}$，即

$$g^r(g^{i-r}-1)\equiv g^j(g^{t-j}-1) \pmod{p}.$$

于是，要么 $i-r=t-j=0$，要么 $g^r\equiv g^j \pmod{p}$，后一种情况导致 $r=j$ 且 $i=t$. 于是，总有 $(a_i,a_j)=(a_r,a_t)$ 或 (a_t,a_r). 从而，$a_i+a_j \pmod{p(p-1)}$ 两两不同.

命题获证.

17. 记 $S=\{(x_1,x_2,\cdots,x_n)\mid 0\leqslant x_i\leqslant p-1, i=1,2,\cdots,n\}$，则 $|S|=p^n$. 考虑下面的和式：

$$T=\sum_{(y_1,y_2,\cdots,y_n)\in S} f(y_1,y_2,\cdots,y_n)^{p-1}.$$

注意到，$f(x_1,x_2,\cdots,x_n)$ 的次数小于 n，故 $f(x_1,x_2,\cdots,x_n)^{p-1}$ 的展开式中，每一项的次数都小于 $(p-1)n$，这样在将 T 中每个式子展开后，合并同类项所得的项 $Ay_1^{\alpha_1}\cdot y_2^{\alpha_2}\cdot\cdots\cdot y_n^{\alpha_n}$，$\alpha_i\in\mathbf{N}$ 中，

$$\alpha_1+\alpha_2+\cdots+\alpha_n<(p-1)n.$$

从而对此项而言，存在一个 i，使得 $\alpha_i\leqslant p-2$. 于是固定 $y_1,y_2,\cdots,y_{i-1},y_{i+1},\cdots,y_n$ 后，让 y_i 从 0 变化到 $p-1$，利用 3.2 节例 1 的结论，可知

$$\sum_{y_i=0}^{p-1} Ay_1^{\alpha_1}\cdot y_2^{\alpha_2}\cdot\cdots\cdot y_n^{\alpha_n}\equiv 0 \pmod{p},$$

从而，$\sum\limits_{(y_1,y_2,\cdots,y_n)\in S} Ay_1^{\alpha_1}\cdot y_2^{\alpha_2}\cdot\cdots\cdot y_n^{\alpha_n}\equiv 0 \pmod{p}$，进而有 $T\equiv 0 \pmod{p}$.

另一方面，由费马小定理，可知

$$f(y_1,y_2,\cdots,y_n)^{p-1}\equiv\begin{cases}1 \pmod{p}, & f(y_1,y_2,\cdots,y_n)\not\equiv 0 \pmod{p},\\ 0 \pmod{p}, & f(y_1,y_2,\cdots,y_n)\equiv 0 \pmod{p}.\end{cases}$$

这样由 $T\equiv 0 \pmod p$，可知 S 中使得 $f(y_1,y_2,\cdots,y_n)\not\equiv 0 \pmod p$ 的数组 $(y_1,y_2,\cdots,y_n)$ 的组数为 p 的倍数. 结合 $|S|=p^n$，即可得要证的结论.

18. 在 $p\equiv 1 \pmod{12}$ 的条件下，先证如下引理成立.

引理 1：满足 $x^2+y^2\equiv 0 \pmod p$，$x,y\in\{0,1,2,\cdots,p-1\}$ 的整数对 (x,y) 共有 $2p-1$ 对.

由 $p\equiv 1 \pmod 4$，知 -1 是模 p 的二次剩余，故存在 u，使得 $u^2\equiv -1 \pmod p$. 进而若 $x^2\equiv -y^2 \pmod p$，则 $x^2\equiv (uy)^2 \pmod p$，所以，$p\mid(x-uy)$ 或 $p\mid(x+uy)$. 这表明对每个 $y\in\{1,2,\cdots,p-1\}$，恰有两个不同的 x（$x\equiv uy$ 或 $-uy \pmod p$）$\in\{1,2,\cdots,p-1\}$，使 $x^2+y^2\equiv 0 \pmod p$，而 $y\equiv 0 \pmod p$ 时，仅 $x\equiv 0 \pmod p$ 满足 $x^2+y^2\equiv 0 \pmod p$. 引理 1 获证.

引理 2：对给定的 $k\in\{1,2,\cdots,p-1\}$，满足 $x^2+y^2\equiv k \pmod p$，$x,y\in\{0,1,2,\cdots,p-1\}$ 的整数对 (x,y) 共有 $p-1$ 对.

注意到满足 $rt\equiv k \pmod p$ 的整数对 (r,t) 共有 $p-1$ 对，这里 $r,t\in\{0,1,2,\cdots,p-1\}$（因为 $k\not\equiv 0 \pmod p$，故当 t 取 $1,2,\cdots,p-1$ 时，$r\equiv t^{-1}k \pmod p$ 是确定的）. 所以，对 $x^2+y^2\equiv k \pmod p$，利用引理 1 中的 $u^2\equiv -1 \pmod p$，知

$$(x-uy)(x+uy)\equiv k \pmod p,$$

于是 $(x-uy,x+uy)=(r,t)$ 共 $p-1$ 对. 又当 r,t 确定时，

$$x\equiv 2^{-1}(r+t) \pmod p,\ y\equiv (2u)^{-1}(t-r) \pmod p$$

也随之确定，故引理 2 成立.

引理 3：满足 $x^3+y^3\equiv 0 \pmod p$，$x,y\in\{0,1,2,\cdots,p-1\}$ 的整数对 (x,y) 共 $3p-2$ 对.

当 $y=0$ 时，应有 $x=0$；当 $y\neq 0$ 时，对给定的 y，由拉格朗日定理，知 $x^3\equiv -y^3 \pmod p$ 至多有三个解. 另一方面，取模 p 的原根 g，由 $p\equiv 1 \pmod 3$，知 $1,g^{\frac{p-1}{3}},g^{\frac{2(p-1)}{3}}$ 是方程 $t^3\equiv 1 \pmod p$ 的三个不同解，故

$$x\equiv -y,-g^{\frac{p-1}{3}}y,-g^{\frac{2(p-1)}{3}}y \pmod p$$

是 $x^3\equiv -y^3 \pmod p$ 的三个不同解. 依此可知引理 3 成立.

回到原题. 由引理 3 知，有 $3p-2$ 对 (c,d) 满足：$c^3+d^3\equiv 0$ (mod

p),对应的(a,b)共有 $2p-1$ 对(引理 1),即满足 $a^2+b^2\equiv c^3+d^3\equiv 0 \pmod p$的$(a,b,c,d)$共有$(3p-2)(2p-1)$组.

再由引理 3 知,共有 $p^2-(3p-2)$对(c,d)使得 $c^3+d^3\not\equiv 0 \pmod p$,对这样的每一对$(c,d)$,由引理 2 知相应的$(a,b)$有 $p-1$ 对.

综上可知,满足条件的数组(a,b,c,d)共有$(3p-2)(2p-1)+(p^2-3p+2)(p-1)=p^3+2p^2-2p$ 组.

19. 直接验证可知,$p\in\{2,3,5\}$时,F_{p-1}不是$\{F_n\}$中第一个被 p 整除的数;而这时 p 的原根 r 也不满足

$$(r+1)(r+2)\equiv 1 \pmod p.$$

下面讨论 $p\geqslant 7$ 的情形. 记 $\alpha=\frac{1+\sqrt{5}}{2}$,$\beta=\frac{1-\sqrt{5}}{2}$,由熟知的结论有

$$F_n=\frac{1}{\sqrt{5}}(\alpha^n-\beta^n),n=1,2,\cdots.$$

先证必要性. 设 F_{p-1}是$\{F_n\}$中第一个 p 的倍数,则 $p\mid 2^{p-1}F_{p-1}$. 注意到,

$$\begin{aligned}2^{p-1}F_{p-1}&=\frac{1}{\sqrt{5}}((1+\sqrt{5})^{p-1}-(1-\sqrt{5})^{p-1})\\&=\frac{1}{\sqrt{5}}\sum_{j=1}^{\frac{p-1}{2}}2\mathrm{C}_{p-1}^{2j-1}(\sqrt{5})^{2j-1}\\&=2\sum_{j=1}^{\frac{p-1}{2}}\mathrm{C}_{p-1}^{2j-1}\cdot 5^{j-1}\\&=2\sum_{j=1}^{\frac{p-1}{2}}\frac{(p-1)(p-2)\cdot\cdots\cdot(p-2j+1)}{(2j-1)!}\cdot 5^{j-1}\\&\equiv 2\sum_{j=1}^{\frac{p-1}{2}}\frac{(-1)^{2j-1}(2j-1)!}{(2j-1)!}\cdot 5^{j-1}\\&=-2\sum_{j=1}^{\frac{p-1}{2}}5^{j-1}\\&=-\frac{1}{2}(5^{\frac{p-1}{2}}-1) \pmod p,\end{aligned}$$

故 $p\mid(5^{\frac{p-1}{2}}-1)$. 这样由欧拉判别法,可知 5 是模 p 的二次剩余. 即存在

$x\in\mathbf{Z}$,使得 $x^2\equiv5(\bmod p)$. 而 $(p-x)^2\equiv x^2(\bmod p)$,故可设 x 为奇数,并设 $x=2r+3$,则由 $x^2\equiv5(\bmod p)$,可知 $(2r+3)^2\equiv5(\bmod p)$,得

$$4r^2+12r+4\equiv0(\bmod p).$$

即有 $r^2+3r+1\equiv0(\bmod p)$,故 $(r+1)(r+2)\equiv1(\bmod p)$.

下面证明:r 是模 p 的原根,从而必要性获证.

事实上,若 $m=\delta_p(r)$ 满足 $1\leqslant m<p-1$,则 $r^m\equiv1(\bmod p)$. 由 $r^2+3r+1\equiv0(\bmod p)$,知

$$\left(r+\frac{3+\sqrt{5}}{2}\right)\left(r+\frac{3-\sqrt{5}}{2}\right)\equiv0\ (\bmod p),$$

即 $\left(r-\frac{\alpha}{\beta}\right)\left(r-\frac{\beta}{\alpha}\right)\equiv0(\bmod p)$. 于是,

$$\left(r^m-\left(\frac{\alpha}{\beta}\right)^m\right)\left(r^m-\left(\frac{\beta}{\alpha}\right)^m\right)\equiv0\ (\bmod p)$$

(此结论可由整系数多项式之间的整除关系得到).

利用 $\alpha\beta=-1$,可知

$$(-1)^m r^{2m}-(\alpha^{2m}+\beta^{2m})r^m+(-1)^m\equiv0\ (\bmod p),$$

结合 $r^m\equiv1(\bmod p)$,得 $\alpha^{2m}+\beta^{2m}-2(-1)^m\equiv0(\bmod p)$. 于是,$(\alpha^m-\beta^m)^2\equiv0(\bmod p)$,即 $5F_m^2\equiv0(\bmod p)$,导致 $p\mid F_m$,与 F_{p-1} 为数列 $\{F_n\}$ 中第一个 p 的倍数矛盾,故 r 是模 p 的原根.

再证充分性. 设 r 是模 p 的原根,且 $(r+1)(r+2)\equiv1(\bmod p)$,同上可知 $(\alpha^{p-1}-\beta^{p-1})^2\equiv0(\bmod p)$,即 $5F_{p-1}^2\equiv0(\bmod p)$,故 $p\mid F_{p-1}$. 进一步,若存在 $m\in\mathbf{N}^*$,$m<p-1$,使得 $p\mid F_m$,则 $5F_m^2\equiv0(\bmod p)$,即 $(\alpha^m-\beta^m)^2\equiv0(\bmod p)$. 而由 $(r+1)(r+2)\equiv1(\bmod p)$,可得 $\left(r^m-\frac{\alpha^m}{\beta^m}\right)\left(r^m-\frac{\beta^m}{\alpha^m}\right)\equiv0(\bmod p)$,因此

$$\begin{aligned}0&\equiv(-1)^m r^{2m}-(\alpha^{2m}+\beta^{2m})r^m+(-1)^m\\&=(-1)^m r^{2m}-((\alpha^m-\beta^m)^2+2\cdot(-1)^m)r^m+(-1)^m\\&\equiv(-1)^m(r^{2m}-2r^m+1)=(-1)^m(r^m-1)^2\quad(\bmod p).\end{aligned}$$

于是,$p\mid(r^m-1)$,与 r 为模 p 的原根矛盾. 所以,F_{p-1} 是 $\{F_n\}$ 中第一个 p 的倍数.

习　题　四

1. 将原方程变形为

$$x^2-(y+1)x+y^2-y=0.$$

由 $\Delta=(y+1)^2-4(y^2-y)\geqslant 0$，可知 $1-\frac{2\sqrt{3}}{3}\leqslant y\leqslant 1+\frac{2\sqrt{3}}{3}$，故 $y\in\{0,1,2\}$. 分别代入原方程，即可得解为 $(x,y)=(0,0),(1,0),(0,1),(2,1),(1,2),(2,2)$.

2. 设 (x,y) 为其正整数解，则 x,y 同奇偶，因此，$\frac{x-y}{2}\cdot\frac{x+y}{2}=5^2\times 30^{2n}=2^{2n}\times 3^{2n}\times 5^{2n+2}$.

可得

$$a_n=\frac{1}{2}((2n+1)^2(2n+3)-1)=(n+1)(4n^2+6n+1).$$

$\left(\text{因为}\frac{x-y}{2}<\frac{x+y}{2}\text{，它们都是数 } 2^{2n}\times 3^{2n}\times 5^{2n+2}\text{ 的正因数.}\right)$注意到，

$$\begin{aligned}(n+1,4n^2+6n+1)&=(n+1,(4n+2)(n+1)-1)\\&=(n+1,-1)=1,\end{aligned}$$

又 $(2n+1)^2<4n^2+6n+1<(2n+2)^2$，即 $4n^2+6n+1$ 不是完全平方数. 故 a_n 不是完全平方数.

3. 设 (a,b) 是满足条件的一组整数，则方程组

$$\begin{cases}x^2+2ax-3a-1=0, & (1)\\ y^2-2by+x=0 & (2)\end{cases}$$

恰有 3 组不同的实数解，因此方程(1)应有两个不同的实数根，其判别式 $\Delta=4a^2+12a+4=4(a^2+3a+1)>0$.

设它的两个根为 $x_1<x_2$. 那么视(2)为关于 y 的一元二次方程，其判别式 $\Delta=4(b^2-x)$，这时方程组恰有三组实数解的充要条件是 $b^2-x_2=0$.

所以，(a,b) 为满足条件的整数组的充要条件是

$$\begin{cases}a^2+3a+1>0,\\ b^2=-a+\sqrt{a^2+3a+1},\end{cases}$$

这要求 a^2+3a+1 是一个完全平方数.

设 $a^2+3a+1=c^2(c\geqslant 0,c\in\mathbf{Z})$,两边乘以4,配方后得:$(2a+3)^2-(2c)^2=5$,即 $(2a-2c+3)(2a+2c+3)=5$,得 $(2a-2c+3,2a+2c+3)=(-5,-1)$ 或 $(1,5)$,解得 $a=0$ 或 -3. 进一步,有 $(a,b)=(0,1)$, $(0,-1)$, $(-3,2)$ 或 $(-3,-2)$.

4. 两边取模7,可知 $5x^2\equiv 11z^2\equiv 4z^2 \pmod 7$,如果 $7\nmid x$,那么 $(2zx^{-1})^2\equiv 5\pmod 7$,这里 x^{-1} 是 x 对模7的数论倒数. 但是,平方数 $\equiv 0,1$ 或 $4\pmod 7$,矛盾. 故 $7\mid x$. 进而可得 $7\mid z$, $7\mid y$. 因此,$\left(\frac{x}{7},\frac{y}{7},\frac{z}{7}\right)$ 也是方程的整数解. 依次递推,可得方程的解只能是 $(x,y,z)=(0,0,0)$.

5. 注意到,当 $y>0$ 或 $y<-3$ 时,均有 $y^3<y^3+2y^2+1<(y+1)^3$,这时 y^3+2y^2+1 不是立方数,原方程无解. 于是,只需考虑 $y=-3,-2,-1,0$ 的情形. 分别代入,得方程的整数解为 $(x,y)=(-2,-3)$, $(1,-2)$ 或 $(1,0)$.

6. 设 (x,y) 为方程的整数解,并设 $x\leqslant y$,则 $y\geqslant 2$. 这时,视原方程为关于 x 的一元二次方程

$$(y-1)x^2+y^2x-(y^2+1)=0.$$

上述方程有整数解,于是 $\Delta=y^4+4(y-1)(y^2+1)$ 是一个完全平方数,即 $(y^2+2y)^2-8y^2+4y-4$ 为完全平方数.

注意到,当 $y\geqslant 8$ 时,$(y^2+2y-3)^2>\Delta>(y^2+2y-4)^2$,而当 $2<y<8$ 时,$(y^2+2y-2)^2>\Delta>(y^2+2y-3)^2$,从而 $y>2$ 时,Δ 都不是完全平方数. 所以,$y=2$,进而 $x=1$ 或 -5.

综上所述,方程的整数解为 $(x,y)=(1,2)$, $(2,1)$, $(-5,2)$ 或 $(2,-5)$.

7. 由条件,可知 a,b,c 都为奇数. 若 d 为奇数,则 $a^2-b^2+c^2-d^2$ 为偶数,矛盾. 故 d 为偶数,从而 $d=2$. 进而 $a^2-b^2+c^2=1753$. 由条件,又可知 $a\geqslant 3b+2$, $b\geqslant 2c+1$, $c\geqslant 5$,故

$$\begin{aligned}1753&\geqslant(3b+2)^2-b^2+c^2=8b^2+12b+4-c^2\\&\geqslant 8(2c+1)^2+12b+4=33c^2+32c+12b+12\\&\geqslant 33c^2+160+132+12,\end{aligned}$$

所以 $c^2<40$，故 $c\leqslant 6$. 结合 $c\geqslant 5$ 及 c 为素数，可知 $c=5$. 这样，有 $(a-b)(a+b)=1728=2^6\times 3^3$. 结合 $a>3b$，知 $a-b>2b\geqslant 22$. 又 $a-b$ 与 $a+b$ 都为偶数，且 a,b 都是奇数，可知 $a-b=32$，且 $a+b=54$. 于是 $a=43,b=11$，进而，$a^2+b^2+c^2+d^2=1999$.

8. 由对称性，不妨设 $x\geqslant a$，则 $x=a$ 或 $x=a+1$.

情形一：$x=a$，这时有 $b\neq a$（否则，$c=\sqrt{2}a\notin \mathbf{N}^*$）.

若 $y=b$，则 $\{a,b\}=\{x,y\}$.

若 $y=b+1$，则由 $a^2+b^2=c^2$ 知 $b<c$，这时

$$\begin{aligned}c^2&=a^2+b^2<z^2=a^2+(b+1)^2=a^2+b^2+2b+1\\&=c^2+2b+1<c^2+2c+1=(c+1)^2,\end{aligned}$$

即有 $c^2<z^2<(c+1)^2$，与 $c,z\in \mathbf{N}^*$ 矛盾.

若 $y=b-1$，类似可证：$(c-1)^2<z^2<c^2$，亦得矛盾.

情形二：$x=a+1$.

若 $y=b$，同上可证：$c^2<z^2<(c+1)^2$，矛盾.

若 $y=b+1$，则

$$z^2=(a+1)^2+(b+1)^2=c^2+2(a+b+1),$$

这时 z 与 c 有相同的奇偶性，因此 $z\geqslant c+2$，这导致

$$c^2+2(a+b+1)\geqslant (c+2)^2,$$

即有 $a+b\geqslant 2c+1$，但 $a,b<c$，矛盾.

若 $y=b-1$，则

$$z^2=(a+1)^2+(b-1)^2=c^2+2(a-b+1),$$

故 $z\equiv c \pmod 2$.

如果 $z=c$，那么 $a-b+1=0$，即 $b=a+1$，这时有 $\{x,y\}=\{a,b\}$.

如果 $z>c$，那么 $z\geqslant c+2$，这要求

$$c^2+2(a-b+1)\geqslant (c+2)^2,$$

导致 $a-b\geqslant 2c+1$，矛盾.

如果 $z<c$，那么 $z\leqslant c-2$，这要求

$$c^2+2(a-b+1)\leqslant (c-2)^2,$$

导致 $b-a\geqslant 2c-1$，即 $b\geqslant 2c+a-1$，矛盾.

综上可知，命题成立.

9. 由条件,可知 $c^2=a^2+ab+b^2$. 要证 c 有一个大于 5 的素因子,只需证明:若 c 为 2,3,5 的倍数,则 a,b 也同为 2,3,5 的倍数(这时,约去两边的 2,3,5 后,得到同形式不定方程,从而,c 有一个大于 5 的素因子). 分别利用同余,对 2,3,5 作为三个命题处理,容易证得命题.

10. 由原方程变形,得 $z^2=(x-y)(x^2+xy+y^2)$. 设

$$(x-y,x^2+xy+y^2)=(x-y,(x-y)^2+3xy)=(x-y,3xy)$$
$$=(x-y,3y^2)=d,$$

则 $d\mid 3y^2$. 由 y 为素数及 3 与 y 都不是 z 的因数,可知 $d=1$. 于是 $x-y,x^2+xy+y^2$ 都是完全平方数. 我们设 $x-y=u^2,x^2+xy+y^2=v^2$,这里 $u,v\in\mathbf{N}^*$. 对方程 $x^2+xy+y^2=v^2$ 两边乘以 4,配方、移项并因式分解,得

$$(2v-2x-y)(2v+2x+y)=3y^2.$$

注意到 y 为素数,$2v+2x+y\in\mathbf{N}^*$,以及 $2v-2x-y<2v+2x+y$,可知只能分别是

$$\begin{cases}2v-2x-y=1,y\text{ 或 }3,\\2v+2x+y=3y^2,3y\text{ 或 }y^2.\end{cases}$$

对第一种情形,应有

$$3y^2-1=2(2x+y)=4u^2+6y,$$

于是 $u^2+1\equiv 0\pmod 3$. 但 $u^2\equiv 0$ 或 $1\pmod 3$,此时无解.

对第二种情形,应有

$$2y=4x+2y,$$

导致 $x=0$,亦无解.

对第三种情形,可知

$$y^2-3=4u^2+6y,$$

即 $(y-2u-3)(y+2u-3)=12$,解得 $(y,u)=(7,1)$,进而 $(x,z)=(8,13)$.

原方程满足条件的解为 $(x,y,z)=(8,7,13)$.

11. 显然满足 $x+y=0$ 的整数对 (x,y) 均为方程的解. 下面考虑使 $x+y\neq 0$ 的方程的解. 这时,两边约去 $x+y$ 得

$$x^4-x^3y+x^2y^2-xy^3+y^4=(x+y)^2,$$

移项、整理得

$$(x^2+y^2)^2+x^2y^2=(x+y)^2(xy+1).$$

这表明 $xy+1>0$,即有 $xy\geqslant 0$. 如果 $x,y\geqslant 0$,则由幂平均不等式知

$$(x+y)^3=x^5+y^5\geqslant 2\left(\frac{x+y}{2}\right)^5,$$

于是 $x+y\leqslant 4$. 如果 $x,y\leqslant 0$,类似可知 $x+y\geqslant -4$. 所以,总有 $xy\geqslant 0$ 且 $|x+y|\leqslant 4$. 依此分别就 $|x+y|=1,2,3,4$ 讨论,可知解为 $(x,y)=(0,\pm 1),(\pm 1,0),(2,2),(-2,-2)$.

综上可知,方程的整数解为 $\{(t,-t)\mid t\in\mathbf{Z}\}\cup\{(0,\pm 1),(\pm 1,0),(2,2),(-2,-2)\}$.

12. 设 (x,y) 为方程的整数解,则当 $x=0$ 时,$y^2(y+2)=0$,得 $y=0$ 或 -2. 当 $y=0$ 时,$x^6=0$,得 $x=0$. 可知当 x,y 中有一个等于零时,解为 $(x,y)=(0,0)$ 或 $(0,-2)$.

下面讨论 $xy\neq 0$ 的情形. 对 y 的任意素因子 p,设 $p^m\parallel y$,则 $p\mid x^6$,故 $p\mid x$. 再设 $p^n\parallel x$,有下面两种可能.

(1) p 为奇素数,则 $p^{2m}\parallel(y^3+2y^2)$. 而 $x^6+x^3y=x^3(x^3+y)$. 若 $3n<m$,对比方程两边 p 的幂次,可得 $6n=2m$,即 $m=3n$,矛盾;若 $3n>m$,则可得 $3n+m=2m$,亦有 $m=3n$. 所以,总有 $m=3n$.

(2) $p=2$,若 $m\geqslant 2$,则 $2^{2m+1}\parallel(y^3+2y^2)$,同(1)的分析可得 $m=3n$ 或 $3n-1$.

利用(1),(2)的结论,我们可设 $(x,y)=(ab,2b^3)$,(ab,b^3) 或 $\left(ab,\dfrac{b^3}{2}\right)$,这里 $a,b\in\mathbf{Z}$. 代入原方程,得

1° $a^6+a^3=b^3+2$,

2° $a^6+2a^3=8b^3+8$,

3° $8a^6+4a^3=b^3+4$.

对方程 1°,若 $a>1$,则

$$(a^2+1)^3>b^3=a^6+a^3-2>(a^2)^3,$$

无解. 若 $a<0$,则

$$(a^2)^3>b^3>(a^2-1)^3,$$

亦无解. 故 $a=0$,$x=0$ 或者 $a=1$,$b=0$,$y=0$,均与 $xy\neq 0$ 不符.

对方程 2°,若 $a>0$,则

$$(a^2+1)^3>(2b)^3=a^6+2a^3-8>(a^2)^3,$$

无解.若 $a<-2$,则

$$(a^2)^3>(2b)^3>(a^2-1)^3,$$

亦无解.而对 $a=-2,-1,0$,都导致 $xy=0$.

对方程 3°,若 $a>1$,则

$$(2a^2+1)^3>b^3=8a^6+4a^3-4>(2a^2)^3.$$

若 $a<-1$,则

$$(2a^2)^3>b^3>(2a^2-1)^3.$$

故只能是 $a\in\{-1,0,1\}$.仅当 $a=1,b=2$ 时,有使 $xy\neq 0$ 的解 $(x,y)=(2,4)$.

综上可知,方程的整数解为 $(x,y)=(0,0),(0,-2)$ 或 $(2,4)$.

13. 设正整数对 (x,y) 满足条件,则 $x^y(xy)^x=y^y$,故 $x^y\mid y^y$,于是 $x\mid y$.设 $y=kx,k\in\mathbf{N}^*$,则 $k^y=(kx^2)^x$,所以 $k^k=kx^2$,即 $x^2=k^{k-1}$.于是,满足条件的所有正整数对 $(x,y)=((2n+1)^n,(2n+1)^{n+1})$ 或 $((2m)^{4m^2-1},(2m)^{4m^2+1})$,这里 m,n 为任意正整数.

14. 设原方程存在整数解 (x,y).若 $11\mid y$,则 $x^2\equiv 7\pmod{11}$;若 $11\nmid y$,则由费马小定理,可知 $11\mid(y^{10}-1)$,即 $11\mid(y^5-1)(y^5+1)$.由于 $(y^5-1,y^5+1)\mid 2$,故 $y^5\equiv\pm 1\pmod{11}$,故 $x^2\equiv 6$ 或 $8\pmod{11}$.所以,要求 $x^2\equiv 6,7$ 或 $8\pmod{11}$.但是,对 $x\equiv 0,\pm1,\pm2,\pm3,\pm4,\pm5\pmod{11}$ 讨论,可知 $x^2\equiv 0,1,4,9,5$ 或 $3\pmod{11}$,不可能出现 $x^2\equiv 6,7$ 或 $8\pmod{11}$ 的情形,矛盾.

15. 注意到 $(x,y,z,u,v)=(1,2,3,4,5)$ 是原方程的正整数解.

一般地,设 (x,y,z,u,v) 是原方程的正整数解,并且 $x<y<z<u<v$.则将原方程视为关于 x 的一元二次方程,可知 $(yzuv-x,y,z,u,v)$ 也是原方程的正整数解,依对称性,可知 $(y,z,u,v,yzuv-x)$ 也是解,并且满足条件 $y<z<u<v<yzuv-x$.依此递推方式,可得原方程的无穷多组正整数解,并且后一步构造的解中,最小的数比前一组解中最小的数大.

16. 即证明存在无穷多对正整数 (n,k),满足

$$k=\left(\frac{1^2+2^2+\cdots+n^2}{n}\right)^{\frac{1}{2}},$$

即 $2n^2+3n+1=6k^2$. 整理得

$$(4n+3)^2-48k^2=1.$$

只需证明佩尔方程 $x^2-48y^2=1$ 有无穷多组解 (x,y)，使得 $x\equiv 3\pmod 4$. 由于此佩尔方程的最小解为 $(7,1)$，故由递推公式不难证明 (x_{2k-1},y_{2k-1}) 中 $x_{2k-1}\equiv 3\pmod 4$，其中 $k=1,2,\cdots$.

17. 容易看出 $10^3+10^3+0^3+(-1)^3=1999$. 我们寻找具有如下形式的整数解：

$$x=10-k,\ y=10+k,\ z=m,\ t=-1-m, \tag{3}$$

其中 k,m 为待定整数. 将(3)代入原方程，经化简，可知 k,m 应满足 $m(m+1)=20k^2$. 两边乘以 4，配方后变形为

$$(2m+1)^2-80k^2=1. \tag{4}$$

方程(4)是一个佩尔方程，利用定理 1，注意到 $(m,k)=(4,1)$ 是(4)的基本解，因而，满足 $2m_n+1+k_n\sqrt{80}=(9+\sqrt{80})^n$ 的正整数数对 (m_n,k_n) 均是(4)的解. 所以，原方程有无穷多组整数解.

18. 对任意 $n\in\mathbf{N}^*$，令 $x=2n^4+4n^3+2n^2$，则

$$x=(n^2+n)^2+(n^2+n)^2,\ x+1=[n(n+2)]^2+(n^2-1)^2,$$
$$x+2=(n^2+n+1)^2+(n^2+n-1)^2.$$

于是存在无穷多个满足条件的连续的三元正整数数组.

注意到，连续四个正整数中，必有一个数 $\equiv 3\pmod 4$，它不能表示为两个正整数的平方和. 因而不存在满足条件的连续四元数组.

19. 若存在 $k\in\mathbf{N}^*$，及 $x,y\in\mathbf{N}^*$，使得

$$p^k=x^2+y^2,\ (x,y)=1. \tag{5}$$

如果 k 为奇数，则对(5)两边取模 4，可知

$$x^2+y^2\equiv(-1)^k\equiv 3\pmod 4,$$

这是一个矛盾. 如果 k 为偶数，设 $k=2r$，$r\in\mathbf{N}^*$，则由 4.2 中的定理，知存在 $m,n\in\mathbf{N}^*$，使得 $p^r=m^2+n^2$，且 $(m,n)=1$. 重复上述讨论，可知最终会导致矛盾.

20. 一个有趣的构造方式如下：$x+y\mathrm{i}=(a+b\mathrm{i})^n$，这里 i 为虚数单位. 在 n 固定时，存在无穷多对整数 (a,b)，使得整数 x,y 满足 $xy\neq 0$，

这时，有 $x^2+y^2=(a^2+b^2)^n$（两边取模即可得）.

21. 当 $m=0$ 时，取 n 为完全平方数即可；当 $m\neq 0$ 时，佩尔方程 $(m^2+1)x^2-y^2=1$ 有无穷多个正整数解 (x_t,y_t)，它们由下式确定：

$$y_t+x_t\sqrt{m^2+1}=(|m|+\sqrt{m^2+1})^{2t+1}.$$

对由此确定的解 (x_t,y_t)，注意到，

$$(m^2+1)(x_ty_t)^2-y_t^4=y_t^2,$$

而 $y_t^4<y_t^4+y_t^2<(y_t^2+1)^2$，故 $[\sqrt{m^2+1}x_ty_t]=y_t^2$. 从而令 $n=x_ty_t$，$t\in\mathbf{N}^*$ 即可.

22. 先证一个引理：存在无穷多对正整数 (u,v)，使得

$$u^2-7v^2=144. \tag{6}$$

事实上，由于 $17^2-7\times5^2=114$，故 $\alpha=17+5\sqrt{7}$ 是(6)的一组解. 注意到，$\varepsilon=8+3\sqrt{7}$ 是佩尔方程 $x^2-7y^2=1$ 的基本解，于是，对每个正整数 k，令

$$u+v\sqrt{7}=(17+5\sqrt{7})(8+3\sqrt{7})^k,$$

这里 u,v 为正整数，就有 $u-v\sqrt{7}=(17-5\sqrt{7})(8-3\sqrt{7})^k$，从而

$$\begin{aligned}u^2-7v^2&=(17+5\sqrt{7})(8+3\sqrt{7})^k(17-5\sqrt{7})(8-3\sqrt{7})^k\\&=114\times1^k=114,\end{aligned}$$

引理获证.

回到原题，我们令 $a=c+1$，$d=b+7$，则已有 $(a,b,c,d)=1$，转为寻找无穷多对正整数 (b,c)，使得 $a^3+b^3=c^3+d^3$. 这等价于

$$\begin{aligned}&a^3-c^3=d^3-b^3\Leftrightarrow 3c^2+3c+1=21b^2+147b+343\\&\Leftrightarrow c^2+c=7b^2+49b+114\Leftrightarrow 4c^2+4c=28b^2+196b+456\\&\Leftrightarrow(2c-1)^2-7(2b+7)^2=114.\end{aligned}$$

利用引理中的 u,v，取 $b=\dfrac{v-7}{2}$，$c=\dfrac{u-1}{2}$（注意，满足(6)的 u,v 同奇偶，而 114 不是 4 的倍数，所以，u,v 都是奇数），即可找到题中所需的无穷多个正整数 n（注意 $\{a,b\}\neq\{c,d\}$ 是显然的，否则，必有 $c+1=b+7$ 且 $b=c$. 这不能做到）.

23. 将方程变形为

$$
\begin{aligned}
x^2 &= (p+1)(y^2-x^2)-px-py-2y+1\\
&=(p+1)(y+x)(y-x)-(p+1)(x+y)+x-y+1\\
&=((p+1)(x+y)-1)((y-x)-1).
\end{aligned}
$$

记 $z=y-1$，则上式变为

$$x^2=(z-x)(p(z+x)+p). \tag{7}$$

如果 $(z-x,(p+1)(z+x)+p)=1$，那么由(7)知，$z-x$ 与 $(p+1)(z+x)+p$ 都是完全平方数. 但

$$(p+1)(z+x)+p\equiv p\equiv 3 \pmod 4),$$

矛盾. 所以，$(z-x,(p+1)(z+x)+p)>1$. 设 $q=(z-x,(p+1)(z+x)p)$，则 $q^2\mid x^2$，即有 $q\mid x$，进而 $q\mid z$，于是 $q\mid p$. 而 $q>1$，p 为素数，所以 $p=q$，于是 $p\mid x$. 因此，若 (x_0,y_0) 为方程的正整数解，那么 $p\mid x_0$.

进一步，设 (x_0,y_0) 是解，则可设 $x_0=px_1$，$y_0-1=pz_1$. 由(7)知

$$x_1^2=(z_1-x_1)((p+1)(z_1+x_1)+1),$$

结合 $(z-x,(p+1)(z+x)+p)=p$，可知 $(z_1-x_1,(p+1)(z_1+x_1)+1)=1$，于是，存在 $a,b\in \mathbf{N}^*$，使得 $z_1-x_1=a^2$，$(p+1)(z_1+x_1)+1=b^2$，这时 $x_1=ab$，这里 $(a,b)=1$. 由此，可知

$$(p+2)b^2-(p+1)(a+b)^2=1.$$

此佩尔方程有无穷多组正整数解，进而可导出原方程有无穷多组正整数解.

24. 设所给方程有使 $xyz\neq 0$ 的解，我们设 $x,y,z\in \mathbf{N}^*$，并设 x 是所有解中最小的，则 $(x,y)=1$，并且易知 x 为奇数.

如果 y 为奇数，则 z 为偶数，且存在 $a,b\in \mathbf{N}^*$，使得

$$x^2=a^2+b^2,\ y^2=a^2-b^2,\ z=2ab,\ (a,b)=1,\ a>b>0,$$

所以 $x^2y^2=a^4-b^4$，得出 (a,b,xy) 也是原方程的正整数解，与 x 的最小性矛盾.

如果 y 为偶数，则存在 $a,b\in \mathbf{N}^*$，使得

$$x^2=a^2+b^2,\ y^2=2ab,\ (a,b)=1,$$

a,b 一奇一偶. 不妨设 a 为奇数，b 为偶数. 则由 $y^2=2ab$，可设 $a=2p^2$，$b=q^2$，$p,q\in \mathbf{N}^*$，$(p,q)=1$，且 q 为奇数. 所以，$x^2=4p^4+q^4$，$y=2pq$. 于是，存在 $r,s\in \mathbf{N}^*$，$(r,s)=1$，$r>s$，使得

$$p^2=rs,\ q^2=r^2-s^2.$$

又可设 $r=u^2,s=v^2,(u,v)=1$. 这表明 (r,s,q) 为原方程的解，但 $u=\sqrt{r}\leqslant p<x$，与 x 的最小性矛盾.

所以，命题成立.

25. 注意到 $(x,y)=(0,\pm1),(\pm1,\pm3)$ 是方程的解，若 (x,y) 是方程的整数解，且 $|x|>1$，则不妨设 $y>1$.

由 $8x^4=(y-1)(y+1)$，结合 y 为奇数，可设

$$\begin{cases}y-1=2u^4,\\y+1=4v^4,\end{cases}\text{或者}\begin{cases}y-1=4v^4,\\y+1=2u^4,\end{cases}$$

这里 $u,v\in\mathbf{N}^*$. 于是，总有 $u^4-2v^4=\pm1$，进而

$$(u^4-v^4)^2=v^8\pm2v^4+1=v^8\pm u^4.$$

利用 4.2 节例 5 及上题的结论，可知 $uv^2(u^4-v^4)=0$，故 $u=v$，导致 $u^4-2v^4=-1$，即 $u=v=1$. 进而 $y=3$，导致 $|x|=1$，矛盾. 故方程的所有解为 $(x,y)=(0,\pm1),(\pm1,\pm3)$.

26. 首先 $(x,y,z)=(-1,0,\pm1)$ 是方程组的解，下面考虑 $y\neq0$ 的方程组的解. 从方程组中消去 x，得

$$1+(2(2y)^2-1)^2=2z^2,$$

即有 $(2y)^4+((2y)^2-1)^2=z^2$. 所以，存在 $a,b\in\mathbf{N}^*$，使

$$4y^2=2ab,\ 4y^2-1=a^2-b^2,\ (a,b)=1,\ a>b.$$

由上式易知 a 为偶数，b 为奇数. 于是，可设

$$a=2s^2,\ b=t^2,\ (s,t)=1,\ s,t\in\mathbf{N}^*.$$

进而 $4s^2t^2-1=4s^4-t^4$，故 $(2s^2+t^2)^2=8s^4+1$. 利用上题的结果，可知 $s=1,2s^2+t^2=3$，进而 $s=t=1,a=2,b=1$，故 $y=\pm1,x=7,z=\pm5$.

所以，方程组的整数解为 $(x,y,z)=(-1,0,\pm1),(\pm1,7,\pm5)$.

27. 若 $c-a$ 与 $c+a$ 是某个直角三角形的两条直角边长，设该三角形的斜边长为 d，则

$$\begin{aligned}(c+a)^4+b^4&=(c+a)^4+(c^2-a^2)^2\\&=(c+a)^2((c+a)^2+(c-a)^2)\\&=(c+a)^2d^2,\end{aligned}$$

这与 4.2 节例 5 的结论矛盾.

若 $c-a$ 为直角边长，而 $c+a$ 为斜边长，设另一条直角边长为 d，则 $d^2=(c+a)^2-(c-a)^2=4ac$，于是

$$d^4-(2a)^4=16a^2c^2-16a^4=16a^2b^2,$$

这与第 24 题的结论矛盾.

所以，命题成立.

28. 设 (x,y,z) 为原方程的正整数解，则 $z\mid xy$. 进一步，我们设 $\frac{xy}{z}$ 为最小的. 这时，必有 $(x,y,z)=1$ $\left(否则\left(\frac{x}{d},\frac{y}{d},\frac{z}{d}\right)也是方程的解，但 d=(x,y,z)>1 时，导出与\frac{xy}{z}的最小性矛盾\right)$.

设 $(x,z)=u$，$(y,z)=v$，并设 $x=ut$，$y=uw$，这里 $u,v,t,w\in\mathbf{N}^*$. 则由 $z\mid xy$ 及 $(x,y,z)=1$，可知 $z=uv$. 代入原方程，得

$$(u^2+w^2)(v^2+t^2)=2u^2v^2.$$

进一步，再由 $(x,y,z)=1$，可知 $(u,w)=1$，$(v,t)=1$. 所以，$u^2+w^2=v^2$，$v^2+t^2=2u^2$ 或者 $u^2+w^2=2v^2$，$v^2+t^2=u^2$. 不失一般性，设前者成立，即

$$u^2+w^2=v^2,\ v^2+t^2=2u^2,$$

则易知 u,v 都是奇数，于是，存在 $m,n\in\mathbf{N}^*$，使得

$$u=m^2-n^2,\ w=2mn,\ v=m^2+n^2,\ (m,n)=1,\ m>n.$$

代入 $v^2+t^2=2u^2$，可知 $t^2+(m^2+n^2)^2=2(m^2-n^2)^2$，即

$$t^2+(2mn)^2=(m^2-n^2)^2.$$

于是，又存在 $p,q\in\mathbf{N}^*$，使 $t=p^2-q^2$，$mn=pq$，$m^2-n^2=p^2+q^2$，$p>q$. 从而

$$p^2q^2=m^2n^2=m^2(m^2-p^2-q^2),$$

这说明 (p,q,m) 也是原方程的正整数解，但是 $\frac{pq}{m}=n<2(p^2-q^2)mn=tw=\frac{xy}{z}$. 这与 $\frac{xy}{z}$ 的最小性矛盾.

所以，原方程无正整数解.

29. 存在这样的正整数 m. 例如 $m=12$ 时，不定方程

$$\frac{1}{x}+\frac{1}{y}+\frac{1}{z}+\frac{1}{xyz}=\frac{12}{x+y+z} \tag{8}$$

有无穷多组正整数解.

将(8)式通分后,移项整理得

$$x^2(y+z)+y^2(z+x)+z^2(x+y)+x+y+z-9xyz=0. \qquad (9)$$

注意到,$(x,y,z)=(1,1,1)$是(9)的解.现设(a,y,z)是(9)的满足$a\leqslant y\leqslant z$的正整数解,视(9)为关于x的一元二次方程,可知$(b,y,z)=\left(\frac{yz+1}{x},y,z\right)$也是(9)的正实数解,这里$\frac{yz+1}{x}$由韦达定理得到,并有$\frac{yz+1}{x}\geqslant z+\frac{1}{x}>z$.又(9)关于$x,y,z$对称,因此,$\left(y,z,\frac{yz+1}{x}\right)$是(9)的满足$y\leqslant z<\frac{yz+1}{x}$的正实数解.如果能够证明由下面的递推式定义的数列$\{a_n\}$的每一项都是正整数,那么利用上面的推导即可找到(9)的无穷多组正整数解.从而$m=12$时,(8)有无穷多组正整数解.

数列$\{a_n\}$定义如下:$a_0=a_1=a_2=1$,$a_{n+2}=\frac{a_na_{n+1}+1}{a_{n-1}}$,$n=1,2,\cdots$.

为证明$\{a_n\}$的每一项都为正整数,可利用数学归纳法证明下述结论同时成立:

(1) 对任意$n\in\mathbf{N}^*$,都有$a_n\in\mathbf{N}^*$;

(2) $a_{n-1}\mid(a_na_{n+1}+1)$,$a_{n+1}\mid(a_{n-1}a_n+1)$;

(3) $a_n\mid(a_{n+1}+a_{n-1})$.

具体推导过程留给读者.

30. 设符合要求的n构成的集合为S,分别取$(x,y,z)=(9,9,9)$,$(4,4,8)$,$(3,3,3)$,$(2,2,4)$,$(1,4,5)$,$(1,2,3)$,$(1,1,2)$,$(1,1,1)$,可知$\{1,2,3,4,5,6,8,9\}\subseteq S$.

现设$n\in S$,并且x,y,z是满足$n=\frac{(x+y+z)^2}{xyz}$的正整数x,y,z中,使得$x+y+z$最小的那组数.

我们证明:$x\leqslant y+z$,$y\leqslant z+x$,$z\leqslant x+y$. (10)

为证(10)成立,由对称性,只需证:$x\leqslant y+z$.

若$x>y+z$,则由条件知$x\mid(x+y+z)^2$,于是$x\mid(y+z)^2$.现在令$x'=\frac{(y+z)^2}{x}$,则$x'<x$,此时,

$$\frac{(x'+y+z)^2}{x'yz}=\frac{\left(\frac{(y+z)^2}{x}+y+z\right)^2}{\frac{(y+z)^2}{x}\cdot y\cdot z}=\frac{((y+z)^2+x(y+z))^2}{x(y+z)^2\cdot y\cdot z}$$

$$=\frac{(x+y+z)^2}{xyz}=n,$$

这与 $x+y+z$ 最小矛盾. 所以,(10)成立.

下面来讨论 n 的取值. 不妨设 $x\geqslant y\geqslant z$,则 $y+z\geqslant x$.

如果 $z=1$,那么,$x=y$ 或 $y+1$. 前者要求 $n=\frac{(2x+1)^2}{x^2}=\left(2+\frac{1}{x}\right)^2$,故 $x\mid 1\Rightarrow x=y=1\Rightarrow n=9$;后者要求 $n=\frac{(2x)^2}{x(x-1)}=\frac{4x}{x-1}\Rightarrow(x-1)\mid 4\Rightarrow x\in\{2,3,5\}\Rightarrow n\in\{5,6,8\}$.

如果 $z>1$,那么 $yz-(y+z)=(y-1)(z-1)-1\geqslant 0$,即 $yz\geqslant y+z\geqslant x$. 这时,结合 $x\geqslant y\geqslant z$,知

$$n=\frac{x^2+y^2+z^2+2xy+2yz+2zx}{xyz}=2\left(\frac{1}{x}+\frac{1}{y}+\frac{1}{z}\right)+\frac{x}{yz}+\frac{y}{zx}+\frac{z}{xy}$$

$$\leqslant 2\left(\frac{1}{2}+\frac{1}{2}+\frac{1}{2}\right)+1+1+1=6,$$

所以,$n\in\{1,2,3,4,5,6,8,9\}$.

综上,$S=\{1,2,3,4,5,6,8,9\}$,这就是所有符合条件的 n 构成的集合.

31. 设 $\frac{n^2-1}{m^2+1-n^2}=k$,则 $k\in\mathbf{N}$,且

$$(k+1)(n^2-1)=km^2, \tag{11}$$

于是,$m^2+1-n^2=\frac{m^2}{k+1}$. 从而,为证命题成立,只需证明 $k+1$ 为完全平方数.

为方便起见,记 $k+1=s$,$x=\frac{m+n}{2}$,$y=\frac{m-n}{2}$. 利用 m,n 同奇偶,可知 $x,y\in\mathbf{Z}$. 并由 $m=x+y$,$n=x-y$,代入(11)式得

$$x^2+y^2+(2-s)xy-s=0. \tag{12}$$

视(12)为关于 x 的方程:$x^2-(4s-2)yx+y^2-s=0$. 取其一组整

数解(x_0,y_0),使$|x_0|>|y_0|$,且$|y_0|$最小.如果$y_0=0$,那么$s=x_0^2$为完全平方数,故可设$y_0\neq 0$.设(t,y_0)为它的另一个解,由韦达定理可知

$$\begin{cases}t+x_0=(4s-2)y_0,\\ tx_0=y_0^2-s.\end{cases}$$

如果$s>y_0^2$,那么t与x_0异号,故$|t+x_0|<\max\{|t|,|x_0|\}$.若$|t+x_0|<|t|$,则

$$|t+x_0|<|t|=\left|\frac{y_0^2-s}{x_0}\right|<\left|\frac{s}{x_0}\right|,$$

导致$|4s-2|\cdot|y_0|\cdot|x_0|<|s|$,这在$s\geqslant 2$时不能成立;若$|t+x_0|<|x_0|$,则

$$|(4s-2)y_0|<|x_0|\leqslant|y_0^2-s|<|s|,$$

亦不能成立.

如果$s<y_0^2$,那么

$$0<|t|=\left|\frac{y_0^2-s}{x_0}\right|<\left|\frac{y_0^2}{x_0}\right|<|y_0|,$$

与$|y_0|$最小矛盾.

从而,只能是$s=y_0^2$,即s为完全平方数.命题获证.

32. 先证一个引理:若$\alpha,\beta,\gamma\in\mathbf{N}^*$,使得$\alpha\beta+1,\beta\gamma+1$和$\gamma\alpha+1$都是完全平方数,则存在$\delta\in\mathbf{N}^*$,使得$\alpha,\beta,\gamma,\delta$中任意两数之积加上1都为完全平方数.

先看δ应满足的条件.设

$$\begin{cases}\alpha\delta+1=x^2,\\ \beta\delta+1=y^2,\\ \gamma\delta+1=z^2,\end{cases}\quad\begin{cases}\alpha\beta+1=u^2,\\ \beta\gamma+1=v^2,\\ \gamma\alpha+1=w^2,\end{cases}$$

则$\alpha\beta\gamma\delta=(x^2-1)(v^2-1)=(z^2-1)(u^2-1)$,即

$$\begin{aligned}(xv-zu)(xv+zu)&=x^2-z^2+v^2-u^2=\alpha\delta-\gamma\delta+\beta\gamma-\alpha\beta\\&=(\alpha-\gamma)(\delta-\beta).\end{aligned}$$

显然,当$(xv-zu,xv+zu)=(\alpha-\gamma,\delta-\beta)$时此式成立.这时,$2xv=\alpha+\delta-\beta-\gamma$,即

$$2\sqrt{(\alpha\delta+1)(\beta\gamma+1)}=(\alpha+\delta-\beta-\gamma),$$

平方后整理可得

$$\delta^2-2(\alpha+\beta+\gamma+2\alpha\beta\gamma)\delta+\alpha^2+\beta^2+\gamma^2-2(\alpha\beta+\beta\gamma+\gamma\alpha)-4=0.\quad(13)$$

解此关于 δ 的一元二次方程,可取

$$\delta=\alpha+\beta+\gamma+2\alpha\beta\gamma-2\sqrt{(\alpha\beta+1)(\beta\gamma+1)(\gamma\alpha+1)},$$

我们说这个 δ 满足引理的要求.

事实上,δ 为整数是显然的,而(13)等价于 $4(\alpha\delta+1)(\beta\gamma+1)=(\alpha+\delta-\beta-\gamma)^2\geqslant0$,故(13)的根都是正整数.进一步,由此式我还可知 $\alpha\delta+1$ 是完全平方数.对称地,(13)还可变形为如下的一些式子:

$$4(\alpha\delta+1)(\beta\gamma+1)=(\alpha+\delta-\beta-\gamma)^2,\quad(14)$$

$$4(\beta\delta+1)(\gamma\alpha+1)=(\beta+\delta-\gamma-\alpha)^2,\quad(15)$$

$$4(\gamma\delta+1)(\alpha\beta+1)=(\gamma+\delta-\alpha-\beta)^2,\quad(16)$$

因此,$\alpha\delta+1,\beta\delta+1,\gamma\delta+1$ 都是完全平方数.

回到原题.如果 $(\alpha\beta+1)(\beta\gamma+1)(\gamma\alpha+1)$ 为完全平方数,而 $\alpha\beta+1$,$\beta\gamma+1,\gamma\alpha+1$ 不全是完全平方数.我们设 (α,β,γ) 是使得 $\alpha+\beta+\gamma$ 最小的那组正整数,并不妨设 $\alpha\leqslant\beta\leqslant\gamma$.

现在取 δ 如引理中所述的数,可知 δ 为正整数,这时利用(14),(15),(16),可知 $\alpha\delta+1,\beta\delta+1,\alpha\beta+1$ 不全为完全平方数.而由(14)×(15)可得

$$\begin{aligned}&16(\alpha\beta+1)^2(\alpha\delta+1)(\beta\delta+1)(\beta\gamma+1)(\gamma\alpha+1)\\&=(\alpha\beta+1)^2(\alpha+\delta-\beta-\gamma)^2(\beta+\delta-\gamma-\alpha)^2,\end{aligned}$$

结合 $(\alpha\beta+1)(\beta\gamma+1)(\gamma\alpha+1)$ 为完全平方数,可知 $(\alpha\beta+1)(\alpha\delta+1)(\beta\delta+1)$ 也是完全平方数.但是

$$\begin{aligned}\delta\cdot\delta'&=\alpha^2+\beta^2+\gamma^2-2(\alpha\beta+\beta\gamma+\gamma\alpha)-4\\&<\gamma^2-\alpha(2\gamma-\alpha)-\beta(2\gamma-\beta)<r^2,\end{aligned}$$

这里 $\delta<\delta'=\alpha+\beta+\gamma+2\alpha\beta\gamma+2\sqrt{(\alpha\beta+1)(\beta\gamma+1)(\gamma\alpha+1)}$.从而 $\delta<\gamma$,与 $\alpha+\beta+\gamma$ 最小矛盾.

命题获证.

33. 设 (x_0,y_0) 是佩尔方程 $x^2-py^2=1$ 的基本解,则由

$$x_0^2-py_0^2\equiv x_0^2-y_0^2\equiv1\pmod 4,$$

可知 x_0 为奇数,而 y_0 为偶数.于是

$$\frac{x_0-1}{2}\cdot\frac{x_0+1}{2}=\frac{1}{4}(x_0^2-1)=\frac{1}{4}py_0^2=p\left(\frac{y_0}{2}\right)^2.$$

而$\frac{x_0-1}{2}$与$\frac{x_0+1}{2}$为相继整数，故$\left(\frac{x_0-1}{2},\frac{x_0+1}{2}\right)=1$. 所以，存在$u,v\in\mathbf{N}^*$，使得

$$\frac{x_0-1}{2}=pu^2,\ \frac{x_0+1}{2}=v^2,\ y_0=2uv,\tag{17}$$

或者

$$\frac{x_0-1}{2}=u^2,\ \frac{x_0+1}{2}=pv^2,\ y_0=2uv.\tag{18}$$

注意到，由(17)将有$v^2-pu^2=1$，而$u<v^2=\frac{x_0+1}{2}<x_0$，$u=\frac{y_0}{2v}<y_0$，与$(x_0,y_0)$为基本解矛盾. 而由(18)得出：$u^2-pv^2=-1$. 所以，原方程有整数解.

34. 直接计算可知佩尔方程$x^2-34y^2=1$的基本解为$(x_0,y_0)=(35,6)$. 若方程$x^2-34y^2=-1$有整数解，设其基本解为(a,b)，则应有$(a+b\sqrt{34})^2=x_0+y_0\sqrt{34}$（这一结论留给读者证明），导致$a^2+34b^2=35$且$2ab=6$，不可能，因此命题成立.

35. 当$a=b=1$时，易知解为$(a,b,x,y)=(1,1,1,y)$，这里y为任意正整数.

当$y=1$时，解为$(a,b,1,1)$，a,b为任意正整数.

当$y=2$时，可知$x=1$，这时$a+b=a^2+b^2$，故$a(a-1)=b(1-b)\geqslant 0$，得$a=b=1$.

当$y=3$时，可知$x<3$. 当$x=1$时，同上易知$a=b=1$；当$x=2$时，由$(a+b)^2=a^3+b^3$，可得$a+b=a^2-ab+b^2$，即

$$a^2-(b+1)a+b^2-b=0.$$

将其视为a的一元二次方程，应有$\Delta=(b+1)^2-4(b^2-b)\geqslant 0$，解得$b\leqslant\frac{6+\sqrt{48}}{6}$，故$b=1$或2，分别可得解$(a,b,x,y)=(2,1,2,3)$，$(1,2,2,3)$或$(2,2,2,3)$.

下面讨论$y\geqslant 4$且$a+b\geqslant 3$的情形.

设$(a,b)=d$，$a=da_1$，$b=db_1$，这里$a_1,b_1\in\mathbf{N}^*$，则$(a_1,b_1)=1$. 原方程变为

$$d^{y-x}(a_1^y+b_1^y)=(a_1+b_1)^x.\tag{19}$$

由幂平均不等式知 $a_1^y+b_1^y\geqslant 2\left(\frac{a_1+b_1}{2}\right)^y$，从而由(19)知

$$(a_1+b_1)^x\geqslant\frac{d^{y-x}}{2^{y-1}}(a_1+b_1)^y,$$

于是

$$2^{y-1}\geqslant d^{y-x}(a_1+b_1)^{y-x}. \tag{20}$$

考察 a_1+b_1 的素因子 p，若 $p\geqslant 3$，设 $p^t\parallel d$，$p^k\parallel(a_1+b_1)$，这里 $k\geqslant 1$，$t\geqslant 0$. 则由(20)知

$$2^{y-1}\geqslant p^{t(y-x)}p^{k(y-x)}=p^{(k+t)(y-x)},$$

结合 $p\geqslant 3>2^{\frac{3}{2}}$，可得 $2^{y-1}>2^{\frac{3}{2}(t+k)(y-x)}$，即有

$$y-1>\frac{3}{2}(t+k)(y-x). \tag{21}$$

现在比较(19)式两边素因数分解式中 p 的幂次，应有

$$\begin{aligned}v_p(a_1^y+b_1^y)&=kx-t(y-x)>kx-\frac{2}{3}\left((y-1)-\frac{3}{2}k(y-x)\right)\\&=ky-\frac{2}{3}(y-1),\end{aligned} \tag{22}$$

这里用到(21)式.

另一方面，注意到 $(a_1,b_1)=1$，故 $(a_1,a_1+b_1)=1$. 如果 y 为偶数，那么 $a_1^y+b_1^y\equiv 2a_1^y\not\equiv 0 \pmod p$，即 $p\nmid(a_1^y+b_1^y)$，与(22)矛盾，故 y 为奇数. 此时设 $b_1=p^k\cdot u-a_1$，$u\in\mathbf{N}^*$，$p\nmid u$，则利用二项式定理可知

$$\begin{aligned}a_1^y+b_1^y&=a_1^y+(p^k\cdot u-a_1)^y\\&=\sum_{n=2}^{y}(-1)^{n-1}\mathrm{C}_y^n p^{nk}u^n a_1^{y-n}+y\cdot p^k\cdot u\cdot a_1^{y-1}.\end{aligned}$$

设 $p^s\parallel y$，$s\in\mathbf{N}$. 可知当 $n\geqslant 2$ 时，有

$$\begin{aligned}v_p(\mathrm{C}_y^n\cdot p^{nk}\cdot u^n\cdot a_1^{y-n})&=v_p\left(\frac{y}{n}\mathrm{C}_{y-1}^{n-1}\cdot p^{nk}\right)\\&\geqslant s+nk-v_p(n)\geqslant s+k+1,\end{aligned}$$

这里用到 $p\geqslant 3$，$n\geqslant 3$ 时，$p^{v_p(n)}\leqslant n\leqslant p^{n-2}$，故 $v_p(n)\leqslant n-2$（注意 $n=2$ 时，$v_p(n)=0$，此不等式亦成立）.

而 $v_p(y\cdot p^k\cdot u\cdot a_1^{y-1})=s+k$. 所以，$v_p(a_1^y+b_1^y)=s+k$.
这样，结合(22)式即有

$$s+k>ky-\frac{2}{3}(y-1).$$

于是，$s>k(y-1)-\frac{2}{3}(y-1)\geqslant\frac{1}{3}(y-1)$，故 $s\geqslant\left[\frac{y-1}{3}\right]+1=\left[\frac{y+2}{3}\right]$. 进而，$p^{\left[\frac{y+2}{3}\right]}\leqslant p^s\leqslant y$，但此式在 $p\geqslant3,y\geqslant4$ 时不能成立.

上述讨论表明，a_1+b_1 只能有一个素因子 2. 设 $a_1+b_1=2^k$，结合 $(a_1,b_1)=1$，可知 a_1,b_1 都为奇数. 利用(19)可设 $d=2^t$，则

$$a_1^y+b_1^y=2^{kx-t(y-x)}. \tag{23}$$

如果 $k=1$，那么 $a_1=b_1=1$，可得 $a=b=2^t$，并要求 $x-t(y-x)=1$，解此关于 x,y 的一次不定方程(对固定的 t)，可得解 $(a,b,x,y)=(2^t,2^t,ts+1,(t+1)s+1),t,s\in\mathbf{N}$.

如果 $k\geqslant2$，同前分析对(23)两边取模 4 可知 y 为奇数，这时有

$$a_1^y+b_1^y=a_1^y+(2^k-a_1)^y=\sum_{n=2}^{y}(-1)^{n-1}\mathrm{C}_y^n2^{nk}a_1^{y-n}+y\cdot2^k\cdot a_1^{y-1}.$$

与前类似分析上式两边 2 的幂次，可得 $2^k\parallel(a_1^y+b_1^y)$，由(23)就有 $a_1^y+b_1^y=2^k$，进而 $y=1$，矛盾.

综上可知，方程的所有正整数解为 $(a,b,x,y)=(1,1,1,y),(a,b,1,1),(2,1,2,3),(1,2,2,3),(2,2,2,3)$ 或 $(2^t,2^t,ts+1,(t+1)s+1)$，这里 $a,b,y\in\mathbf{N}^*,t,s\in\mathbf{N}$.

36. 注意到，当 a,m 中有一个等于 1 时，易得满足条件的正整数组 $(a,m,n)=(1,m,n)$ 或 $(a,1,n)$，这里 $a,m,n\in\mathbf{N}^*$.

下面讨论 a,m 都大于 1 的情形.

先证一个引理：设 $u,v,l\in\mathbf{N}^*$，且 $u\mid v^l$，则 $u\mid(u,v)^l$.

事实上，设 $u=p_1^{\alpha_1}p_2^{\alpha_2}\cdots p_k^{\alpha_k}$，$v=p_1^{\beta_1}p_2^{\beta_2}\cdots p_k^{\beta_k}$，这里 $p_1<p_2<\cdots<p_k$ 为素数，$\alpha_i,\beta_i\in\mathbf{N}$. 则由 $u\mid v^l$，可知 $\alpha_i\leqslant l\beta_i$，故 $\alpha_i\leqslant\min\{l\beta_i,\alpha_i\}\leqslant l\min(\alpha_i,\beta_i)$，从而引理获证.

回到原题. 若 m 为偶数，则

$$a^m+1\equiv(-1)^m+1=2(\bmod a+1),$$

故 $(a^m+1,a+1)\mid2$. 而 $(a^m+1)\mid(a+1)^n$，且 $a>1$，因此 $(a^m+1,a+1)>1$，所以 $(a^m+1,a+1)=2$. 这样由引理得 $(a^m+1)\mid2^n$，从而 $a^m+1=$

2^s,这里 s 是某个正整数.再由 $a>1$,知 $s\geqslant 2$,要求 $a^m+1\equiv 0(\bmod 4)$,但 m 为偶数时,$a^m\equiv 0$ 或 $1(\bmod 4)$,矛盾.

若 m 为奇数,由 $m>1$,知 $n>1$.设 p 为 m 的素因子,并设 $m=pr$,$b=a^r$,r 为正奇数.则由条件可知 $(b^p+1)\mid(a+1)^n$.而 $(a+1)\mid(a^r+1)$,即 $(a+1)\mid(b+1)$,所以,$(b^p+1)\mid(b+1)^n$,即 $\left.\frac{b^p+1}{b+1}\right|(b+1)^{n-1}$.注意到,

$$\begin{aligned}B&=\frac{b^p+1}{b+1}=b^{p-1}-b^{p-2}+\cdots-b+1\\&\equiv(-1)^{p-1}-(-1)^{p-2}+\cdots-(-1)+1\\&=p(\bmod b+1),\end{aligned}$$

故 $(B,b+1)\mid p$.结合 $B>1$ 及 $B\mid(b+1)^{n-1}$ 可知 $(B,b+1)>1$,故 $(B,b+1)=p$.利用引理得 $B\mid p^{n-1}$,从而 B 为 p 的幂次.

现设 $b=pk-1,k\in\mathbf{N}^*$,则由二项式定理可知

$$\begin{aligned}b^p+1&=(pk-1)^p+1\\&=(kp)^p-C_p^{p-1}(kp)^{p-1}-\cdots-C_p^2(kp)^2+kp^2\\&\equiv kp^2(\bmod kp^3),\end{aligned}$$

所以,$B=\frac{b^p+1}{b+1}=\frac{b^p+1}{kp}\equiv p(\bmod p^2)$,故 $p^2\nmid B$,因此 $B=p$.

当 $p\geqslant 5$ 时,

$$\begin{aligned}B&=\frac{b^p+1}{b+1}=b^{p-1}-b^{p-2}+\cdots-b+1>b^{p-1}-(b-1)b^{p-2}\\&=b^{p-2}\geqslant 2^{p-2}>p,\end{aligned}$$

故由 $B=p$ 可知,只能是 $p=3$.这时 $b^2-b+1=3$,解得 $b=2$,进而 $a=2$,$r=1$.此时 $m=pr=3$.又显然 $(a,m,n)=(2,3,n)$ 在 $n\geqslant 2$ 时符合条件.

所以,满足条件的正整数组 $(a,m,n)=(1,m,n)(a,1,n)$ 或 $(2,3,r)$,这里 $a,m,n,r\in\mathbf{N}^*$,$r\geqslant 2$.

习 题 五

1. (1) 利用 $S(a+b)\leqslant S(a)+S(b)$ 对任意 $a,b\in\mathbf{N}^*$ 成立,可知 $S(2n)\leqslant 2S(n)$.

另一方面，直接验证可知对 $n\in\{0,1,2,\cdots,9\}$，都有 $S(n)\leqslant 5n$. 现设对任意 $n<m(m\in\mathbf{N}^*, m\geqslant 10)$ 都有 $S(n)\leqslant 5S(2n)$，设 $m=10x+y$，$0\leqslant y\leqslant 9$，则

$$\begin{aligned}S(2m)&=S(20x+2y)=S(20x)+S(2y)\\&=S(2x)+S(2y)\geqslant\frac{1}{5}S(x)+\frac{1}{5}S(y)=\frac{1}{5}S(m),\end{aligned}$$

所以，对任意 $n\in\mathbf{N}^*$，都有 $S(n)\leqslant 5S(2n)$. 命题获证.

这里 $S(20x+2y)=S(20x)+S(2y)$，是因为 $20x$ 的十位数数码为偶数，而 $2y$ 的十位数数码不大于 1，用它们做加法时不出现进位.

（2）注意到，$S(\underbrace{33\cdots3}_{k个}6)=3k+6$，而 $3\times\underbrace{33\cdots3}_{k个}6=\underbrace{100\cdots0}_{k个}8$，故令 $k=3m-2$，$n=\underbrace{33\cdots3}_{k个}6$，就有 $S(n)=mS(3n)$.

2. 注意到，完全平方数 $\equiv 0,1,4,7\pmod 9$，而对 $k\in\mathbf{N}^*$，记 $n=\underbrace{11\cdots1}_{k-1个}\underbrace{22\cdots2}_{k个}5$，则 $S(n)=3k+4$，并且

$$\begin{aligned}n&=\frac{10^{k-1}-1}{9}\times 10^{k+1}+\frac{2\times(10^k-1)}{9}\times 10+5\\&=\frac{1}{9}(10^{2k}-10^{k+1}+2\times 10^{k+1}-20+45)\\&=\frac{1}{9}(10^{2k}+10\times 10^k+25)\\&=\frac{1}{9}(10^k+5)^2=(\underbrace{33\cdots3}_{k-1个}5)^2,\end{aligned}$$

即 n 是一个完全平方数.

分别令 $k=3t+2,3t,3t+1$，$t\in\mathbf{N}$，并结合 $S(1^2)=1$，可知对任意 $m\in\{0,1,2,\cdots,2009\}$，若 $m\equiv 1,4$ 或 $7\pmod 9$，那么存在 $n\in\mathbf{N}^*$，使得 $S(n^2)=m$.

进一步，对 $k\in\mathbf{N}^*$，$n=\underbrace{99\cdots9}_{k个}$，有

$$\begin{aligned}n^2&=(10^k-1)^2=10^{2k}-2\times 10^k+1\\&=\underbrace{99\cdots9}_{k-1个}8\underbrace{00\cdots0}_{k-1个}1,\end{aligned}$$

故 $S(n^2)=9k$. 因此,当 $m\equiv 0 \pmod 9$ 时,亦存在 $n\in\mathbf{N}^*$,使得 $S(n^2)=m$.

上述讨论表明,符合条件的数共有 $\frac{4}{9}\times 2007+1=893$ 个.

3. 若存在,则由 $\frac{1999}{19}<106$,故 $a_1,a_2,\cdots,a_{19}$ 中必有一个不大于 105,所以,$S(a_1)=S(a_2)=\cdots=S(a_{19})<18$.

利用 $a_i\equiv S(a_i) \pmod 9$,可知 $19S(a_i)\equiv \sum\limits_{i=1}^{19} a_i=1999\equiv 1 \pmod 9$,故对 $1\leqslant i\leqslant 19$,都有 $S(a_i)\equiv 1 \pmod 9$.

注意到,使得 $S(a_i)=1$ 且小于 1999 的 a_i 只能是 $\{1,10,100,1000\}$ 中的数,必出现重复. 所以,对 $1\leqslant i\leqslant 19$ 都有 $S(a_i)=10$.

数码和为 10 的前 20 个数为

$$19,28,37,\cdots,91;109,118,127,\cdots,190;208.$$

直接计算可知,19 个数之和从小到大依次只能是 1990,2008,$\cdots$. 所以,满足条件的数不存在.

4. 当 n 为奇数时,取 $k=\frac{1}{2}(9n+1)$,作如下对应:

$$x=\overline{a_1a_2\cdots a_n}\leftrightarrow y=\overline{(9-a_1)(9-a_2)\cdots(9-a_n)},$$

可知 $S(x)+S(y)=9n$,因此 $S(x)<k$ 的充要条件是 $S(y)>k$. 这时有 $|T|=2|T_k|$.

当 n 为偶数时,分 $k\leqslant\frac{9n}{2}$ 和 $k>\frac{9n}{2}$ 两种情形讨论,仍然利用上述对应$\left(\text{注意这时会出现 } S(x)=S(y)=\frac{9n}{2}\text{ 的情形}\right)$,可知使 $|T|=2|T_k|$ 的正整数 k 不存在.

综上可知,当 n 为奇数时存在符合要求的 k.

5. 若 $n\geqslant 10^{m+1}$,则存在 $p\in\mathbf{N}^*$,$p\geqslant m+1$,使得 $10^p\leqslant n<10^{p+1}$,此时

$$S_m(n)\leqslant(p+1)\times 9^m<9^p+\mathrm{C}_p^1\cdot 9^{p-1}<(9+1)^p=10^p\leqslant n,$$

因此,若 $n_k\geqslant 10^{m+1}$,则 $n_{k+1}<n_k$.

另一方面,若 $n<10^{m+1}$,则

$$S_m(n)\leqslant(m+1)\times 9^m<(9+1)^{m+1}=10^{m+1}.$$

这表明：当 k 充分大时，总有 $n_k<10^{m+1}$，即从某一项开始，数列 $\{n_k\}$ 的每一项都属于 $\{1,2,\cdots,10^{m+1}-1\}$. 由此结论可知(1)和(2)都成立.

6. 注意到，当 $k\geqslant 2$ 时，我们有

$$\frac{1}{\sqrt{k}}=\frac{2}{2\sqrt{k}}<\frac{2}{\sqrt{k-1}+\sqrt{k}}=2(\sqrt{k}-\sqrt{k-1});$$

$$\frac{1}{\sqrt{k}}=\frac{2}{2\sqrt{k}}>\frac{2}{\sqrt{k}+\sqrt{k+1}}=2(\sqrt{k+1}-\sqrt{k}).$$

所以，

$$\begin{aligned}x&=1+\sum_{k=2}^{10^6}\frac{1}{\sqrt{k}}<1+2\sum_{k=2}^{10^6}(\sqrt{k}-\sqrt{k-1})\\&=1+2(\sqrt{10^6}-1)=1999;\end{aligned}$$

$$\begin{aligned}x&=\sum_{k=1}^{10^6}\frac{1}{\sqrt{k}}>2\sum_{k=1}^{10^6}(\sqrt{k+1}-\sqrt{k})\\&=2(\sqrt{10^6+1}-1)>1998.\end{aligned}$$

依此可知，$[x]=1998$.

7. 往证：当 $n\geqslant 2$ 时，有 $[(\sqrt[3]{n}+\sqrt[3]{n+2})^3]=8n+7$.

事实上，当 $n\geqslant 2$ 时，我们有

$$\begin{aligned}x&=(\sqrt[3]{n}+\sqrt[3]{n+2})^3=n+3\sqrt[3]{n^2(n+2)}+3\sqrt[3]{n(n+2)^2}+n+2\\&=2n+2+3\sqrt[3]{n^2(n+2)}+3\sqrt[3]{n(n+2)^2}\\&<2n+2+(n+n+(n+2))+(n+(n+2)+(n+2))\\&=8n+8.\end{aligned}$$

另一方面，

$$x=2n+2+3\sqrt[3]{n^2(n+2)}+3\sqrt[3]{n(n+2)^2},$$

记 $a=\sqrt[3]{n^2(n+2)}$，$b=\sqrt[3]{n(n+2)^2}$，则

$$\begin{aligned}(a+b)^3&=a^3+b^3+3ab(a+b)\\&=n^2(n+2)+n(n+2)^2+3n(n+2)(a+b)\\&=2n(n+1)(n+2)+3n(n+2)(a+b).\end{aligned}$$

注意到，$a+b>n+(n+1)=2n+1$，故$(a+b)^2>3n(n+2)$，因此，若 $a+b\leqslant 2n+\frac{5}{3}$，则由上式可知

$$\begin{aligned}2n(n+1)(n+2)&=((a+b)^2-3n(n+2))(a+b)\\&\leqslant((a+b)^2-3n(n+2))\left(2n+\frac{5}{3}\right)\\&\leqslant\left(\left(2n+\frac{5}{3}\right)^2-3n(n+2)\right)\left(2n+\frac{5}{3}\right),\end{aligned}$$

即

$$\begin{aligned}54n(n+1)(n+2)&\leqslant((6n+5)^2-27n(n+2))(6n+5)\\&=(9n^2+6n+25)(6n+5)\\&=54n^3+81n^2+180n+125.\end{aligned}$$

这等价于 $162n^2+108n\leqslant 81n^2+180n+125$，即 $81n^2-72n-125\leqslant 0$. 但是，$n\geqslant 2$ 时，有

$$81n^2-72n-25\geqslant 162n-72n-125>0,$$

矛盾. 所以，$a+b>2n+\frac{5}{3}$，进而 $x>8n+7$.

从而，$[x]=8n+7$. 命题获证.

8. 注意到，

$$(\sqrt{n}+\sqrt{n+1})^2=n+2\sqrt{n(n+1)}+n+1=2n+1+2\sqrt{n(n+1)},$$

又 $n<\sqrt{n(n+1)}<n+\frac{1}{2}$，所以对任意 $n\in\mathbf{N}^*$，都有

$$\sqrt{4n+1}<\sqrt{n}+\sqrt{n+1}<\sqrt{4n+2}.$$

如果$[\sqrt{n}+\sqrt{n+1}]\neq[\sqrt{4n+2}]$，那么存在 $k\in\mathbf{N}^*$，使得 $\sqrt{n}+\sqrt{n+1}<k\leqslant\sqrt{4n+2}$，这表明

$$4n+1<(\sqrt{n}+\sqrt{n+1})^2<k^2\leqslant 4n+2,$$

于是，$4n+2=k^2$. 但平方数$\equiv 0$ 或 $1 \pmod 4$，矛盾. 所以，$[\sqrt{n}+\sqrt{n+1}]=[\sqrt{4n+2}]$.

9. 由于 $a=b$ 时，左边$=a+b$，而右边$=ab+2$，又 $ab+2-a-b=(a-1)(b-1)+1>0$，左右两边不相等，故 $a\neq b$.

不妨设 $a<b$. 注意到，

$$\frac{a^2+b^2}{ab}+ab<\left[\frac{a^2+b^2}{ab}\right]+ab+1=\left[\frac{b^2}{a}\right]+\left[\frac{a^2}{b}\right]+1$$
$$\leqslant\frac{b^2}{a}+\frac{a^2}{b}+1,$$

因此，$ab-\frac{b^2}{a}-\frac{a^2}{b}+1<2-\frac{a^2+b^2}{ab}$，即

$$\left(a-\frac{b}{a}\right)\left(b-\frac{a}{b}\right)<-\frac{(a-b)^2}{ab}<0,$$

而 $b^2>b>a$，故 $a^2-b<0$.

另一方面，若 $b\geqslant a^2+2$，则有

$$\frac{b^2}{a}<\left[\frac{b^2}{a}\right]+1=\left[\frac{b^2}{a}\right]+\left[\frac{a^2}{b}\right]+1=\left[\frac{a^2+b^2}{ab}\right]+ab+1$$
$$=\left[\frac{b}{a}+\frac{a}{b}\right]+ab+1\leqslant\left[\frac{b}{a}\right]+\left[\frac{a}{b}\right]+ab+2$$
$$=\left[\frac{b}{a}\right]+ab+2\leqslant\frac{b}{a}+ab+2.$$

这等价于 $b^2<b+2a+a^2b$，即 $(b-a^2)b<b+2a$，这要求 $2b<b+2a$，即 $b<2a$. 但 $b\geqslant a^2+2\geqslant 2\sqrt{2}a>2a$，矛盾. 故 $b<a^2+2$.

综上可知，$b=a^2+1$. 直接验证可知 $b=a^2+1$ 符合要求. 所以，所求 $(a,b)=(m,m^2+1)$ 或 (m^2+1,m)，$m\in\mathbf{N}^*$.

10. 注意到，对任意 $d\in\mathbf{N}^*$，数 $1,2,\cdots,n$ 中 d 的倍数恰有 $\left[\frac{n}{d}\right]$ 个，因此

$$\sum_{k=1}^{n}o(k)-\sum_{k=1}^{n}e(k)=\sum_{i=1}^{+\infty}\left(\left[\frac{n}{2i-1}\right]-\left[\frac{n}{2i}\right]\right)\geqslant 0.$$

另一方面，还有

$$\sum_{k=1}^{n}o(k)-\sum_{k=1}^{n}e(k)=\left[\frac{n}{1}\right]-\sum_{i=1}^{+\infty}\left(\left[\frac{n}{2i}\right]-\left[\frac{n}{2i+1}\right]\right)\leqslant n.$$

依此可知，命题成立.

11. 只需证明：存在无穷多个 $n\in\mathbf{N}^*$，$n\geqslant 2$，使得 $a^n\equiv a \pmod d$.

由 $(a,d)=1$，可知 $a^{\varphi(d)}\equiv 1 \pmod d$（欧拉定理），故令 $n=m\varphi(d)+1$，$m\in\mathbf{N}^*$，即可找到无穷多项，它们具有相同的素因子（都与 a 相同）.

12. (1) 对任意 $n\in\mathbf{N}^*$，下面的 n 个数符合要求：

$$1^{n!},2^{n!},\cdots,n^{n!}.$$

(2) 不存在无穷多个不同的正整数符合要求.

事实上,若这样的数存在,取其中的两个数 a,b. 由题意知对任意正整数 k,及其中 k 个不同于 a,b 的正整数 $x_1,x_2,\cdots,x_k$,数 $a,x_1,x_2,\cdots,x_k$ 的几何平均为整数,数 $b,x_1,x_2,\cdots,x_k$ 的几何平均也为整数. 这样,对任意素数 p,应有

$$\begin{cases} v_p(a)+\sum\limits_{j=1}^{k} v_p(x_j)\equiv 0(\bmod k+1), \\ v_p(b)+\sum\limits_{j=1}^{k} v_p(x_j)\equiv 0(\bmod k+1). \end{cases}$$

于是,$(k+1)\mid(v_p(a)-v_p(b))$. 由 k 的任意性可知 $v_p(a)=v_p(b)$,再由 p 的任意性,得 $a=b$,矛盾.

13. 首先,$n=1$ 符合要求. 其次,设 $n\in\mathbf{N}^*$,$n\mid(2^n+1)$,则 n 为奇数,可设 $2^n+1=nq$,这里 q 为大于 1 的奇数. 令 $m=2^n+1$,则 $2^m+1=(2^n)^q+1=(2^n+1)((2^n)^{q-1}-(2^n)^{q-2}+\cdots+1)$ 是 2^n+1 的倍数,即 $m\mid(2^m+1)$. 依此可知满足条件的 n 有无穷多个.

另解　令 $n=3^k$,$k\in\mathbf{N}$,利用二项式定理展开,可证 $2^n+1=(3-1)^{3^k}+1$ 是 n 的倍数.

14. 最小的两个满足要求的 $n=2,6$. 依此分析,我们证明下面的加强命题:存在无穷多个正偶数 $n_1<n_2<\cdots$,使得对任意的 $k\in\mathbf{N}^*$,均有 $n_k\mid(2^{n_k}+2)$,且 $(n_k-1)\mid(2^{n_k}+1)$.

对上述命题运用数学归纳法. 取 $n_1=2$,对任意的 $k\in\mathbf{N}^*$,令 $n_{k+1}=2^{n_k}+2$,我们说这样定义的数列符合命题要求.

当 $k=1$ 时,显然符合要求. 设 $n_k\mid(2^{n_k}+2)$,且 $(n_k-1)\mid(2^{n_k}+1)$,则 $n_{k+1}=2^{n_k}+2$ 为偶数,且 $2^{n_k}+2=n_k\cdot q$,其中 q 为正奇数. 进一步,设 $2^{n_k}+1=(n_k-1)\cdot p$,p 为正奇数,可得

$$\begin{aligned} 2^{n_{k+1}}+2 &= 2(2^{n_{k+1}-1}+1)=2(2^{(n_k-1)p}+1)=2(2^{n_k-1}+1)M \\ &= (2^{n_k}+2)M=n_{k+1}\cdot M, \end{aligned}$$

其中 $M\in\mathbf{N}^*$(由因式分解可知). 从而 $n_{k+1}\mid(2^{n_{k+1}}+2)$.

另一方面,还有

$$2^{n_{k+1}}+1=2^{n_k\cdot q}+1=(2^{n_k}+1)\cdot N,$$

这里 N 为正整数. 从而 $(n_{k+1}-1)\mid(2^{n_{k+1}}+1)$. 所以,加强的命题成立.

15. 当 $n=2$ 时,取 $\{a_1,a_2\}=\{1,2\}$ 即可. 设命题对 n 成立,并设 $\{a_1,a_2,\cdots,a_n\}$ 满足题中的要求. 对 $n+1$ 的情形,令 $A=(a_1+a_2+\cdots+a_n)!$,取 $b_1=A,b_2=A+a_1,\cdots,b_{n+1}=A+a_n$. 利用归纳假设及 $|a_i-a_j|<a_1+a_2+\cdots+a_n$,即可知 $(b_i-b_j)\mid(b_i+b_j)$. 命题获证.

16. 当 $n=2$ 时,取 $\{a_1,a_2\}=\{1,2\}$ 即可. 设 $\{a_1,a_2,\cdots,a_k\}$ 中任意两个不同的数 a_i,a_j 满足 $(a_i-a_j)^2\mid a_ia_j$,设 $A=a_1a_2\cdots a_k$. 考虑 $k+1$ 个数: $A,A+a_1,\cdots,A+a_k$. 从中任取两个不同的数 $a<b$. 若 $a=A,b=A+a_j$ $(1\leqslant j\leqslant k)$,则 $(b-a)^2=a_j^2$. 而 $a_j^2\mid A(A+a_j)$,故此时 $(a-b)^2\mid ab$. 若 $a=A+a_i,b=A+a_j(1\leqslant i<j\leqslant k)$,则 $(a-b)^2=(a_i-a_j)^2$. 由归纳假设,可知 $(a_i-a_j)^2\mid a_ia_j$. 而 $a_i\mid a,a_j\mid b$,于是,也有 $(a-b)^2\mid ab$.

综上可知,命题成立.

注意,上述用数学归纳法证出的结论只是表明命题对任意有限个正整数 n 成立. 事实上,不存在无穷多个正整数,使其中任意两个不同的数 a,b 均满足 $(a-b)^2\mid ab$. 这一结论请读者自己证明.

17. 考察下面的 n 个数:

$$((n+1)!)^2+2,((n+1)!)^2+3,\cdots,((n+1)!)^2+(n+1).$$

这些数分别是 $2,3,\cdots,n+1$ 的倍数,因而都不为素数. 若存在 $2\leqslant j\leqslant n+1$,使得 $((n+1)!)^2+j=p^{\alpha}$,p 为素数,$\alpha\in\mathbf{N}^*$,则由 $j\mid(n+1)!$ 知 $p\mid j$,并有 $j=p^{\beta}$,β 为某个正整数. 这时 $p^{2\beta}\mid((n+1)!)^2$,因此,$p^{\beta}\parallel(((n+1)!)^2+j)$,与 $((n+1)!)^2+j=p^{\alpha}$ 矛盾. 所以,上述连续 n 个正整数中没有一个数为素数的幂次.

18. 取下面的 n 个数:

$$n!+1,2(n!)+1,\cdots,n(n!)+1. \tag{1}$$

显然其中任意 k 个数之和是 k 的倍数,故 $2\leqslant k\leqslant n$ 时,它们中任意 k 个数之和都为合数.

现设 $d=(i(n!)+1,j(n!)+1)$,$1\leqslant i<j\leqslant n$. 若 $d>1$,设 p 为 d 的素因子,则 $p\mid(i(n!)+1)$,$p\mid(j(n!)+1)$,因此,$p\mid(j-i)(n!)$,故 $p\mid(j-i)$ 或 $p\mid n!$. 结合 $j-i<n$,知 $p\mid n!$. 再结合 $p\mid(i(n!)+1)$,得 $p\mid 1$,矛盾. 所以,(1)中任意两个数互素.

19. 取 n 为大于 3 的素数 p,则 $\sigma(n)=1+p$,而 $\sigma(n-1)\geqslant 1+2+$

$(p-1)=p+2$. 故命题成立.

20. 设结论不成立,即只有有限个 $n\in\mathbf{N}^*$,使得当 $k=1,2,\cdots,n-1$ 时 $a_n>a_k$,其中 $a_n=\frac{\sigma(n)}{n}$. 设 N 是这些 n 的最大者,那么数列 $\{A_n\}$ 的最大值是 A_N,其中 $A_n=\max\limits_{1\leqslant i\leqslant n}\{a_i\}$. 这是因为 $A_1\leqslant A_2\leqslant\cdots\leqslant A_N$,并且对每个 $n>N$,有 $A_n=\max\{A_{n-1},a_n\}=A_{n-1}$(因为存在 $k\in\{1,2,\cdots,n-1\}$,使得 $a_k\geqslant a_n$),即

$$A_N=A_{N+1}=A_{N+2}=\cdots,$$

从而数列 $\{a_n\}$ 也以 A_N 为上界. 但当 $i=1,2,\cdots,N-1$ 时,$a_i<a_N$,因此 $A_N=a_N$.

另一方面,形如 $2d$ 的数和 1 都是 $2N$ 的因数,其中 $d\mid N$,故 $\sigma(2N)\geqslant 2\sigma(N)+1$. 所以

$$a_{2N}\geqslant\frac{2\sigma(N)+1}{2N}=a_N+\frac{1}{2N}>a_N=A_N,$$

矛盾. 于是命题为真.

21. 当 $n=3$ 时,$3^3+4^3+5^3=6^3$;当 $n=4$ 时,$5^3+7^3+9^3+10^3=13^3$. 所以,命题对 $n=3,4$ 成立.

现设 $n=k,k+1(k\geqslant3)$ 时命题成立,考察 $n=k+2$ 的情形. 依归纳假设,对 $y^3=x_1^3+x_2^3+\cdots+x_k^3$,$x_1<x_2<\cdots<x_k$,有

$$\begin{aligned}(6y)^3&=(6x_k)^3+(6x_{k-1})^3+\cdots+(6x_1)^3\\&=(6x_k)^3+(6x_{k-1})^3+\cdots+(6x_2)^3\\&\quad+(5x_1)^3+(4x_1)^3+(3x_1)^3,\end{aligned}$$

即可知命题对 $n=k+2$ 成立.

22. 注意到,

$$4^3=3^3+3^3+2^3+1^3+1^3,$$

$$5^3=4^3+4^3+(-1)^3+(-1)^3+(-1)^3,$$

$$6^3=5^3+4^3+3^3+0^3+0^3,7^3=6^3+5^3+1^3+1^3+0^3.$$

对不小于 9 的奇数 n,设 $n=2m+1$,$m\geqslant4$,我们有

$$n^3=(2m+1)^3=(2m-1)^3+(m+4)^3+(4-m)^3+(-5)^3+(-1)^3,$$

故命题对不小于 5 的奇数 n 及 $n=4$ 或 6 都成立.

现在对任意 $n\geqslant4$,$n\in\mathbf{N}^*$,可设 $n=my$,这里 y 为不小于 5 的奇数或

$y\in\{4,6\}$，$m\in\mathbf{N}^*$. 利用上面的结论就有

$$n^3=(my_1)^3+(my_2)^3+\cdots+(my_5)^3,$$

这里 $y_1^3+y_2^3+\cdots+y_5^3=y^3$ 且 $|y_i|<y$，$1\leqslant i\leqslant 5$. 所以，命题成立.

23. 由 5.3 节例 1 知，这样的正整数存在. 若存在正整数对 (x,y) 和 (a,b)，$x\leqslant y$，$a\leqslant b$，使得 $p=x^2+y^2=a^2+b^2$，于是

$$\begin{aligned}p^2&=(x^2+y^2)(a^2+b^2)=(ax-by)^2+(ay+bx)^2\\&=(ax+by)^2+(ay-bx)^2.\end{aligned}\qquad(2)$$

注意到 $(ax+by)(ax-by)=a^2x^2-b^2y^2=a^2(x^2+y^2)-(a^2+b^2)y^2\equiv 0\pmod p$，所以 $p\mid(ax+by)$ 或 $p\mid(ax-by)$. 结合(2)式，可知 $ax-by=0$ 或者 $ay-bx=0$. 再结合 x,y 具有不同的奇偶性，及 $x\leqslant y$，$a\leqslant b$，只能是 $ay=bx$，即有 $\frac{x^2}{a^2}=\frac{y^2}{b^2}=\frac{x^2+y^2}{a^2+b^2}=1$，故 $x=a$，$y=b$. 命题获证.

24. 答案为：$n=4$ 或 n 是一个无平方因子数.

设 $n=p_1^{\alpha_1}p_2^{\alpha_2}\cdots p_k^{\alpha_k}$，$p_1<p_2<\cdots<p_k$ 为素数，$\alpha_1,\alpha_2,\cdots,\alpha_k\in\mathbf{N}^*$.

情形一：若存在 $p_i\geqslant 3$，使得 $\alpha_i\geqslant 2$，则对任意素数 $q\notin\{p_1,p_2,\cdots,p_k\}$，令

$$\begin{aligned}x=&\,p_1^{p_1^{\alpha_1}-\alpha_1-1}\cdot p_2^{p_2^{\alpha_2}-\alpha_2-1}\cdot\cdots\cdot p_{i-1}^{p_{i-1}^{\alpha_{i-1}}-\alpha_{i-1}-1}\cdot p_i^{p_i^{\alpha_i-1}-\alpha_i-1}\\&\cdot p_{i+1}^{p_{i+1}^{\alpha_{i+1}}-\alpha_{i+1}-1}\cdot\cdots\cdot p_k^{p_k^{\alpha_k}-\alpha_k-1}\cdot q^{p_i-1},\end{aligned}$$

则由 $p_j^{\alpha_j}\geqslant\alpha_j+1$ 及 $p_i^{\alpha_i-1}\geqslant 3^{\alpha_i-1}\geqslant\alpha_i+1$，可知 $x\in\mathbf{N}^*$，并且

$$\begin{aligned}nx=&\,p_1^{p_1^{\alpha_1}-1}\cdot p_2^{p_2^{\alpha_2}-1}\cdot\cdots\cdot p_{i-1}^{p_{i-1}^{\alpha_{i-1}}-1}\cdot p_i^{p_i^{\alpha_i-1}-1}\cdot p_{i+1}^{p_{i+1}^{\alpha_{i+1}}-1}\\&\cdot\cdots\cdot p_k^{p_k^{\alpha_k}-1}\cdot q^{p_i-1},\end{aligned}$$

满足 $d(nx)=p_1^{\alpha_1}\cdot p_2^{\alpha_2}\cdot\cdots\cdot p_{i-1}^{\alpha_{i-1}}\cdot p_i^{\alpha_1-1}\cdot\cdots\cdot p_k^{\alpha_k}\cdot p_i=n$.

注意到，这样的素数 q 有无穷多个，因此，此时满足 $d(nx)=n$ 的正整数 x 有无穷多个，不合要求.

情形二：若 $p_1=2$，$\alpha_1\geqslant 3$，而当 $k\geqslant 2$ 时，$\alpha_2=\alpha_3=\cdots=\alpha_k=1$. 取素数 $q\notin\{p_1,p_2,\cdots,p_k\}$，令 $x=2^{2^{\alpha_1-1}-\alpha_1-1}\cdot p_2^{p_2-2}\cdot p_3^{p_3-2}\cdot\cdots\cdot p_k^{p_k-2}\cdot q$. 由 $2^{\alpha_1-1}\geqslant\alpha_1+1$，知 $x\in\mathbf{N}^*$，且 $nx=2^{2^{\alpha_1-1}-1}\cdot p_2^{p_2-1}\cdot p_3^{p_3-1}\cdot\cdots\cdot p_k^{p_k-1}\cdot q$，故有 $d(nx)=n$. 此时 n 亦不合要求.

情形三：若 $p_1=2$，$\alpha_1=2$，且 $k\geqslant 2$，$\alpha_2=\alpha_3=\cdots=\alpha_k=1$，取素数 $q\notin$

$\{p_1,p_2,\cdots,p_k\}$，令 $x=2^{p_2-3}\cdot p_3^{p_3-2}\cdot p_4^{p_4-2}\cdot\cdots\cdot p_k^{p_k-2}\cdot q$，就有 $d(nx)=n$，此时 n 亦不合要求.

最后，当 $n=4$ 时，由 $d(4x)=4$，可知 $4x=p^3$ 或 $p\cdot q$，这里 $p\neq q$，p,q 为素数. 前者要求 $p=2$，后者无解. 得 $x=2$，只有一组解.

当 $n=p_1p_2\cdots p_k$ 时，$p_1<p_2<\cdots<p_k$ 为素数. 设满足 $d(nx)=n$ 的正整数 $x=p_1^{\alpha_1}\cdot p_2^{\alpha_2}\cdot\cdots\cdot p_k^{\alpha_k}\cdot q_1^{\beta_1}\cdot q_2^{\beta_2}\cdot\cdots\cdot q_t^{\beta_t}$，$\alpha_i\geqslant 0$，$\beta_i\in\mathbf{N}^*$，$q_1<q_2<\cdots<q_t$ 为素数，且 $q_i\notin\{p_1,p_2,\cdots,p_k\}$. 则 $p_1p_2\cdots p_k=\prod\limits_{i=1}^{k}(\alpha_i+2)\prod\limits_{j=1}^{t}(1+\beta_j)$. 由于 $\alpha_i+2>1$，故对每个 i，存在 $j\in\{1,2,\cdots,k\}$，使得 $\alpha_i+2=p_j$. 依此可知 $t=0$，$(\alpha_1+2,\alpha_2+2,\cdots,\alpha_k+2)$ 是 $p_1,p_2,\cdots,p_k$ 的一个排列，故 $d(nx)=n$ 恰有 $k!$ 个解，符合要求.

25. 设 p 是一个不小于 5 的素数，我们证明：$n=p^{p-1}$ 时，方程 $d(nx)=x$ 没有正整数解.

事实上，若存在 $x\in\mathbf{N}^*$，使得 $d(p^{p-1}x)=x$，若 $p\nmid x$，则 $x=d(p^{p-1}x)=d(p^{p-1})d(x)=pd(x)$，导致 $p\mid x$. 故可设 $x=p^{\alpha}p_1^{\alpha_1}p_2^{\alpha_2}\cdots p_k^{\alpha_k}$，$p_1<p_2<\cdots<p_k$ 为素数，$p\notin\{p_1,p_2,\cdots,p_k\}$，$\alpha,\alpha_1,\alpha_2,\cdots,\alpha_k\in\mathbf{N}^*$. 并有 $p^{p-1}\cdot x=p^{p+\alpha-1}p_1^{\alpha_1}p_2^{\alpha_2}\cdots p_k^{\alpha_k}$，故

$$(p+\alpha)(\alpha_1+1)(\alpha_2+1)\cdot\cdots\cdot(\alpha_k+1)=p^{\alpha}p_1^{\alpha_1}p_2^{\alpha_2}\cdots p_k^{\alpha_k}.\tag{3}$$

注意到，利用数学归纳法易证下述结论（$q,\alpha\in\mathbf{N}^*$）：

1° $q^{\alpha}\geqslant\alpha+1$ 对 $q\geqslant 2,\alpha\geqslant 1$ 成立；

2° $q^{\alpha}>\alpha+q$ 对 $q\geqslant 3,\alpha\geqslant 2$ 成立；

3° $q^{\alpha}\geqslant 2\alpha+1$ 对 $q\geqslant 3,\alpha\geqslant 1$ 或 $q=2,\alpha\geqslant 3$ 成立.

这样，由结论 1°，2°并比较(3)式两边的大小，可知 $\alpha=1$，(3)式变为

$$\begin{aligned}&(p+1)(\alpha_1+1)(\alpha_2+1)\cdot\cdots\cdot(\alpha_k+1)\\&=pp_1^{\alpha_1}p_2^{\alpha_2}\cdots p_k^{\alpha_k}.\end{aligned}\tag{4}$$

如果存在 $p_i\geqslant 3$，则由结论 3°知 $p_i^{\alpha_i}\geqslant 2\alpha_i+1$，对比(4)式应有 $(p+1)(\alpha_i+1)\geqslant p(2\alpha_i+1)$（这里还用到结论 1°），这导致 $p\alpha_i\leqslant\alpha_i+1$，在 $p\geqslant 5$ 时不能成立. 类似地，当 $p_i=2,\alpha_i\geqslant 3$ 时，会导致同样的矛盾. 所以，$x=p\cdot 2^{\beta}$，$\beta\leqslant 2$. 进而(3)式变为 $(p+1)(\beta+1)=p\cdot 2^{\beta}$，要求 $p\mid(\beta+$

1),但 $\beta+1\leqslant 3$,而 $p\geqslant 5$,矛盾.

综上可知,当 $n=p^{p-1}$($p\geqslant 5$,为素数)时,方程无正整数解.

26. 若 $p\neq 2,5$,则 $(p,10^{m+1})=1$. 利用下述 $10^{m+1}+1$ 个数

$$1,p,p^2,\cdots,p^{10^{m+1}}$$

中必有两个数 mod 10^{m+1} 同余,可知存在 $0\leqslant r<s\leqslant 10^{m+1}$,使得

$$p^s\equiv p^r \pmod{10^{m+1}} \Rightarrow p^{s-r}\equiv 1 \pmod{10^{m+1}}.$$

取 $n=s-r$,可知命题成立(注:利用欧拉定理亦可得 n 的存在性,只需取 $n=\varphi(10^{m+1})$ 即可).

现设 $p=2$. 此时,对任意 $a\in\mathbf{N}^*$,由于 $(2,5^a)=1$,故存在正整数 k,使得 $2^k\equiv 1 \pmod{5^a}$,从而令 $b=k+a$,就有 $2^b\equiv 2^a \pmod{5^a}$. 又 $2^b\equiv 0 \equiv 2^a \pmod{2^a}$,所以 $2^b\equiv 2^a \pmod{10^a}$. 这表明:在十进制表示下,$2^b$ 的末尾若干位为 2^a,而 2^a 前面出现至少连续 $[a-\log_{10}2^a]$ 个零,因此,只需取 $a\in\mathbf{N}^*$,使 $[a-\log_{10}2^a]\geqslant m$,就可知命题对 $p=2$ 亦成立.

类似可证 $p=5$ 时命题成立.

27. 先证:对任意 $k\in\mathbf{N}^*$,存在 $m\in\mathbf{N}^*$,使得 $2^m\equiv -1 \pmod{5^k}$.

对 k 用归纳法. 当 $k=1$ 时,取 $m=2$ 即可. 现设命题对 k 成立,即存在 $m\in\mathbf{N}^*$,使得 $2^m\equiv -1 \pmod{5^k}$. 如果 $2^m\equiv -1 \pmod{5^{k+1}}$ 成立,则命题对 $k+1$ 已成立. 否则可设 $2^m+1=5^k\cdot q$,$q\in\mathbf{N}^*$,$5\nmid q$. 此时

$$2^{5m}=(5^k\cdot q-1)^5=\cdots+5^{k+1}\cdot q-1\equiv -1 \pmod{5^{k+1}},$$

所以,命题对 $k+1$ 成立.

回到原题. 对 $k\geqslant 2$,$k\in\mathbf{N}^*$. 取 $m\in\mathbf{N}^*$,使得 $2^m\equiv -1 \pmod{5^k}$,则 $2^{m+k}\equiv -2^k \pmod{5^k}$. 又 $2^{m+k}\equiv -2^k\equiv 0 \pmod{2^k}$,而 $(2^k,5^k)=1$,故 $2^{m+k}\equiv -2^k \pmod{10^k}$,即 $2^{m+k}+2^k$ 的末 k 位数码都为零. 结合 2^k 在十进制下的位数为 $[\log_{10}2^k]+1=[k\log_{10}2]+1\leqslant \frac{k}{2}$(当 $k\geqslant 2$ 时成立),即可知 2^{m+k} 的末 k 位数码中至少有一半都是 9.

28. 用 $\alpha(x)$ 表示正整数 x 的十进制表示下的位数. 先证一个引理:若 $x,y\in\mathbf{N}^*$,$y>x$,x,y 都为完全平方数,且 $y=10^{2b}x+c$,$b,c\in\mathbf{N}^*$,$c<10^{2b}$,则 $\alpha(y)-1\geqslant 2(\alpha(x)-1)$.

由条件,知 $y>10^{2b}x$,即 $\sqrt{y}>10^b\sqrt{x}$. 又 $\sqrt{y}$ 与 $10^b\sqrt{x}$ 都为正整数,故 $\sqrt{y}\geqslant 10^b\sqrt{x}+1$,进而

$$10^{2b}x+c=y\geqslant 10^{2b}x+2\cdot 10^b\sqrt{x}+1.$$

故 $c\geqslant 2\cdot 10^b\sqrt{x}+1$. 结合 $c<10^{2b}$，知 $10^{2b}>2\cdot 10^b\sqrt{x}+1$，得 $10^b>2\sqrt{x}$，故 $y>10^{2b}x>4x^2$. 于是 $\alpha(y)\geqslant 2\alpha(x)-1$（因为 $\alpha(y)\geqslant\alpha(x)+2b$，而 $10^{2b}>4x$，故 $2b\geqslant\alpha(x)-1$）. 引理得证.

回到原题，我们证明：至多有 20 个偶数 k（相应的奇数 k 也至多 20 个），使得 $\overline{a_1a_2\cdots a_k}$ 为完全平方数.

设 $s_1,s_2,\cdots,s_n$ 是这样的完全平方数，$s_1<s_2<\cdots<s_n$. 由于 $s_1,s_2,\cdots,s_n$ 的位数都是偶数，可设

$$s_{i+1}=10^{2b}s_i+c,b\in\mathbf{N}^*,0\leqslant c<10^{2b}.$$

而 $a_j\neq 0$，故 $c>0$. 这样，由引理知

$$\alpha(s_{i+1})-1\geqslant 2(\alpha(s_i)-1),i=1,2,\cdots,n-1.$$

而 $\alpha(s_2)-1\geqslant 1$，故 $\alpha(s_n)-1\geqslant 2^{n-1}$. 于是，在 $n>1$ 时. 有 $1+2^{n-1}\leqslant\alpha(s_n)\leqslant 10^6$. 故 $n\leqslant[\log_2(10^6-1)]+1$，因此，$n\leqslant 20$.

综上可知命题成立.

29. 先证一个引理：对任意的 $p\in\mathbf{N}^*$，在 X 中有一个 $2p-1$ 位的正整数为 4^p 的倍数.

对 p 归纳予以证明. 当 $p=1$ 时显然成立. 设 $p=k$ 时引理成立，则存在一个 $2k-1$ 位数 $x\in X$，使 $4^k\mid x$. 我们总可以选择 $a_{2k}\in\{2,4\}$，使得 $x+a_{2k}\cdot 10^{2k}\equiv 0\pmod{4^{k+1}}$，这只需分 $4^{k+1}\mid x$ 和 $4^{k+1}\nmid x$ 讨论即可. 所以引理成立.

下面证明：若 $n\in\mathbf{N}^*$，n 不是 5 的倍数，则 X 中有一个数为 n 的倍数（这一结论比题中要求更高）.

设 $n=2^p\times k$，这里 k 为奇数. 由引理知存在 $m\in X$，使得 $2^p\mid m$，并设 m 是一个 d 位数，记 $f=10^{d+1}-1$. 利用欧拉定理可知 $10^{\varphi(fk)}\equiv 1\pmod{fk}$，于是 $\dfrac{m(10^{(d+1)\varphi(fk)}-1)}{10^{d+1}-1}$ 是 $2^p\times k$ 的倍数，并且为 X 中的数.

30. 注意到对任意的 $k\in\mathbf{N}^*$，存在一个首位数码为 1 的数是 k 的倍数（事实上，数 1，11，$\cdots$ 中必有两个数除以 k 所得的余数相同，其差是一个以 1 开头的能被 k 整除的数）. 由条件，其反序数（末尾数字为 1）也是 k 的倍数，故 $(k,10)=1$.

由$(k,10)=1$,与上面类似讨论,可知存在一个数 N,使 $k\mid N$,且 N 以 500 开头. 为方便起见,设 $N=\overline{500ab\cdots z}$,则 $k\mid\overline{z\cdots ba005}$,于是 $k\mid\overline{z\cdots ba01000ab\cdots z}$,进而,$k\mid\overline{z\cdots ba00010ab\cdots z}$.将上述两个数作差,可知 $k\mid 9900\cdots0$. 结合$(10,k)=1$,可知 $k\mid 99$.

31. (1) 设开始时,三堆石子的数目为 a,b,c. 不失一般性,设 $a\leqslant b\leqslant c$.

若 $a=0$,则无需操作.

考虑 $a>0$ 的情形,设 $b=aq+r$,$0\leqslant r<a$,并把 q 用二进制表示为

$$q=m_0+2m_1+2^2m_2+\cdots+2^km_k,$$

其中 $0\leqslant i\leqslant k-1$ 时,$m_i\in\{0,1\}$,$m_k=1$.

我们依下面的规则进行 $k+1$ 次操作:

对 $0\leqslant i\leqslant k$,依次进行第 i 次操作,在第 i 次操作后,有 2^ia 枚石子放入了第一堆中,注意,若 $m_i=0$,则石子取自第三堆;若 $m_i=1$,石子取自第二堆.

由于至多有$(1+2+\cdots+2^{k-1}a)$($<2^ka\leqslant b\leqslant c$)枚石子取自第三堆,所以,上述 $k+1$ 次操作总能进行下去.

经上述 $k+1$ 次操作后,第二堆石子数变为了 r,如果 $r=0$,操作就结束了,否则用 r 代替 a 重复上述讨论. 由于每轮操作后,三堆石子数的最小值严格减少,所以,总可以依上述方式,在有限次操作后,将石子并入某两堆.

(2) 如果开始时三堆石子数之和 $a+b+c$ 为奇数,那么不能并入一堆.

32. 在 b 进制表示下予以讨论. 设能被 b^n-1 整除的所有数中,其 b 进制表示下出现的非零数码个数的最小值为 s,并在所有这些非零数码个数为 s 的数中,取数码和最小的数 A. 设 $A=a_1b^{n_1}+a_2b^{n_2}+\cdots+a_sb^{n_s}$ 为 A 的 b 进制表示,这里 $n_1>n_2>\cdots>n_s\geqslant0$,$1\leqslant a_i<b$,$i=1,2,\cdots,s$.

下面证明:$n_1,n_2,\cdots,n_s$ 构成模 n 的完系,从而 $s\geqslant n$.

一方面,设 $1\leqslant i<j\leqslant s$,若 $n_i\equiv n_j\equiv r\pmod n$,这里 $0\leqslant r\leqslant n-1$,我们考查数

$$B=A-a_ib^{n_i}-a_jb^{n_j}+(a_i+a_j)b^{m_1+r}.$$

显然$(b^n-1)\mid B$. 若$a_i+a_j<b$,则B的非零数码的个数为$s-1$,与A的选择矛盾. 故必有$b\leqslant a_i+a_j<2b$. 设$a_i+a_j=b+q$, $0\leqslant q<b$,这时B的b进制表示为

$$B=b^{m_1+r+1}+qb^{m_1+r}+ab^{n_1}+\cdots+a_{i-1}b^{n_i-1}+a_{i+1}b^{n_{i+1}}+\cdots$$
$$+a_{j-1}b^{n_{j-1}}+a_{j+1}b^{n_{j+1}}+\cdots+a_sb^{n_s},$$

这样,B的数码和$=\sum_{k=1}^{s}a_k-(a_i+a_j)+1+q=\sum_{k=1}^{s}a_k+1-b<\sum_{k=1}^{s}a_k$,与$A$的数码和最小矛盾. 故$n_1, n_2, \cdots, n_s$对模$n$两两不同余.

另一方面,若$s<n$,设$n_i\equiv r_i \pmod n$, $0\leqslant r_i<n$. 考查数C,

$$C=a_1b^{r_1}+a_2b^{r_2}+\cdots+a_sb^{r_s}.$$

由于$b^{n_i}\equiv b^{r_i} \pmod{b^n-1}$,故$(b^n-1)\mid C$,但$s<n$意味着

$$0<C\leqslant(b-1)b+(b-1)b^2+\cdots+(b-1)b^{n-1}=b^n-b<b^n-1,$$

矛盾. 命题获证.

33. 由于$\sqrt{2}$为无理数,因此,在二进制表示下,$\sqrt{2}$的小数点后出现无穷多个1,即存在无穷多个$k\in\mathbf{N}^*$,使得数$\{2^k\sqrt{2}\}>\frac{1}{2}$. 对这些$k$,我们取$n=[2^k\sqrt{2}]+1$,则

$$\begin{aligned}&2^{k+1}<([2^k\sqrt{2}]+1)\sqrt{2}\\&=n\sqrt{2}=[2^k\sqrt{2}]\sqrt{2}+\sqrt{2}=(2^k\sqrt{2}-\{2^k\sqrt{2}\})\sqrt{2}+\sqrt{2}\\&=2^{k+1}+\sqrt{2}(1-\{2^k\sqrt{2}\})<2^{k+1}+\sqrt{2}\left(1-\frac{1}{2}\right)\\&=2^{k+1}+\frac{\sqrt{2}}{2}<2^{k+1}+1,\end{aligned}$$

故$[n\sqrt{2}]=2^{k+1}$. 命题获证.

34. (1) 若能将$\mathbf{N}^*$分划为有限个“F—数列”的并,设为m个. 考察下面的$2m+1$个数:

$$2m, 2m+1, \cdots, 4m,$$

其中必有三个数属于同一个“F—数列”,但上面的$2m+1$个数中任意两个之和大于第三个数,矛盾. 故(1)的结论不成立.

(2) 需要用到下面的结论. 设$\{F_n\}$定义如下:$F_1=1$, $F_2=2$, F_{n+2}

$=F_{n+1}+F_n$，那么任意正整数 m 都可唯一地表示为下述形式：

$$m=(a_ka_{k-1}\cdots a_1)_F=a_kF_k+a_{k-1}F_{k-1}+\cdots+a_1F_1,$$

这里 $a_k=1$，$a_i\in\{0,1\}$，$1\leqslant i\leqslant k-1$，并且对任意 $1\leqslant i\leqslant k-1$，不出现 $a_i=a_{i+1}=1$ 的情形.

此结论可对 m 归纳予以证明，具体过程请读者完成.

现在我们利用上述表示，分别依 $a_1=1$；$a_1=0$，$a_2=1$；$a_1=a_2=0$，$a_3=1$；…按行从小到大列出所有正整数：

F_1	F_1+F_3	F_1+F_4	F_1+F_5	$F_1+F_3+F_5$	…
F_2	F_2+F_4	F_2+F_5	F_2+F_6	$F_2+F_4+F_6$	…
F_3	F_3+F_5	F_3+F_6	F_3+F_7	$F_3+F_5+F_7$	…
F_4	F_4+F_6	…	…	…	…
⋮	⋮	⋮	⋮	⋮	⋮

每一列都是一个“F—数列”. 所以(2)的结论是成立的.

35. 我们证明：当 n 在二进制表示下具有形式 $n=(\underbrace{1010\cdots10}_{m个10})_2$ 时，即符合要求$\left(这时\ n=\dfrac{2(4^m-1)}{3}\right)$，这时 n 为偶数，记 $n=2k$.

事实上，对这样的 $n\in\mathbf{N}^*$，我们有

$$p_{2k}=q^{2m-1}+q^{2m-3}+\cdots+q,\ p_{2k+1}=p_{2k}+1.$$

如果存在 $l\in\mathbf{N}^*$，使得 $p_{2k}<p_l<p_{2k+1}$，设 l 的二进制表示为 $l=\sum\limits_{i=0}^{t}a_i\cdot2^i$，$a_i\in\{0,1\}$，$a_t=1$，则 $p_l=\sum\limits_{i=0}^{t}a_iq^i$.

(1) 若 $m=1$，则 $q<p_l<q+1$，这时，如果 $t\geqslant2$，则 $p_l\geqslant q^2>q+1$ $\left(因为\dfrac{1+\sqrt{5}}{2}<q<2，有\ q+1<q^2\right)$，矛盾. 如果 $t=1$，则 $p_l=q$ 或 $q+1$，亦矛盾.

(2) 设对 $m-1(m\geqslant2)$ 可以推出矛盾，考虑 m 的情形.

若 $t\geqslant2m$，则

$p_l\geqslant q^{2m}\geqslant q^{2m-1}+q^{2m-2}\geqslant q^{2m-1}+q^{2m-3}+q^{2m-4}\geqslant\cdots\geqslant q^{2m-1}+q^{2m-3}+\cdots+q+1=p_{2k+1}$，

矛盾.

若 $t\leqslant 2m-2$，则

$p_l\leqslant q^{2m-2}+q^{2m-3}+\cdots+1=(q^{2m-2}+q^{2m-3})+(q^{2m-4}+q^{2m-5})+\cdots+(q^2+q)+1\leqslant q^{2m-1}+q^{2m-3}+\cdots+q^3+1<q^{2m-1}+\cdots+q^3+q=p_{2k}$，

矛盾. 上述推导中，都用到 $q^{i+2}\geqslant q^{i+1}+q^i$，$i=0,1,2,\cdots$.

所以，$t=2m-1$，这时，记 $l'=l-2^{2m-1}=\sum\limits_{i=0}^{t-1}a_i\cdot 2^i$，进而，$p'_l=p_l-q^{2m-1}$，导致

$$p_{2(k-1)}=q^{2m-3}+q^{2m-5}+\cdots+q<p'_l<p_{2(k-1)+1}.$$

结合归纳假设即可导出矛盾.

命题获证.

36. 用 $S_{a,b}$ 表示 $\{0,1,2,\cdots,a\}$ 中使得 $\left\lceil\dfrac{bm}{a}\right\rceil$ 为奇数的 m 的个数，命题等价于证明：

$$a+(-1)^b(a+1-2S_{a,b})\equiv b+(-1)^a(b+1-2S_{b,a})\pmod 4.\quad(5)$$

若 $S_{a,b}\equiv S_{b,a}\pmod 2$，则 $2S_{a,b}\pm 2S_{b,a}\equiv 0\pmod 4$，此时(5)等价于

$$a+(-1)^b(a+1)\equiv b+(-1)^a(b+1)\pmod 4.$$

分别就 $(a,b)\equiv(1,0),(0,1),(0,0),(1,1)\pmod 2$ 讨论，可知此式成立.

为证 $S_{a,b}\equiv S_{b,a}\pmod 2$，只需证明：$\sum\limits_{m=0}^{a}\left\lceil\dfrac{bm}{a}\right\rceil=\sum\limits_{n=0}^{b}\left\lceil\dfrac{an}{b}\right\rceil$. 用类似于 5.2 节例 1 的处理可证此式成立.

37. 设 $A\in\mathbf{N}^*$，A 待定，可知

$$\begin{aligned}\left|\sum_{k=1}^{n}(-1)^k\left\{\frac{n}{k}\right\}\right|&=\left|\sum_{k=1}^{A-1}(-1)^k\left\{\frac{n}{k}\right\}+\sum_{k=A}^{n}(-1)^k\left(\frac{n}{k}-\left[\frac{n}{k}\right]\right)\right|\\&\leqslant\left|\sum_{k=1}^{A-1}(-1)^k\left\{\frac{n}{k}\right\}\right|+\left|\sum_{k=A}^{n}(-1)^k\frac{n}{k}\right|\\&\quad+\left|\sum_{k=A}^{n}(-1)^k\left[\frac{n}{k}\right]\right|\\&\leqslant A-1+\frac{n}{A}+\left[\frac{n}{A}\right].\end{aligned}$$

取 $A=[\sqrt{2n}]+1$ 并结合上式即可得证.

38. 利用

$$[\sqrt{2}n]+[\sqrt{2}]\leqslant[\sqrt{2}(n+1)]\leqslant[\sqrt{2}n]+[\sqrt{2}]+1,$$

$$[\sqrt{3}n]+[\sqrt{3}]\leqslant[\sqrt{3}(n+1)]\leqslant[\sqrt{3}n]+[\sqrt{3}]+1,$$

可知 $a_n+2\leqslant a_{n+1}\leqslant 4$，即 $a_{n+1}-a_n\in\{2,3,4\}$.

如果$\{a_n\}$中只有有限个偶数，那么从某个 $n_0\in\mathbf{N}^*$ 开始，对任意 $m\in\mathbf{N}^*$，都有 $a_{n_0+m}=a_{n_0+m-1}+3$，故 $a_{n+m}=a_n+3m$. 这表明

$$\sqrt{2}(n_0+m)-1+\sqrt{3}(n+m)-1<a_{n_0+m}$$
$$=a_{n_0}+3m<\sqrt{2}n_0+\sqrt{3}n_0+3m, \qquad (6)$$

即$(\sqrt{2}+\sqrt{3})m<3m+2$，但此式不能对任意 $m\in\mathbf{N}^*$ 都成立(因为 $\sqrt{2}+\sqrt{3}>3$)，矛盾. 故$\{a_n\}$中有无穷多个偶数.

如果$\{a_n\}$中只有有限个奇数，那么从某个 $n_0\in\mathbf{N}^*$ 开始，对任意 $m\in\mathbf{N}^*$，都有 $a_{n_0+m}=a_{n_0+m-1}+2$ 或 4，注意到，

$$[\sqrt{2}(n+3)]\geqslant[\sqrt{2}n]+[3\sqrt{2}]=[\sqrt{2}n]+4,$$

$$[\sqrt{3}(n+3)]\geqslant[\sqrt{3}n]+[3\sqrt{3}]=[\sqrt{3}n]+5,$$

故 $a_{n+3}\geqslant a_n+9$. 这表明从 a_{n_0} 起数列相邻两项之差构成的数列中，每连续 3 个数中至少有 2 个为 4. 于是

$$a_{n_0+3m}\geqslant a_{n_0}+2m+8m=a_{n_0}+10m.$$

同(6)类似，利用 $3(\sqrt{2}+\sqrt{3})<10$ 可得矛盾.

所以，命题成立.

39. 对每个 $n\in\mathbf{N}^*$，设 n 的二进制表示中相邻数对 00 与 11 出现的次数为 x_n，相邻数对 01 与 10 出现的次数为 y_n. 我们证明：

$$a_n=x_n-y_n. \qquad (7)$$

事实上，当 $n=1$ 时，$x_1=y_1=0$，故(7)对 $n=1$ 成立.

现设(7)对下标 $1,2,\cdots,n-1(n\geqslant 2)$都成立，考虑 n 的情形.

如果二进制表示下，n 的末两位为 00 或 11，则 $n\equiv 0$ 或 $3(\bmod 4)$，这时，$a_n=a_{[\frac{n}{2}]}+1$，而

$$x_n=x_{[\frac{n}{2}]}+1,\ y_n=y_{[\frac{n}{2}]}.$$

所以，(7)对 n 成立.

如果二进制表示下，n 的末两位为 01 或 10，则 $n\equiv 1$ 或 $2(\bmod 4)$，

这时，$a_n=a_{\left[\frac{n}{2}\right]}-1$，而

$$x_n=x_{\left[\frac{n}{2}\right]},y_n=y_{\left[\frac{n}{2}\right]}+1,$$

所以，(7)对 n 成立.

综上，(7)对 $n\in\mathbf{N}^*$ 都成立.

现在需要计算 $2^k\leqslant n<2^{k+1}$ 中，在二进制表示下使得 x_n 与 y_n 相等的 n 的个数.

这时 n 在二进制表示下是一个 $k+1$ 位数，设为 B_n. 当 $k\geqslant1$ 时，将 B_n 的从左到右每一位减去它的下一位数，然后取绝对值，可得一个 k 元的 0，1 数组 C_n（例如：若 $B_n=(1101)_2$，则 $C_n=(011)$）. 注意到，B_n 中每一个相邻数对 00 与 11 变为 C_n 中的一个 0，而 01 与 10 变为 C_n 中的一个 1. 所以，若 $x_n=y_n$，则 C_n 中 1 的个数与 0 的个数相同. 反过来，对一个由 0，1 组成的 k 元数组 $C_n=(c_1c_2\cdots c_k)$，则在 mod 2 意义下求下面的和：

$$b_1=1+c_1,b_2=b_1+c_2,\cdots b_k=b_{k-1}+b_k,$$

这里 $b_0=1$，那么，$B_n=(b_0b_1\cdots b_k)_2$ 是一个满足 $2^k\leqslant n<2^{k+1}$ 的数 n 的二进制表示. 这表明：B_n 与 C_n 之间是一个一一对应.

所以，原题中所求答案等于 k 元 0，1 数组中 0 与 1 的个数相等的数组的个数. 因此，当 k 为奇数时，答案为 0；当 k 为偶数时，答案为 $\mathrm{C}_k^{\frac{k}{2}}$（注意，这里认为 $\mathrm{C}_0^0=1$）.

40. 由递推式，可知

$$f(n)\leqslant f(n-1)+2\leqslant\cdots\leqslant f(1)+2(n-1)=2n-1,$$

故 $f(n)-n+1\leqslant n$. 因此，如果 $f(1),f(2),\cdots,f(n)$ 的值确定了，那么 $f(n+1)$ 的值唯一确定. 从而，存在唯一的函数 f 满足条件.

现在，令 $g(n)=\left[\frac{1+\sqrt{5}}{2}n\right]$，记 $\alpha=\frac{1+\sqrt{5}}{2}$，则 $g(1)=1$，且对任意 $n\in\mathbf{N}^*$，都有

$$g(n+1)-g(n)=[\alpha(n+1)]-[\alpha n]=[\alpha+\varepsilon],$$

这里 $\varepsilon=\{\alpha n\}=\alpha n-[\alpha n]$. 另一方面，

$$\begin{aligned}g(g(n)-n+1)&=[\alpha(g(n)-n+1)]=[\alpha(\alpha n-\varepsilon-n+1)]\\&=[(\alpha^2-\alpha)n+\alpha(1-\varepsilon)]=n+[\alpha(1-\varepsilon)],\end{aligned}$$

这里用到 $\alpha^2-\alpha-1=0$.

注意到，$\varepsilon\neq 2-\alpha=\frac{3-\sqrt{5}}{2}\left(否则 1=\frac{[\alpha n]+\varepsilon}{\alpha}=\frac{[\alpha n]+2}{\alpha}-1，导致 \alpha 为有理数，矛盾\right)$.

利用上述结论，若 $0\leqslant\varepsilon<2-\alpha$，则 $\alpha(1-\varepsilon)>\alpha(\alpha-1)=1$，从而 $g(g(n)-n+1)=n+1$. 此时，$1<\alpha+\varepsilon<\alpha+2-\alpha=2$，即

$$g(n+1)-g(n)=1.$$

若 $2-\alpha<\varepsilon<1$，则 $\alpha(1-\varepsilon)<\alpha(\alpha-1)=1$，从而 $g(g(n)-n+1)=n$. 这时，$2<\alpha+\varepsilon<3$，即

$$g(n+1)-g(n)=2. \tag{8}$$

上述讨论表明：$g:\mathbf{N}^*\to\mathbf{N}^*$ 满足 f 所满足的所有条件，从而，对任意 $n\in\mathbf{N}^*$，有 $f(n)=g(n)$，这给出了(2)要求的答案.

结合(8)式知(1)成立. 问题获解.

41. 答案为：$\frac{1}{2}((m-1)(n-1)+(m,n)-1)$.

因为
$$a_j+k(\bmod n)=\begin{cases}a_j+k, a_j<n-k,\\ a_j+k-n, a_j\geqslant n-k,\end{cases}$$

故

$$\begin{aligned}S&=\sum_{j=1}^{m}((a_j+k)\bmod n)\\&=\sum_{j=1}^{m}a_j+mk-(\mu_{n-1}+\mu_{n-2}+\cdots+\mu_{n-k})\cdot n,\end{aligned} \tag{9}$$

其中 μ_i 为 $a_1,a_2,\cdots,a_n$ 中 i 出现的次数.

由(9)知 S 的最小值在 $k=0$ 时取到的充要条件是

$$\mu_{n-1}+\mu_{n-2}+\cdots+\mu_{n-k}\leqslant\left[\frac{mk}{n}\right], 1\leqslant k\leqslant n-1. \tag{10}$$

注意到，若 S 的最小值在 $0\leqslant l\leqslant n-1$ 时取到，令 $b_j\equiv a_i+l(\bmod n)$，则 S 的最小值对 $b_1,b_2,\cdots,b_n$(都$\in\{0,1,\cdots,n-1\}$)而言都是在 $k=0$ 时取到. 因此我们不妨设 S 的最小值在 $k=0$ 时取到. 此时(10)成立，并且 $S_{\min}=\sum_{j=1}^{m}a_j$.

下面来求条件(10)下，$\sum_{j=1}^{m} a_j$ 的最大值. 由于

$$\sum_{j=1}^{m} a_j = \sum_{i=1}^{n-1} (n-i)\mu_{n-i},$$

于是，等价于在条件(10)及 $\sum_{i=1}^{n} \mu_{n-i}=m$ 下，求 $T=\sum_{i=1}^{n-1}(n-i)\mu_{n-i}$ 的最大值.

对 $1\leqslant k\leqslant n$，令

$$\bar{\mu}_{n-k}=\left[\frac{mk}{n}\right]-\left[\frac{m(k-1)}{n}\right],$$

则 $\sum_{i=1}^{n}\bar{\mu}_{n-i}=m$，并且数列$(\bar{\mu}_0,\bar{\mu}_1,\cdots,\bar{\mu}_{n-1})$满足(10)，而

$$\sum_{i=1}^{k}\mu_{n-i}\leqslant\left[\frac{mk}{n}\right]=\sum_{i=1}^{k}\bar{\mu}_{n-i},$$

故

$$\begin{aligned} T &= \sum_{i=1}^{n-1}(n-i)\mu_{n-i}=\sum_{k=1}^{n-1}\sum_{i=1}^{k}\mu_{n-k}\leqslant\sum_{k=1}^{n-1}\sum_{i=1}^{k}\bar{\mu}_{n-i} \\ &= \sum_{i=1}^{n-1}(n-i)\bar{\mu}_{n-i}, \end{aligned}$$

因此

$$T_{\max}=\sum_{i=1}^{n-1}(n-i)\bar{\mu}_{n-i}=\sum_{k=1}^{n-1}\left[\frac{mk}{n}\right]=\frac{1}{2}((m-1)(n-1)+(m,n)-1),$$

最后一式用到 5.2 节例 1 的结论.

42. 先看两个引理.

引理 1：当 $m\geqslant 3$ 时，$\varphi(m)$为偶数.（这是一个熟知的结论.）

引理 2：若 $\sigma(n)$为奇数，则 n 为完全平方数或某个完全平方数的两倍.

事实上，设 $n=2^s\cdot t$，$s\geqslant 0$，t 为奇数，由 $\sigma(n)$为奇数，知 $\sigma(t)$为奇数（注意 $\sigma(n)=\sigma(2^s)\sigma(t)$），于是 t 有奇数个正因数，从而 t 为完全平方数，因此，引理 2 获证.

(1) 若存在 $a\in\mathbf{N}^*$，使得 a 与 $\varphi(a)$是“亲和的”，则 $a>1$.

如果 a 为偶数，则 $\varphi(a)\leqslant\frac{a}{2}$，进而 $\sigma(a)\leqslant a+\frac{a}{2}$，但是 $1,\frac{a}{2}$与 a 都

是 a 的因数，故应有 $\sigma(a)\geqslant 1+a+\frac{a}{2}$，矛盾.

如果 a 为奇数，则 $a+\varphi(a)$ 为奇数（因为 $\varphi(a)$ 为偶数），由 $\sigma(a)=\sigma(\varphi(a))=a+\varphi(a)$，从而由引理 2 知，$a$ 是一个完全平方数，$\varphi(a)$ 是一个完全平方数或一个完全平方数的两倍. 此时，设 p 为 a 的最大素因子，并设 $p^{2k}\parallel a$，则由 $\varphi(a)$ 的计算公式知 $p^{2k-1}\parallel\varphi(a)$，但 p 为奇数，与 $\varphi(a)$ 是完全平方数或其两倍矛盾.

(2) 设 a 与 $(2^b-1)a+1(b>1)$ 是"亲和的"，记 $B=(2^b-1)a+1$.

如果 a 为奇数，则 B 为偶数，$a+B$ 为奇数，由 $\sigma(B)=a+B$ 及引理 2，可设 $B=2^s\cdot n^2$，n 为奇数，$s\geqslant 1$. 由 $b\geqslant 2$，得

$$\begin{aligned}2^ba+1&=a+B=\sigma(2^s\cdot n^2)=\sigma(2^s)\sigma(n^2)\\&=(2^{s+1}-1)\sigma(n^2)>\frac{3}{2}2^s\cdot n^2\\&=\frac{3}{2}((2^b-1)a+1)\\&>\frac{9}{8}\cdot 2^ba+1,\end{aligned}$$

矛盾.

如果 a 为偶数，则 B 为奇数，由 $\sigma(a)=\sigma(B)=a+B$，可设 $a=2^s\cdot m^2$ 和 $B=n^2$，m,n 为奇数，$s\geqslant 1$. 再由 $n^2\equiv 1(\bmod 8)$，知 $(2^b-1)a+1\equiv 1(\bmod 8)\Rightarrow 8\mid a$，故 $s\geqslant 3$. 于是

$$\sigma(a)=(2^{s+1}-1)\sigma(m^2)=a+B=2^ba+1=2^{s+b}m^2+1.$$

两边取 $\bmod\ 2^{s+1}-1$，得

$$2^{b-1}m^2\equiv -1(\bmod 2^{s+1}-1)\text{，即 }2^bm^2\equiv -2(\bmod 2^{s+1}-1),$$

因此，对 $2^{s+1}-1$ 的任意素因子 p，若 b 为奇数，则 $\left(\frac{-1}{p}\right)\equiv 1$，$p\equiv 1(\bmod 4)$，若 b 为偶数，则 $\left(\frac{-2}{p}\right)\equiv 1$，$p\equiv 1$ 或 $3(\bmod 8)$，这导致 $2^{s+1}-1\equiv 1,3$ 或 $5(\bmod 8)$（当 b 为奇数时，$2^{s+1}-1\equiv 1(\bmod 4)$，$b$ 为偶数时 $2^{s+1}-1\equiv 1$ 或 $3(\bmod 8)$）. 这与 $2^{s+1}-1\equiv 7(\bmod 8)$ 矛盾.

43. 任取 $m\in\mathbf{N}^*$，$m>r!$，记 $n=m!+r$，用 $j(r)$ 表示 $\frac{j!}{(j-r)!}$（=

$j(j-1)\cdots(j-(r-1)))$. 则对任意 $j\in\mathbf{N}^*$，若 $r!<j\leqslant m$，我们有

$$n(r)=(m!+r)(m!+r-1)\cdot\cdots\cdot(m!+1)\equiv r!(\bmod j(r)),$$

这里用到 $j(r)\mid m!$.

注意到，$j(r)\geqslant j>r!$，所以，$j(r)\nmid n(r)$. 这表明：存在 $n\in\mathbf{N}^*$，$n>m$，使得对任意 $r!<j\leqslant m$，都有 $j(r)\nmid n(r)$. 取这样的 n 中最小的那个正整数 k，则 $k>m$，并且，对 $r!<j\leqslant m$，都有 $j(r)\nmid k(r)$.

现在对 $m<j<k$，若存在 j_0，使得 $j_0(r)\mid k(r)$，那么用 $j_0(r)$ 代替 $k(r)$ 后，对任意 $r!<j\leqslant m$，仍然有 $j(r)\nmid j_0(r)$（否则，若有一个 j_1，使得 $j_1(r)\mid j_0(r)$，则 $j_1(r)\mid k(r)$，矛盾），这与 k 的最小性矛盾. 所以，对这个 k，满足：对任意 $r!<j<k$，都有 $j(r)\nmid k(r)$，即 k 具有题中给出的性质.

由于 m 的任意性，可知具有题中给出性质的 k 有无穷多个（事实上，只需每次让 m 大于前面得到的 k 即可得到另一个符合要求的 k），命题获证.

44. 记 $t=[\sqrt{n}]$，并设 $1\leqslant a_1<a_2<\cdots<a_j\leqslant t<a_{j+1}<\cdots<a_k\leqslant n$. 利用 $(a_i,a_j)\leqslant a_i-a_j\ (1\leqslant j<i\leqslant k)$，知 $[a_i,a_j]=\dfrac{a_ia_j}{(a_i,a_j)}\geqslant\dfrac{a_ia_j}{a_i-a_j}$ 及 $[a_i,a_j]\leqslant n$，故 $\dfrac{1}{a_j}-\dfrac{1}{a_i}\geqslant\dfrac{1}{n}$. 所以，

$$\left(\frac{1}{a_{j+1}}-\frac{1}{a_{j+2}}\right)+\left(\frac{1}{a_{j+2}}-\frac{1}{a_{j+3}}\right)+\cdots+\left(\frac{1}{a_{k-1}}-\frac{1}{a_k}\right)\geqslant\frac{k-j-1}{n},$$

即 $\dfrac{1}{a_{j+1}}-\dfrac{1}{a_k}\geqslant\dfrac{k-j-1}{n}$. 于是

$$\frac{1}{t}-\frac{1}{n}\geqslant\frac{1}{a_{j+1}}-\frac{1}{a_k}\geqslant\frac{k-j-1}{n},$$

得 $k-j\leqslant\dfrac{n}{t}$，故

$$k=j+(k-j)\leqslant t+\frac{n}{t}\leqslant 2\sqrt{n}+1.$$

命题获证.

45. 先证 $\alpha\leqslant\dfrac{1}{2}$.

事实上，设 $\{a_n\}$ 是一个满足条件(1)，(2)的正整数数列，我们有：对

任意 $0<\varepsilon<2$，存在无穷多个 $n\in\mathbf{N}^*$，使得

$$a_{2n}\geqslant a_n^{2-\varepsilon}. \tag{11}$$

若否，设对某个 $0<\varepsilon<2$，存在 $M\in\mathbf{N}^*$，使得对任意 $n\geqslant M$，都有 $a_{2n}<a_n^{2-\varepsilon}$，则 $\dfrac{\ln a_{2n}}{2n}<\left(\dfrac{2-\varepsilon}{2}\right)\dfrac{\ln a_n}{n}\Rightarrow$ 对任意 $k\in\mathbf{N}^*$，都有 $\dfrac{\ln a_{2^kn}}{2^kn}<\left(\dfrac{2-\varepsilon}{2}\right)^k\dfrac{\ln a_n}{n}$. 令 $k\to+\infty$，得 $\dfrac{\ln a_{2^kn}}{2^kn}\to 0$. 但是，对任意 $m\in\mathbf{N}^*$，都有 $\dfrac{\ln a_m}{m}>\ln 2008$，矛盾. 所以，(11)式成立.

现在设 n 是满足(11)式的正整数，则 $a_n^{2-\varepsilon}\leqslant a_{2n}$，于是

$$a_n^{(2-\varepsilon)\alpha}\leqslant a_{2n}^{\alpha}\leqslant \gcd\{a_i+a_j \mid i+j=2n, i,j\in\mathbf{N}^*\}\leqslant 2a_n,$$

得 $a_n^{(2-\varepsilon)\alpha-1}\leqslant 2$，因此，$2008^{n((2-\varepsilon)\alpha-1)}\leqslant 2$.

注意到，满足上式的 n 有无穷多个，从而 $(2-\varepsilon)\alpha-1\leqslant 0$，即 $\alpha\leqslant\dfrac{1}{2-\varepsilon}$. 再由 ε 的任意性，知 $\alpha\leqslant\dfrac{1}{2}$.

再证：$\alpha=\dfrac{1}{2}$ 时，存在符合条件的数列 $\{a_n\}$.

利用斐波那契数列来构造. $\{F_n\}$ 满足：$F_1=F_2=1$，$F_{n+2}=F_{n+1}+F_n$，$n=0,1,2,\cdots$. 则 $F_n=\dfrac{1}{\sqrt{5}}\left(\left(\dfrac{1+\sqrt{5}}{2}\right)^n-\left(\dfrac{1-\sqrt{5}}{2}\right)^n\right)$，且由其递推式可得：当 $m>n$ 时，有 $F_m=F_{m-n}F_{n+1}+F_{m-n-1}F_n$.

注意到，$\dfrac{1+\sqrt{5}}{2}>1$，$-1<\dfrac{1-\sqrt{5}}{2}<0$，可知存在 $t\in\mathbf{N}^*$，t 为偶数，使得对 $n\in\mathbf{N}^*$，都有 $F_{2tn}>2008^n$. 现在定义数列 $\{a_n\}$：$a_n=3F_{2tn}$，$n=1,2,\cdots$，则条件(1)显然满足. 而对条件(2)，我们有

$$F_{2ti}=F_{t(i+j)}F_{t(i-j)+1}+F_{t(i+j)-1}F_{t(i-j)},$$

$$F_{2tj}=F_{t(i+j)}F_{t(j-i)-1}+F_{t(i+j)+1}F_{t(j-i)},$$

这里我们将 $\{F_n\}_{n=1}^{+\infty}$ 向下标为 $0,-1,-2,\cdots$ 的方向作了延拓（依递推式 $F_{n+2}=F_{n+1}+F_n$ 进行）. 这时，有 $F_{-2m}=-F_{2m}$，$F_{-(2m-1)}=F_{2m-1}$，$m=1,2,\cdots$. 于是，结合 t 为偶数，可得

$$\begin{aligned}F_{2ti}+F_{2tj}&=2F_{t(i+j)}F_{t(i-j)+1}+(F_{t(i+j)+1}-F_{t(i+j)-1})F_{t(j-i)}\\&=F_{t(i+j)}(2F_{t(i-j)+1}+F_{t(j-i)}).\end{aligned}$$

所以，$F_{t(i+j)}\mid(F_{2ti}+F_{2tj})$，从而 $F_{tn}\mid(F_{2ti}+F_{2tj})$（$i+j=n$ 时），这表

明 $\gcd\{a_i+a_j \mid i+j=n\}\geqslant 3F_{tm}$. 现在有

$$a_n=3F_{2tm}=3F_{tm}(F_{tm+1}+F_{tm-1})\leqslant 9F_{tm}^2\leqslant(\gcd\{a_i+a_j \mid i+j=n\})^2$$

从而，$a_n^{\frac{1}{2}}\leqslant\gcd\{a_i+a_j \mid i+j=n\}$.

综上，可知所求最大实数 $\alpha=\dfrac{1}{2}$.

46. 若否，设 (x,y,z) 是一组勾股数，满足 $x^2+y^2=z^2$，且 x,y 都是完全数. 注意到，x,y 不全为奇数（否则，$z^2\equiv 2\pmod 4$，与平方数 $\equiv 0,1\pmod 4$ 矛盾），故 x,y 中至少有一个为偶数.

欧拉的一个定理表明：偶完全数具有 $2^{p-1}(2^p-1)$ 的形式，这里 2^p-1 是一个素数.

情形一：x,y 都是偶完全数. 对方程 $x^2+y^2=z^2$ 两边取 mod 3，可知 x,y 中有一个为 3 的倍数（否则，导致 $z^2\equiv 2\pmod 3$，不可能），不妨设 $3\mid x$. 结合 x 为偶数，知 $6\mid x$. 若 $x>6$，则

$$\sigma(x)\geqslant 1+\frac{x}{6}+\frac{x}{3}+\frac{x}{2}+x=2x+1,$$

所以，$x=6$. 这时，$(x,y,z)=(6,8,10)$，y 不是完全数.

情形二：x,y 一奇一偶. 不妨设 x 为奇数，y 为偶数，并设 $y=2^{p-1}(2^p-1)$，数 2^p-1 为素数. 若 $(2^p-1)\mid x$，则 $(2^p-1)\mid y$. 记 $a=\dfrac{x}{2^p-1}$，$b=\dfrac{y}{2^p-1}$，则 (a,b,c) 也是勾股数组$\left(这里\ c=\dfrac{z}{2^p-1}\right)$，$a$ 为奇数，$b=2^{p-1}$. 可设 $a=u^2-v^2$，$b=2uv$，$(u,v)=1$，u,v 一奇一偶，于是，$(u,v)=(2^{p-2},1)$，$p\geqslant 3$. 得 $a=2^{2p-4}-1$，故 $x=(2^p-1)(2^{2p-4}-1)$. 注意到，$(2^p-1)\nmid(2^{2p-4}-1)$（因为 $p=3$ 时，$2^{2p-4}-1<2^p-1$，而 $p\geqslant 4$ 时，有 $2^{2p-4}-1\equiv 1\times 2^{p-4}-1\not\equiv 0\pmod{2^p-1}$），从而由 σ 为可乘函数知，

$$2x=\sigma(x)=\sigma(2^p-1)\sigma(2^{2p-4}-1)=2^{p+1}\sigma(2^{2p-4}-1),$$

导致 x 为偶数，矛盾.

若 $(2^p-1)\nmid x$，可设 $x=u^2-v^2$，$y=2uv$，$(u,v)=1$，u,v 一奇一偶. 结合 $y=2^{p-1}(2^p-1)$ 的奇因数只有 1 和 2^p-1，知 $(u,v)=(2^{p-2}(2^p-1),1)$ 或 $(2^p-1,2^{p-2})$，都要求 $p\geqslant 3$. 这时，$x=2^{2p-4}(2^p-1)^2-1$ 或 $(2^p-1)^2-2^{2p-4}$. 前者导致 $x\equiv 3\pmod 4$，这样的 x 不是完全数$\Big($对 x

的因数 d，将 d 与 $\frac{x}{d}$ 配对，知 $d+\frac{x}{d}\equiv 0 \pmod 4$$\Big)$. 后者 $x=(2^p-2^{p-2}-1)(2^p+2^{p-2}-1)$，注意到

$$(2^p-2^{p-2}-1,2^p+2^{p-2}-1)=(2^p-2^{p-2}-1,2^{p-2}\times 2)=1,$$

故 $2x=\sigma(2^p-2^{p-2}-1)\sigma(2^p+2^{p-2}-1)$. 当 $p\geqslant 5$ 时，$2^p+2^{p-2}-1\equiv -1 \pmod 4$，导致 $\sigma(2^p+2^{p-2}-1)\equiv 0 \pmod 4$，$x$ 需为偶数，矛盾. 故 $p=3$，这时 $x=45$ 不是完全数.

综上可知，命题成立.

47. 可以证明：满足条件的正整数 $p\in\{3,7\}$.

当 $p=3$ 时，取 $k=1$ 即可，当 $p=7$ 时，取 $k=10$，可知 $4k^2=400=(1111)_7$. 所以，当 $p\in\{3,7\}$ 时满足条件.

另一方面，设 p 是满足条件的正整数，则问题等价于求所有的 $p\in\mathbf{N}^*$，使得方程

$$4k^2=(\underbrace{11\cdots1}_{n\text{个}})_p=1+p+\cdots+p^{n-1}=\frac{p^n-1}{p-1} \tag{12}$$

有正整数解 (k,n).

由(12)知 p 为奇数(否则 $1+p+\cdots+p^{n-1}$ 为奇数，(12)不能成立). 进一步，$1+p+\cdots+p^{n-1}$ 是 n 个奇数之和，故 n 为偶数. 设 $n=2^\alpha\cdot q$，$\alpha\in\mathbf{N}^*$，q 为奇数，则由(12)可知

$$\begin{aligned}4k^2&=\frac{p^n-1}{p-1}\\&=\left(\frac{p^q-1}{p-1}\right)(p^q+1)(p^{2q}+1)\cdot\cdots\cdot(p^{2^{\alpha-1}q}+1).\end{aligned} \tag{13}$$

注意到，$\frac{p^q-1}{p-1}=1+p+\cdots+p^{q-1}$ 是 q 个奇数之和，故 $\frac{p^q-1}{p-1}$ 为奇数. 对任意 $0\leqslant\beta\leqslant\alpha-1$，我们有

$$(p^q-1,p^{2^\beta q}+1)=(p^q-1,(p^q)^{2^\beta}-1+2)=(p^q-1,2)=2,$$

故 $\left(\frac{p^q-1}{p-1},p^{2^\beta q}+1\right)=1$.

进一步，对 $1\leqslant\beta\leqslant\alpha-1$(如果这样的 β 存在)，有

$$(p^q+1,p^{2^\beta q}+1)=(p^q+1,(-1)^{2^\beta}+1)=(p^q+1,2)=2.$$

利用这些结论和(13)，可知存在 $a\in\mathbf{N}^*$，$(a\mid k)$，使得 $p^q+1=4a^2$

或 $p^q+1=2a^2$.

若为前者，则 $p^q=4a^2-1=(2a-1)(2a+1)$，而$(2a-1,2a+1)=1$，故 $2a-1$ 与 $2a+1$ 都是 q 次方数. 设 $2a-1=x^q$，$2a+1=y^q$，$xy=p$，$(x,y)=1$，则 $x<y$，且 x,y 都为奇数，这时

$$y^q-x^q=2\Rightarrow(y-x)(y^{q-1}+y^{q-2}x+\cdots+x^{q-1})=2,$$

而 $y-x\geqslant 2$，于是 $x=1$，$y=3$，$q=1$. 这时，$p=3$.

若为后者，由于$\left(\dfrac{p^q-1}{p-1},p^q+1\right)=1$，而 $p^q+1=2a^2$，如果 $\alpha=1$，则(13)变为 $4k^2=2a^2\times\dfrac{p^q-1}{p-1}$，$\dfrac{p^q-1}{p-1}$为奇数，且与 a 互素，这在两边约去 a，k 中 2 的幂次后，会导出矛盾. 所以，$\alpha>1$. 考察 $p^{2q}+1$，注意到，p^q+1，$p^{2q}+1$，…，$p^{2^{\alpha-1}q}+1$ 两两的最大公因数都是 2，结合(13)式及 $p^{2q}+1\equiv 2\pmod 4$，可知存在 $b\in\mathbf{N}^*$，使得 $p^{2q}+1=2b^2$. 结合 $p^q+1=2a^2$，得

$$2a^4-2a^2+1=b^2. \tag{14}$$

下面来求(14)的正整数解.

$$(14)\Leftrightarrow(a^2-1)^2+(a^2)^2=b^2.$$

由于$(a^2-1,a^2)=1$，由勾股方程的本原解的结构，知

$$(\text{Ⅰ})\begin{cases}a^2-1=c^2-d^2,\\a^2=2cd,\\b=c^2+d^2,\end{cases}\qquad\text{或}(\text{Ⅱ})\begin{cases}a^2-1=2cd,\\a^2=c^2-d^2,\\b=c^2+d^2,\end{cases}$$

这里 $c,d\in\mathbf{N}^*$，c,d 一奇一偶，$(c,d)=1$.

对情形(Ⅰ)，可得 a 为偶数. 结合 $a^2-1=c^2-d^2$，两边取 mod 4，可知 c 为偶数，d 为奇数. 进而由 $a^2=2cd$ 及$(c,d)=1$，知存在 $x,y\in\mathbf{N}^*$，使得$(c,d,a)=(2x^2,y^2,2xy)$，这里$(x,y)=1$，y 为奇数. 回代入 $a^2-1=c^2-d^2$，得

$$4x^2y^2-1=4x^4-y^4\Leftrightarrow(y^2+2x^2)^2-8x^4=1. \tag{15}$$

(15)的正整数解只有$(y^2+2x^2,x)=(3,1)$(见习题四第 25 题)$\Rightarrow x=y=1\Rightarrow a=2,b=5\Rightarrow p=7,q=1$.

对情形(Ⅱ)，可知 a 为奇数. 利用 $a^2=c^2-d^2$，即 $a^2+d^2=c^2$ 及$(c,d)=1$，可知存在 $x,y\in\mathbf{N}^*$，$(x,y)=1$，x,y 一奇一偶，使得$(a,d,c)=(x^2-y^2,2xy,x^2+y^2)$. 代入 $a^2-1=2cd$，可得

$$x^4-2x^2y^2+y^4-1=4xy(x^2+y^2),$$

即

$$(x-y)^4-8(xy)^2=1, \tag{16}$$

这里 $x>y$,故要求(16)有正整数解.但(16)的正整数解不存在(与习题四第25题类似证明),故满足(Ⅱ)的正整数 a,b 不存在.

48. 直接证更一般的命题:设 $1\leqslant n\leqslant d$ 时,$a_n=n$,而 $n\geqslant d+1$,数 a_n 是不属于 $\{a_1,a_2,\cdots,a_{n-1}\}$ 的使得 $(a_{n-1},a_n)\geqslant d$ 的最小正整数,那么结论亦成立.显然,要证命题成立,只需证每个正整数都在 $\{a_n\}$ 中出现.

我们依次建立下述的5个结论.

(1) 若素数 $q\geqslant d$,q 在 $\{a_n\}$ 中出现,那么 qd 在 $\{a_n\}$ 中现;

(2) 若整数 $m\geqslant d$,且在 $\{a_n\}$ 中出现无穷多个 m 的倍数,那么 m 的每个正整数倍数都在 $\{a_n\}$ 中出现;

(3) 若存在 $m\geqslant d$,且在 $\{a_n\}$ 中出现无穷多个 m 的倍数,那么每个正整数都在 $\{a_n\}$ 中出现;

(4) 若对每个 $m\geqslant d$,在 $\{a_n\}$ 中仅出现有限个 m 的倍数,那么 $\{a_n\}$ 中有无穷多个素数;

(5) $\{a_n\}$ 中有无穷多个 d 的倍数.

注意,由结论(3)、(5)可知每个整数都在 $\{a_n\}$ 中出现.而由结论(4)、(1)、(2)可推出结论(5)成立.因此,我们只需证结论(1)—(4)成立.

(1) 的证明:若 $qd\notin\{a_n\}$,由条件,可知存在最大的下标 s,使得 $q\mid a_s$ 且 $a_s<qd$,则 $a_{s+1}=qd$,或者 $q\nmid a_{s+1}$,这导致 $(a_s,a_{s+1})\leqslant\frac{a_s}{q}<d$,矛盾.

(2) 的证明:设 $\{a_n\}$ 中有无穷多项是 m 的倍数,它们是 $a_{n_1},a_{n_2},\cdots$(下标 $n_1<n_2<\cdots$).对每个 $t\in\mathbf{N}^*$,设 a_s 是小于 tm 的项中下标最大的项,取 $n_i>s$,则 $a_{n_i+1}\geqslant tm$,而 $(t_m,a_{n_i})\geqslant m\geqslant d$.因此,要么存在 $n\leqslant n_i$ 使得 $a_n=tm$;要么有 $a_{n_i+1}=tm$.故 $\{a_n\}$ 中出现 m 的每个(正整数)倍数.

(3) 的证明:由结论(2)知 m 的每个正整数倍数都 $\in\{a_n\}$.注意到,对每个不小于 d 的正整数 t,都有无穷多个 m 的正倍数是 t 的倍数,再由结论(2)知 t 的每个正倍数都$\in\{a_n\}$,从而 $t\in\{a_n\}$. 而由初始条件,1,2,…,d 都$\in\{a_n\}$. 故结论(3)成立.

(4) 的证明:若否,则$\{a_n\}$中只有有限个素数,且对任意 $m\geqslant d$,m 的正倍数中至多只有有限个正整数$\in\{a_n\}$. 记 P 为 $1,2,\cdots,d-1$ 中的素数组成的集合,Q 为$\{a_n\}$中$\geqslant d$ 的素数组成的集合. 对任意 $p\in P$,取 $e(p)\in\mathbf{N}^*$,使得 $p^{e(p)}\geqslant d$,由反证法可知,存在下标 s,使得对任意$n\geqslant s$,数 $a_n>\prod\limits_{p\in P}p^{e(p)-1}$,且 a_n 不是集合 $Q\cup\{p^{e(p)}\mid p\in P\}$中任何一个数的倍数. 因此,$a_n$ 有一个素因子$\notin P\cup Q$. 设 q 为这样的素因子中最小的那个,并设 $q\mid a_k$(这里 k 是某个$\geqslant s$ 的下标),注意 $q\notin P$,故 $q\geqslant d$. 由$\{a_n\}$的定义及 $q\in Q$,知 $q\notin\{a_1,a_2,\cdots,a_k\}$,这要求 $a_{k+1}=q$,矛盾.

所以,命题成立.

责任编辑:卢　源　李　凌
封面设计:童郁喜

＊数学奥林匹克命题人讲座＊
初等数论
单　墫　主编
冯志刚　著
上海科技教育出版社有限公司出版发行
（上海市闵行区号景路159弄A座8楼　邮政编码201101）
www.sste.com　www.ewen.co
全国新华书店经销　上海颛辉印刷厂有限公司印刷
开本890×1240　1/32　印张9.375　字数243 000
2009年1月第1版　2025年1月第21次印刷
ISBN　978-7-5428-4767-6/O·596
定价:25.00元